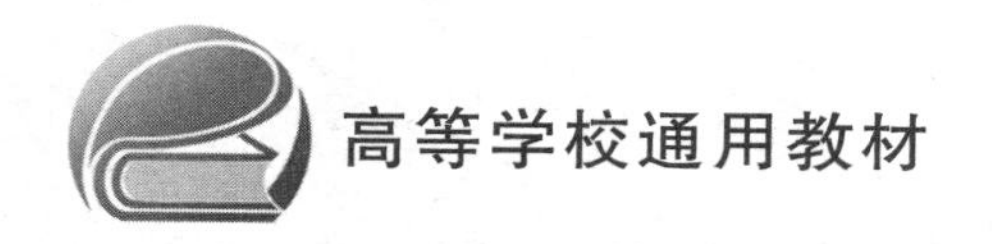

信号与系统实验教程

安 树 刘金宁 主编

北京航空航天大学出版社

内 容 简 介

本书作为“信号与系统”的实验教程，紧密配合课程的理论教学，旨在通过实验教学手段培养学生综合运用信号与系统理论知识解决实际工程问题、提升学生科学思维和创新能力。本书共分为三章，第一章是基于实验箱的信号模拟与分析实验，主要包括实验箱简介及11项硬件实验内容；第二章是基于MATLAB的信号仿真与分析实验，主要包括MATLAB软件的基本功能和基本用法以及11项软件实验内容；第三章是基于GUI的信号分析实验，主要包括GUI图形界面以及由7项主题实验包括的19项子实验组成的GUI实验系统。

本书可作为大学电类专业信号与系统课程的实验教材，也可作为“信号与系统”课程仿真教学、课程设计的参考书，亦可作为其他理工科相关专业教师和学生的参考书。

图书在版编目(CIP)数据

信号与系统实验教程 / 安树，刘金宁主编. -- 北京 ：北京航空航天大学出版社，2025. 3. -- ISBN 978-7-5124-4562-8

Ⅰ. TN911.6-33

中国国家版本馆 CIP 数据核字第 20251BV282 号

信号与系统实验教程

安 树 刘金宁 主编

策划编辑 刘 扬 责任编辑 张冀青

*

北京航空航天大学出版社出版发行

北京市海淀区学院路37号(邮编100191) http://www.buaapress.com.cn

发行部电话：(010)82317024 传真：(010)82328026

读者信箱：qdpress@buaacm.com 邮购电话：(010)82316936

涿州市铭瑞印刷有限公司印装 各地书店经销

*

开本：787×1 092 1/16 印张：14 字数：358千字

2025年3月第1版 2025年3月第1次印刷

ISBN 978-7-5124-4562-8 定价：68.00元

编审人员

主　　审　尹志勇

审　　定　朱长青

主　　编　安　树　刘金宁

副 主 编　任晓琨　付　佳

参编人员　王　勇　曹　曼　王雪峰

校　　对　王文婷　郭　鑫

前　言

“信号与系统”课程是电类专业所开设的一门重要专业基础课，其理论性、实践性强，主要探讨信号和线性时不变系统的特性、信号通过线性系统的基本分析方法，以及这些方法在工程领域的应用。信号与系统的实验教学是理论教学的延伸和扩展，旨在帮助学生理解和掌握所学的原理和方法，培养他们分析和解决实际问题的能力。

信号与系统实验是辅助课程理论教学的一种有效手段。多年教学经验表明，基于实验箱的硬件电路实验可以让学生直接接触信号所依托的硬件电路，观测到实际的物理信号，且直观性和实践性强；但是，这也存在局限性，如信号调节范围有限致实验效果不理想、实验类型单一、实验方式不灵活等。相比之下，MATLAB 仿真软件以强大的数值分析及计算能力，能够简化繁杂的理论计算，通过可视化手段使教学过程变得更加清晰直观。但是，完全依赖仿真软件进行实验教学，可能不利于学生从物理层面上理解实际的信号与系统并对其进行分析。鉴于此，我们在信号与系统实验教学中，采用“软硬有机结合”的教学方法，以提高实验的灵活性，突出实验教学的时效性和可观测性。

MATLAB 仿真软件功能强大、应用广泛，版本更新非常快。目前市面上的信号与系统实验书籍多采用比较陈旧的软件版本，这在新版本仿真环境下运行常常出现很多问题，比如程序运行不了，新旧版本不兼容，函数命令不适用，等等。为此，本书采用目前高校广泛使用的 MATLAB 2018a 版本进行编程，并对全部程序进行了调试和运行。

本书分为三章。第一章介绍信号与系统实验箱的硬件实验，共有 11 项实验内容。通过这些硬件实验，学生能够掌握信号与系统基本原理和实验操作方法，同时锻炼动手能力和理论分析能力，这是计算机仿真实验无法代替的。第二章介绍使用 MATLAB 软件进行的信号与系统实验，共有 11 项实验内容。此部分内容通过 MATLAB 仿真实验，使学生掌握利用仿真软件进行信号与系统分析与应用的方法，是对硬件实验的有效补充和拓展。第三章利用 MATLAB 仿真软件中的 GUIDE 工具开发了信号与系统 GUI 实验系统，在交互式的可视化实验环境中，学生只需要单击相应的按钮或下拉菜单或改变实验参数，即可进行信号与系统实验的模拟和仿真。该系统提供了 7 项主题实验，共 19 项子实验，学生可以从中学习到信号与系统的基本原理与实际应用，从而加深对课程中的概念、原理和性质的深刻理解和灵活运用。

本书由车辆与电气工程系电气与电力工程教研室组织编写。全书由安树、刘金宁担任主编，任晓琨、付佳担任副主编，尹志勇负责主审，安树负责统稿，王勇、曹曼、王雪峰参加了本书的编写工作，王文婷、郭鑫对本书进行了校对。在此，对所有参与编写的人员表示衷心的感谢。

由于编者水平有限，书中难免存在不足之处，恳请广大读者提出宝贵意见批评指正。

编　者

2024 年 11 月

目　　录

第一章　基于实验箱的信号模拟与分析实验

第一节　信号与系统实验箱简介

一、信号与系统实验箱组成

信号与系统综合实验箱是专为“信号与系统”课程设计的，提供了包括信号的频域和时域分析在内的多种实验手段。主要功能如下：

① 通过该实验箱，学生可进行阶跃响应与冲激响应的时域分析，借助 DSP 技术实现信号频谱的分析与研究、信号分解与合成的分析与实验、抽样定理与信号恢复的分析与研究、连续时间系统的模拟、一阶二阶电路的暂态响应、滤波器设计与实现等内容的学习与实验。

② 实验箱自带实验所需的电源、信号发生器、扫频信号源、数字电压表和数字频率计。特别是数字电压表和数字频率计，均采用自行设计电路，而非传统实验箱中通用的表头，确保了仪表部分与本实验系统充分配合。

③ 实验箱集成了 DSP 新技术，使模拟电路难以实现或实验结果不理想的“信号分解与合成”“信号卷积”等实验得以准确地演示，并生动地验证理论结果。

④ 实验箱配有标准的 DSP JTAG 插口及 DSP 同 PC 的通信接口，可完成一系列的数字信号处理和 DSP 应用方面的实验。如：设计各种数字滤波器，进行频谱分析，执行卷积运算、A/D 转换、D/A 转换，使用 DSP 定时器和 DSP 基本 I/O 口等。

考虑到实验内容的层次性，在数字信号处理部分直接固化了实验必需的程序代码，通过拨码开关以及单片机 HPI 口，可以轻松选择不同的实验内容。

该实验系统由多个模块构成，其结构如图 1－1 所示，各模块具体如下：

S1：电压表及直流信号源模块；

S2：信号源及频率计模块；

S3：抽样定理及滤波器模块；

S4：数字信号处理模块；

S5：模块一；

S6：模块二；

S7：相平面分析及系统极点对频响的影响模块；

S8：调幅及频分复用模块；

S9：基本运算单元及连续系统模拟模块。

各模块的具体作用将在“各实验模块简介”中介绍。

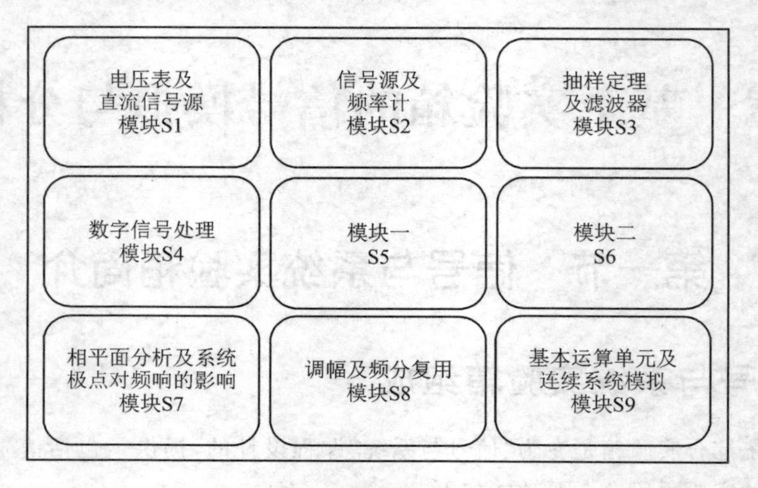

图 1-1 实验箱整体结构

二、各实验模块简介

在本节中，分别对实验箱上的 9 个单元模块作进一步的介绍。

(一) 电压表及直流信号源模块 S1

此模块位于实验箱的左上角，主要含有两个部分：电压表和直流信号源。电压表可测量直流信号的幅度及交流信号的峰峰值。具体来说，它能够测量的直流信号的幅度范围是 -10～10 V，而交流信号峰峰值的测量范围是 0～20 V。直流信号源可输出幅度 -5～+5 V 之间连续可调的直流信号，输出点为 P1、P2。此模块上的相应器件包括：

S1：模块的供电开关；

S2：用于选择测量的外部信号类型是交流信号还是直流信号；

P1、P2：直流信号 1 和 2 的输出端口；

P3：电压表的输入端口，用于接入外部信号输入；

W1、W2：用于调节直流信号电压的控制旋钮。

(二) 信号源及频率计模块 S2

信号源可提供三种波形的模拟信号，分别为正弦波、三角波和方波。这三种波形的频率可以通过调整“频率调节”旋钮来获得。正弦波频率的可调范围为 10 Hz～2 MHz，三角波和方波的频率可调范围为 10 Hz ～100 kHz。模拟信号的输出幅度可由“模拟输出幅度调节”旋钮控制，可调范围为 0～5 V。当模式切换开关下拨选择“频率计”模式时，频率计可测量外部信号的频率；当模式切换开关上拨选择“信号源”模式时，频率计测量的对象为内部模拟信号源所产生信号的频率。频率计的测量范围为 1 Hz～99 MHz。此模块上的相应器件包括：

P1：频率计输入端口。

P2：模拟信号输出端口。

P3：64K 载波输出端口。

P4：256K 载波输出端口。

P5：时钟信号源输出端口。

W1：模拟信号输出幅度调节旋钮。

S1：模块的供电开关。

S2：模式切换开关，向上拨为选择“信号源”模式，向下拨为选择“频率计”模式。

S3：扫频开关，向上拨时为开始扫频，向下拨时为停止扫频。

S4：波形切换开关，可选择正弦波、三角波、方波三种波形，选定一种波形后，相应的指示灯会亮。

在方波模式下，可调节占空比，其具体操作步骤如下：

① 操作开关 S4 切换到方波模式；

② 在方波模式下，长按“频率调节”旋钮约 1 s，频率计的数码管将会显示“dy”；

③ 当数码管显示“dy”和数字时，可以通过调整“频率调节”旋钮调节方波的占空比，其可调范围是 6%～93%。

S5：扫频设置按钮。当 S3 设置为“ON”时，通过 S5 可以在扫频上限、下限和分辨率三种参数之间切换，并进行设置。当“下限”指示灯亮时，通过“频率调节”旋钮可改变扫描频率的起始点(最低频率)，调节的频率值将在频率表的数码管上显示；当“上限”指示灯亮时，通过“频率调节”旋钮可改变扫描频率的终止点(最高频率)，调节的频率值将在频率表的数码管上显示；当“分辨率”指示灯亮时，可设置从下限频率到上限频率扫描的速度。在本实验箱上，扫频的调节方法如下：

① 按下扫频按钮，此时“分辨率”指示灯会亮，频率计数码管右方的“MHz”“Hz”指示灯熄灭；

② 调整“频率调节”旋钮来设定“下限频率”和“上限频率”之间的频点数。

一般而言，频点数越少，扫频速度越快；反之，扫频速度越慢。

S7：时钟频率设置。此按钮旁边有 4 种时钟频率可供选择，分别为 1 kHz、2 kHz、4 kHz、8 kHz。选择任一时钟频率时，相应的指示灯会亮。

“频率调节”旋钮：用于调节模拟信号的频率。通过轻按旋转编码器，可选择信号源频率的步进值。顺时针旋转旋钮增大频率，逆时针旋转旋钮则减小频率。旋钮下方设有三个标有×10、×100、×1K 的指示灯，用于指示频率步进，如表 1-1 所列。

表 1-1　旋转编码器与频率选择对应关系

亮的指示灯	频率的步进值	亮的指示灯	频率的步进值
×10	10 Hz	×10×1K	10 kHz
×100	100 Hz	×100×1K	100 kHz
×1K	1 kHz	×10×100×1K	1 MHz

(三) 抽样定理及滤波器模块 S3

模拟滤波器部分提供了多种有源和无源滤波器，涵盖了低通、高通、带通、带阻滤波器的设计。学生可以根据自己的需要进行实验。该模块共设有 8 个信号输入点，具体如下：

P1：无源低通滤波器信号输入点；

P5：有源低通滤波器信号输入点；

P9:无源带通滤波器信号输入点;

P13:有源带通滤波器信号输入点;

P3:无源高通滤波器信号输入点;

P7:有源高通滤波器信号输入点;

P11:无源带阻滤波器信号输入点;

P15:有源带阻滤波器信号输入点。

此外,模块还配备了8个信号输出点及相应的信号观测点,具体如下:

P2:无源低通滤波器信号输出点(相应的观测点为TP2);

P6:有源低通滤波器信号输出点(相应的观测点为TP6);

P10:无源带通滤波器信号输出点(相应的观测点为TP10);

P14:有源带通滤波器信号输出点(相应的观测点为TP14);

P4:无源高通滤波器信号输出点(相应的观测点为TP4);

P8:有源高通滤波器信号输出点(相应的观测点为TP8);

P12:无源带阻滤波器信号输出点(相应的观测点为TP12);

P16:有源带阻滤波器信号输出点(相应的观测点为TP16)。

模块上还设有抽样定理实验。通过该实验,可观测到抽样过程中各个阶段的信号波形。模块上共有3个输入点、2个输出点及2个信号观测点,具体如下:

P17:连续信号输入点(相应的观测点为TP17);

P18:外部开关信号输入点;

P19:抽样信号输入点;

P20:连续信号经采样后的输出点(相应的观测点为TP20);

P22:抽样信号经滤波器恢复后信号的输出点;

TP21:开关信号观测点;

TP22:抽样信号经滤波器恢复后的信号波形观测点。

模块上的调节点包括:

S1:模块的供电开关;

S2:拨码开关,用于选择同步抽样和异步抽样(当开关拨向左边时选择同步抽样方式,拨向右边时选择异步抽样方式);

W1:调节异步抽样频率。

(四) 数字信号处理模块S4

P9:模拟信号输入;

P1、P2、P3:这三个插孔分别是基波、二次谐波、三次谐波的输出点;

S3:对应着8位拨码开关,分别为各次谐波的叠加开关,当所有的开关都闭合时合成波形从TP8输出;

TP1～TP8:各次谐波波形的观测点;

S2:复位开关;

SW1:四位拨码开关,有不同设置,可以选择不同的实验,如表1-2所列。

表 1-2　SW1 可选择存储于 EPROM 中的示例程序

开关设置	实验内容	开关设置	实验内容
0 0 0 1	常规信号观测	0 1 1 1	数字抽样恢复
0 0 1 0	信号卷积	1 0 0 0	数字频率合成
0 0 1 1	信号与系统卷积	1 0 0 1	数字滤波
0 1 0 1	矩形信号合成与分解	1 0 1 0	FDM 载波输出信号
0 1 1 0	相位对信号合成的影响	1 1 1 1	信号采集

(五) 模块一 S5

1. 一阶电路暂态响应部分

学生可以根据自己的需要,在此模块上搭建一阶电路,并观察实验波形。该模块设有 6 个测量端口和若干信号插孔。

测量端口包括:

TP1、TP4:用于输入信号波形测量端口;

TP6、TP7:用于一阶 *RC* 电路输出信号波形测量端口;

TP8、TP9:用于一阶 *RL* 电路输出信号波形测量端口。

信号插孔包括:

P1、P4:信号输入插孔;

P2、P3、P5、P6、P7、P8、P9:电路连接插孔。

2. 阶跃响应、冲激响应部分

在此部分,学生接入适当的输入信号,可观测到输入信号的阶跃响应和冲激响应。此部分共有 4 个测量端口,具体如下:

P10:用于测量冲激响应时输入信号波形的端口(相应信号测试点为 TP10);

P11:作为电路连接插孔(冲激信号观测点为 TP11);

P12:用于测量阶跃响应时输入信号波形的端口(相应信号测试点为 TP12);

TP14:作为冲激响应、阶跃响应信号输出的观测点。

3. 无失真传输部分

P15:信号输入点;

TP16:信号经电阻衰减观测点;

TP17:信号输出观测点;

W2:阻抗调节电位器。

(六) 模块二 S6

1. 二阶电路传输特性部分

采用 741 搭建的两种二阶电路,可观测信号经过不同二阶电路的响应,并分析其二阶电路的特性。该部分的信号插孔和测量端口具体如下:

P1、P2:作为信号输入插孔。

TP3:用于测量二阶 *RC* 电路传输特性的端口;

TP4:用于测量二阶 *RL* 电路传输特性的端口。

2. 二阶网络状态轨迹部分

在此部分,不仅可以完成二阶网络状态轨迹的观察实验,还可完成二阶电路暂态响应的观察实验。该部分的信号插孔和测量端口具体如下:

P5:作为信号输入插孔;

TP5:用于输入信号波形的观测点;

TP6、TP7、TP8:用于输出信号波形的观测点。

3. 二阶网络函数模拟部分

通过电系统来模拟非电系统的二阶微分方程,其中 P9 为阶跃信号的输入点(TP9 为其测试点)。

Vh:有两个零点的二阶系统,可以观察其阶跃响应的时域解(TP10 为其对应的观测点);

Vt:有一个零点的二阶系统,可以观察其阶跃响应的时域解(TP11 为其对应的观测点);

Vb:没有零点的二阶系统,可以观察其阶跃响应的时域解(TP12 为其对应的观测点);

W3、W4:对尺度变换的系数进行调节。

(七) 相平面分析及系统极点对频响的影响模块 S7

1. 系统相平面分析部分

P1:固定系统的信号输入端口;

P2:固定系统的信号输出端口;

P3:系统特性可变系统信号输入端口;

P4:系统特性可变系统信号输出端口;

W1:可调节系统相位特性。

2. 极点对频响特性的影响

P5:信号输入端口;

P6:通过该端口的不同接线方式,可改变系统极点的不同位置;

P7:信号输出端口;

W2:可调节系统截止频率。

(八) 调幅及频分复用模块 S8

此模块可以完成幅度调制与解调、时分复用与解复用的实验,并且可以通过相应的观测点来观测信号的变化情况。模块上的信号插孔及观测点具体如下:

P1、P3:载波输入(从 S2 模块上的 P3、P4 端口引入,相应的信号观测点为 TP1、TP3);

P2、P4:模拟信号输入(一路由 S2 模块上的 P2 端口提供,一路由数字信号处理模块提供,相应的信号观测点为 TP2、TP4);

P5:幅度调制输出 1(相应的观测点为 TP5);

P6:幅度调制输出 2(相应的观测点为 TP6);

P7:复用输入信号 1;

P8:复用输入信号 2;

P9:两路信号经过时分复用之后的输出点(其相应的观测点为 TP9);

P10:复用信号输入端口。

解复用及解调部分还包含 6 个信号的观测点,具体如下:

TP12:信号解复用输出之一;

TP13:信号解复用输出之二;

TP14:解复用信号经解调后信号输出之一;

TP15:解复用信号经解调后信号输出之二;

TP16:解调信号输出 1;

TP17:解调信号输出 2。

(九) 基本运算单元及连续系统模拟模块 S9

本模块提供了很多开放的电路电容,可根据需要搭建不同的电路,并进行各种测试。例如,可实现加法器、比例放大器、积分器及一阶系统的模拟。模块上相应的信号插孔和测试点包括:

P1、P2:运算放大器 U1 的输入信号插孔,分别对应运放的 DIP3 和 DIP2;

P3:运算放大器 U1 的输出信号插孔;

P4、P5:运算放大器 U2 的输入信号插孔,分别对应运放的 DIP3 和 DIP2;

P6:运算放大器 U2 的输出信号插孔;

P7～P42:元器件选择插孔;

TP3:运算放大器 U1 的输出;

TP6:运算放大器 U2 的输出。

三、辅助工具简介

为了方便实验教学,实验箱配置了信号源、频率计、扫频仪等辅助工具。本节主要对这些辅助工具的使用方法作简要的介绍。

(一) 信号源

信号源部分包含直流信号源和模拟信号源两部分,分别用于产生直流电压信号和交流电压信号。

直流信号源位于模块 S1 上,有两个信号输出端口,分别为 P1、P2。这两个端口输出的信号幅度范围为－5～＋5 V,其幅度可通过调节旋钮 W1、W2 来独立调整。

交流信号源位于模块 S2 上,如图 1－2 所示。它共有两部分:一部分为模拟信号源,另一部分为时钟信号源。

1. 信号源主要技术指标

输出波形:正弦波、三角波、方波;

输出幅度:0～5 V 可调;

输出频率范围:正弦波频率为 0～2 MHz,而三角波和方波频率为 0～100 kHz。

2. 操作简要说明

“频率调节”旋钮:用于调节模拟信号的频率。其中,正弦波频率可调范围为 0～2 MHz,三角波和方波频率可调范围为 0～100 kHz。

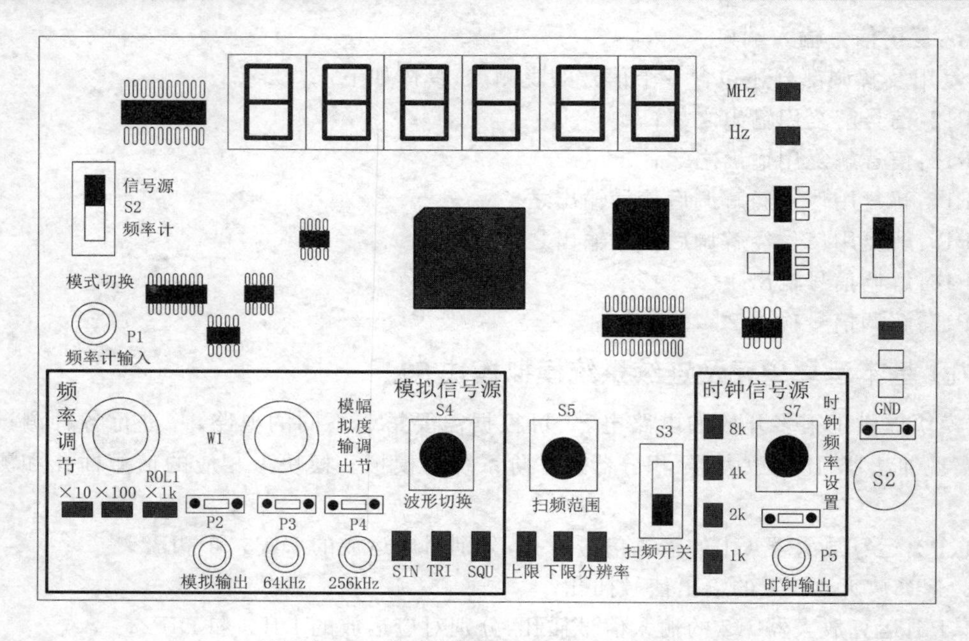

图 1-2　模拟信号源和时钟信号源部分

W1：模拟信号输出幅度调节旋钮。模拟信号幅度可调范围为 0～5 V。

S4：波形切换按钮。此按钮可以选择三种波形：正弦波、三角波和方波。按下此按钮可以进行波形间的切换，选择其中一种波形后，相应的指示灯会亮。

S7：时钟频率设置按钮。通过此按钮可选择 1 kHz、2 kHz、4 kHz、8 kHz 的时钟频率。

P2：模拟信号输出端口。此端口可以输出正弦波、三角波和方波。通过 S4 按钮可完成波形间的切换。

P3：64 kHz 载波输出端口。

P4：256 kHz 载波输出端口。

P5：时钟输出端口。

3. 用示波器观察信号源输出波形

① 实验系统加电，按下波形选择按钮 S4。若输出正弦波，则对应“SIN”指示灯亮，用示波器观察 TP2 处的正弦波。

② 调节 W1 信号幅度调节旋钮，可在示波器上观察到信号幅度的变化。

③ 按下 S4 按钮选择三角波，对应的“TRI”指示灯亮，用示波器在 TP2 处观测三角波。

④ 按下 S4 按钮选择方波，对应的“SQU”指示灯亮，用示波器在 P2 处观察方波，可在示波器上观察到信号占空比的变化（占空比的调节范围是 6%～93%，调节方法见模块 S2 的介绍）。

⑤ 调整“频率调节”旋钮，可在示波器上观察到信号频率的变化；按下“频率调节”旋钮，可以进行频率步进选择，从而改变频率的调节范围。

（二）电压表

电压表位于实验箱的左上角，它可以测量直流信号的幅度及交流信号的峰峰值。电压表的主要技术指标包括：

• 电压表的量程：直流电压范围为－10～0 V，交流电压范围为 0～20 V（峰峰值）；
• 电压表的精确度：±5%。

（三）频率计

频率计位于模块 S2 的上方，如图 1－3 所示，可用来测量外部信号和内部信号的频率。

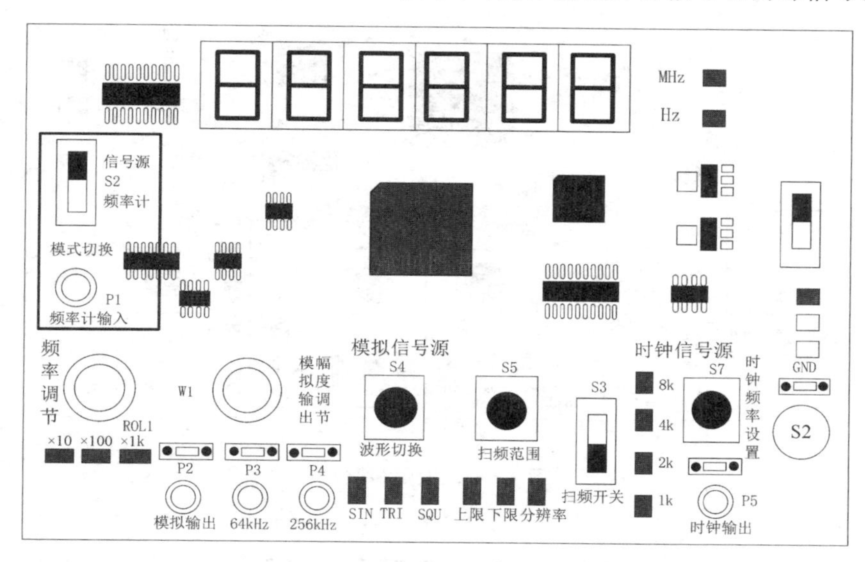

图 1－3　频率计部分

当模式切换开关 S2 向下拨选择“频率计”模式时，频率计可测量输入的外部信号频率，外部的信号可由 P1 端口引入。当开关向上拨选择“信号源”模式时，频率计测量内部模拟信号源产生的模拟信号频率。频率计的主要指标包括：

• 频率计的测量范围：1 Hz～2 MHz；
• 频率计的精确度：±0.5%。

（四）扫频仪

扫频仪位于模块 S2 右下角，如图 1－4 所示。

S3：扫频功能选择开关。当开关拨至“ON”时，启动扫频功能；当开关置于“OFF”时，关闭扫频功能。

S5：扫频设置按钮。当开关 S3 拨至“ON”时，即可通过按钮 S5 在扫频上限、下限和分辨率三种参数之间切换，分别对这三种参数进行设置。当“下限”指示灯亮时，可通过“频率调节”旋钮改变扫描频率的起始点（最低频率），调节的频率值在频率表的数码管上显示；当“上限”指示灯亮时，可通过“频率调节”旋钮改变扫描频率的终止点（最高频率），调节的频率值在频率表的数码管上显示；当“分辨率”指示灯亮时，可完成从下限频率到上限频率扫描的速度的设置。

在实验箱上，分辨率的设置方法如下：

① 将扫频开关 S3 拨至“ON”。

② 按下扫频设置按钮，此时，扫频范围上方的“上限”“下限”指示灯会亮，频率计中数码管右侧的“MHz”“Hz”的指示灯会熄灭。

③ 调整“频率调节”旋钮来设置“下限频率”和“上限频率”之间的频点数。一般而言，频点

数越少，扫频速度越快；反之，扫频速度越慢。

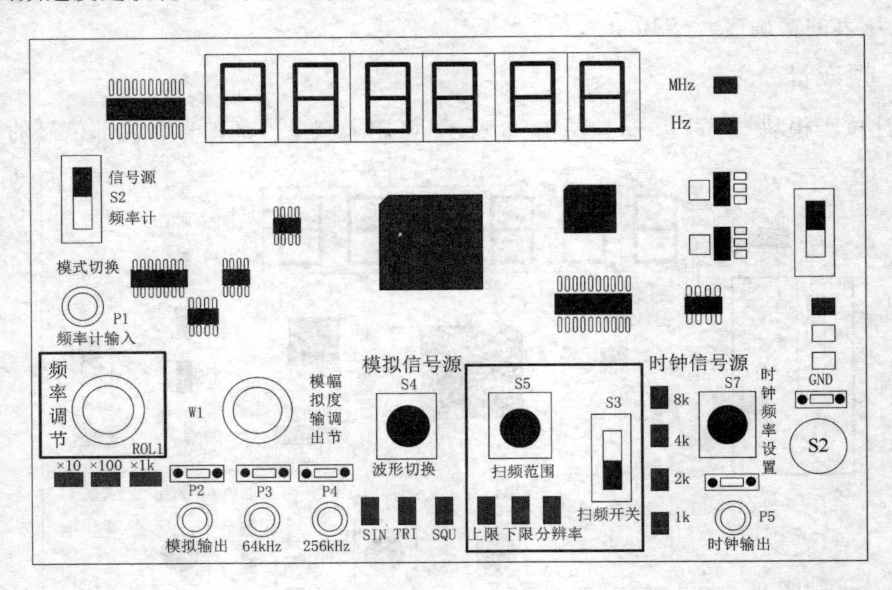

图 1-4 扫频仪部分

第二节 实验内容

一、常用信号分类与观察

(一) 实验目的

1. 观察常用信号的波形，了解其特点及产生的方法；
2. 学会用示波器测量常用波形的基本参数，了解各种常见信号及其特性。

(二) 实验仪器

1. 信号与系统实验箱 1 台；
2. 100 MHz 双踪数字示波器 1 台。

(三) 实验原理

研究系统特性时，一个重要的方面是研究它的输入与输出之间的关系，即在特定的输入信号条件下，系统会产生怎样的输出响应。因此，对信号的研究是对系统研究的出发点，也是观察和理解系统特性的基本手段与方法。在本实验中，我们将对常用信号及其特性进行分析和研究。

信号可以表示为一个或多个变量的函数形式，在这里我们仅对一维信号进行研究，其中自变量为时间。常用信号类型有指数信号、正弦信号、指数衰减正弦信号、抽样信号、钟形信号、脉冲信号以及方波信号等。

1. 指数信号

指数信号的表达式为 $f(t)=K\mathrm{e}^{at}$。对于不同的 a 取值，其波形呈现出不同的形态，如图 1-5 所示。

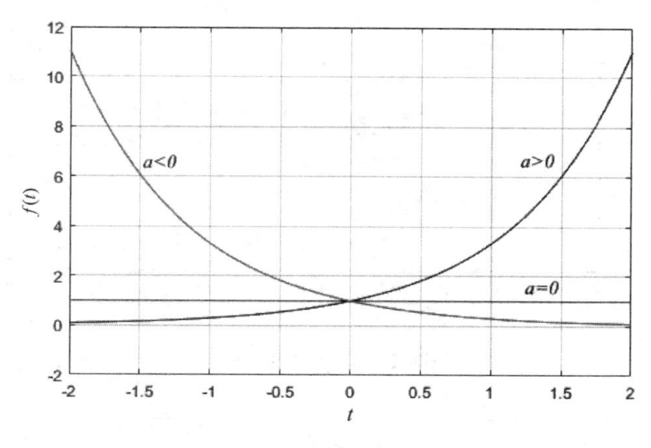

图 1-5　指数信号

2. 指数衰减正弦信号

指数衰减正弦信号的表达式为 $f(t)=\begin{cases}0, & t<0,\\ K\mathrm{e}^{-at}\sin\omega t, & a>0,t>0,\end{cases}$ 其波形如图 1-6 所示。

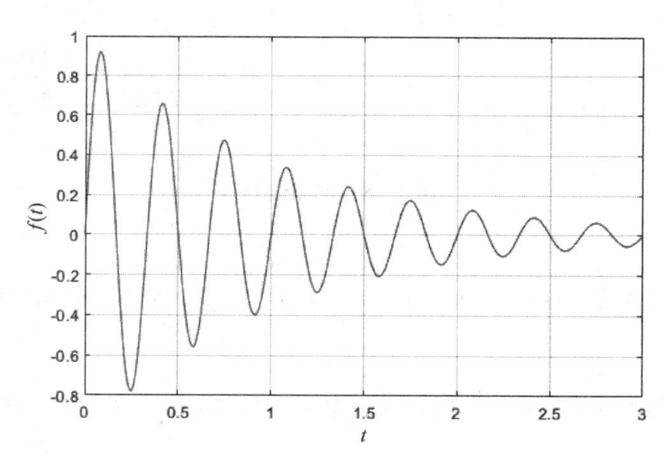

图 1-6　指数衰减正弦信号

3. 抽样信号

抽样信号的表达式为 $\mathrm{Sa}(t)=\dfrac{\sin t}{t}$。$S_a(t)$是一个偶函数，当 $t=\pm\pi,\pm2\pi,\cdots,\pm n\pi$ 时，函数值为零。该函数在很多应用场合具有独特的运用，其波形如图 1-7 所示。

4. 钟形信号(高斯函数)

钟形信号的表达式为 $f(t)=E\mathrm{e}^{-\left(\frac{t}{\tau}\right)^2}$，其波形如图 1-8 所示。

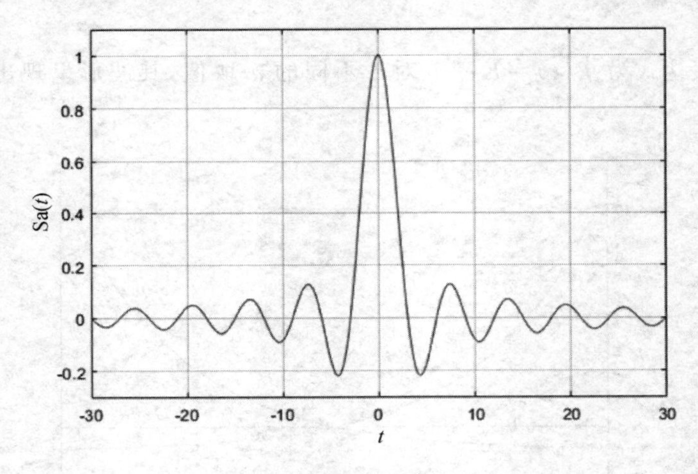

图 1-7 抽样信号

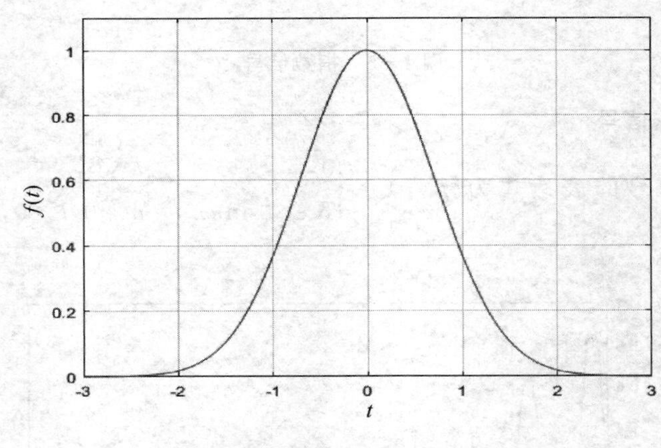

图 1-8 钟形信号

5. 脉冲信号

脉冲信号的表达式为 $f(t)=u(t)-u(t-T)$，其中 $u(t)$ 为单位阶跃函数。

6. 方波信号

方波信号的周期为 T，前 $0\sim\frac{T}{2}$期间为正电平信号，后$\frac{T}{2}\sim T$ 期间为负电平信号。

(四) 实验内容

常规信号由 DSP 产生，并经过 D/A 转换后输出，按以下步骤，分别观察各信号。

预备工作：先将开关 S3 置为"00000000"(开关向上拨为"1"，向下拨为"0")，再将拨号开关 SW1 置为"0001"(开关向上拨为"1"，向下拨为"0")，打开实验箱电源，按下复位键 S2。

1. 指数信号的观察

具体步骤如下：

① 开关 S3 的第 1 位置"1"，其他位置"0"，用示波器在 TP1 处观察输出的指数信号并分析其对应的 a、K 参数。

② 开关 S3 第 2 位置“1”，其他位置“0”，观察指数信号波形的变化并分析原因。

2. 指数衰减正弦信号的观察(正频率信号)

具体步骤如下：

① 开关 S3 第 3 位置“1”，其他位置“0”，用示波器在 TP1 处观察输出的指数衰减正弦信号。

② 开关 S3 第 4 位置“1”，其他位置“0”，注意观察波形的变化情况并分析原因。

3. 抽样信号的观察

具体步骤如下：

① 开关 S3 第 5 位置“1”，其他位置“0”。

② 用示波器在 TP1 处观察输出的抽样信号。

4. 钟形信号的观察

具体步骤如下：

① 开关 S3 第 6 位置“1”，其他位置“0”。

② 用示波器在 TP1 处观察输出的钟形信号，观察波形。

(五) 实验报告要求

1. 绘制各波形图(标出坐标)。

2. 观察这些信号的波形，思考可以从哪几个角度观察分析这些信号的参数。

(六) 实验测试点的说明

1. 测试点为 TP1。

2. 不要将开关 S3 的第 7 位和第 8 位拨为“1”。

(七) 思考题

请列举一些常用的信号，并举例说明它们的应用场合？

二、阶跃响应与冲激响应

(一) 实验目的

1. 观察和测量 RLC 串联电路的阶跃响应与冲激响应的波形和有关参数，并研究其电路元件参数变化对响应状态的影响；

2. 掌握有关信号时域的测量分析方法。

(二) 实验仪器

1. 信号与系统实验箱 1 台；

2. 100 MHz 双踪数字示波器 1 台；

3. 数字万用表 1 台。

(三) 实验原理

以单位冲激信号 $\delta(t)$ 作为激励，线性时不变(LTI)连续系统产生的零状态响应被称为单位冲激响应，简称为冲激响应，记为 $h(t)$。冲激响应示意图如图 1－9 所示。

以单位阶跃信号 $\varepsilon(t)$ 作为激励，LTI 连续系统产生的零状态响应被称为单位阶跃响应，

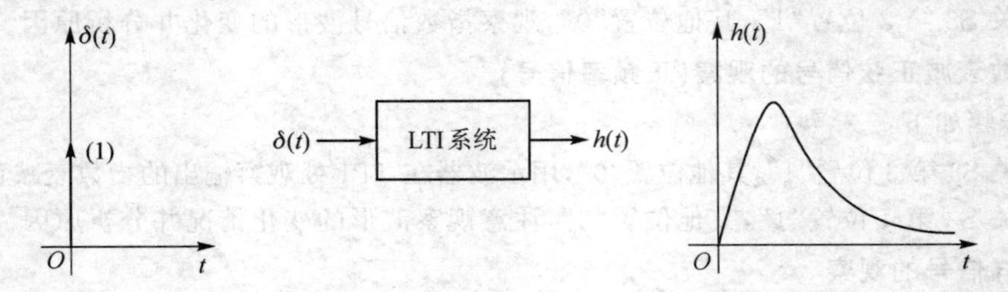

图 1-9　冲激响应示意图

简称为阶跃响应，记为 $g(t)$。阶跃响应示意图如图 1-10 所示。

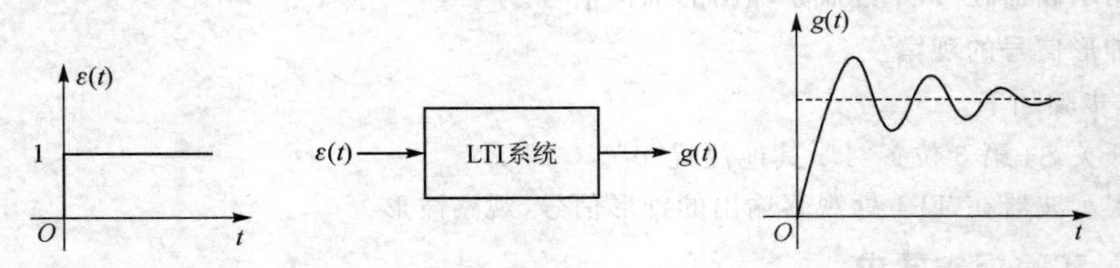

图 1-10　阶跃响应示意图

阶跃激励与阶跃响应的关系简单地表示为

$$g(t)=H[\varepsilon(t)] \quad 或者 \quad u(t)\rightarrow g(t)$$

图 1-11 和图 1-12 所示分别为 RLC 串联电路的阶跃响应和冲激响应实验电路图，其响应有以下三种状态：

① 当电阻 $R>2\sqrt{\frac{L}{C}}$ 时，称为过阻尼状态；

② 当电阻 $R=2\sqrt{\frac{L}{C}}$ 时，称为临界状态；

③ 当电阻 $R<2\sqrt{\frac{L}{C}}$ 时，称为欠阻尼状态。

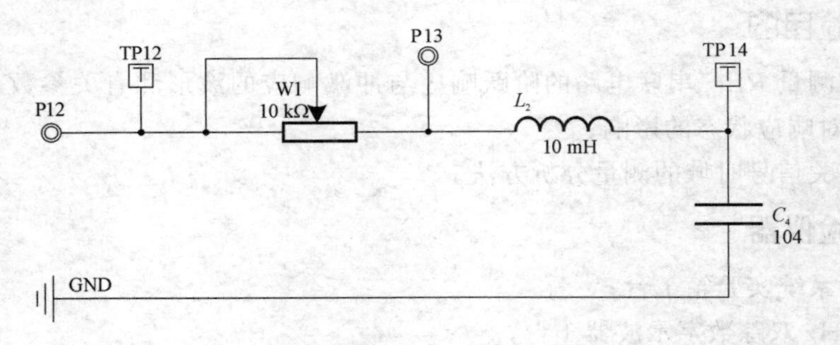

图 1-11　阶跃响应实验电路

冲激信号是阶跃信号的导数，即 $g(t)=\int_{0^-}^{t} h(\tau)\mathrm{d}\tau$，所以线性时不变电路的冲激响应也是阶跃响应的导数。为了便于使用示波器观察响应波形，实验中采用周期方波代替阶跃信号，而用周期方波通过微分电路后得到的尖顶脉冲代替冲激信号。

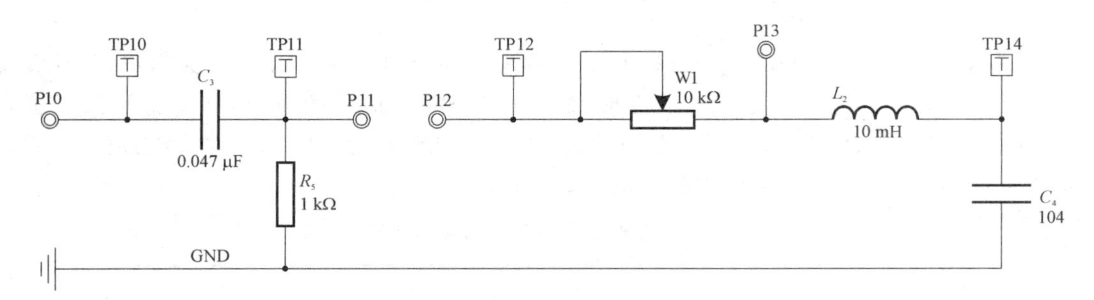

图 1-12 冲激响应实验电路

(四) 实验内容

1. 观察阶跃响应波形与参数测量

实验中设定激励信号为方波，频率定为 500 Hz。实验电路连接图如图 1-11 所示。

① 将激励信号源调整为方波(即从 S2 模块的 P2 端口引出方波信号)，调整“频率调节”旋钮，使频率计示数 $f=500$ Hz。

② 连接 S2 模块的方波信号输出端 P2 至 S5 模块的 P12 端。

③ 将示波器通道 CH1 接至 TP14 端，并调整 W1，使电路分别工作于欠阻尼、临界和过阻尼三种状态，观察各种状态下的输出波形，使用万用表测量与波形相对应的 P12 和 P13 两点间的电阻值(测量时应断开电源)，并将实验数据填入表 1-3 中。

④ TP12 为输入信号波形的测量点，可把示波器通道 CH2 接至 TP12 端，以便于进行波形比较。

表 1-3 阶跃激励信号与响应信号的波形对照表

状态 参数测量	欠阻尼状态	临界状态	过阻尼状态
参数	R<(　　) R=(　　)	R=(　　)	R>(　　) R=(　　)
激励波形			
响应波形			

注：描绘波形时，要使三种状态的 x 轴坐标(扫描时间)一致。

2. 观察冲激响应的波形

冲激信号是由阶跃信号经过微分电路而获得的。实验电路如图 1-12 所示。

① 将信号输入接至 P10 端(保持输入信号频率与幅度不变)。

② 将示波器通道 CH1 接至 TP11 端，观察经微分后的响应波形(等效为冲激激励信号)。

③ 连接 P11 与 P12 端。

④ 将示波器的通道 CH2 接至 TP14 端，并调整 W1，使电路分别工作于欠阻尼、临界和过阻尼三种状态。观察电路处于三种状态时激励信号与响应信号的波形，并将实验数据填入表 1-4 中。表中的激励信号波形为在测量点 TP11 处观测到的波形（即冲激激励信号），而响应信号波形则为 TP14 测量点观察到的波形。

表 1-4　冲激激励信号与响应信号的波形对照表

状态 参数测量	欠阻尼状态	临界状态	过阻尼状态
参数	$R<$(　　) $R=$(　　)	$R=$(　　)	$R>$(　　) $R=$(　　)
激励波形			
响应波形			

(五) 实验报告要求

1. 绘制同样时间轴阶跃响应与冲激响应的输入、输出电压波形时，要标明信号幅度 A、周期 T、方波脉宽 T_1 以及微分电路的时间常数 τ 值。

2. 分析实验结果，说明电路参数变化对状态的影响。

(六) 思考题

在本实验中，周期方波经微分电路得到冲激信号，随后冲激信号经 RLC 串联电路得到冲激响应。请思考，还可以通过哪些其他方式得到冲激响应？

三、连续时间系统的模拟

(一) 实验目的

1. 了解基本运算器（比例放大器、加法器和积分器）的电路结构和运算功能；
2. 理解并能运用基本运算单元模拟连续时间一阶系统的原理与相应的测试方法。

(二) 实验仪器

1. 信号与系统实验箱 1 台；
2. 100 MHz 双踪数字示波器 1 台；
3. 数字万用表 1 台。

（三）实验原理

1. 线性系统的模拟

系统的模拟就是用由基本运算单元构成的模拟装置来模拟实际系统的运作。这些实际系统可以是电的或非电的物理量系统，也可以是社会、经济和军事等非物理量系统。模拟装置可以与实际系统在内容上完全不同，但它们的微分方程和输入、输出关系（即传输函数）是完全相同的。模拟装置的激励和响应是电物理量，而实际系统的激励和响应不一定是电物理量，但它们之间存在一一对应的关系。因此，通过研究模拟装置，我们可以分析实际系统，最终达到在一定条件下确定最佳参数的目的。

本实验所说的系统模拟，是利用基本的运算单元（放大器、加法器、积分器等）构成的模拟装置，来模拟实际系统的传输特性。

三种基本运算电路：

（1）比例放大器

比例放大器电路连线示意图如图 1－13 所示，其电路逻辑关系：

$$u_0=\frac{R_2}{R_1}\times u_1$$

（2）加法器

加法器电路连线示意图如图 1－14 所示，其电路逻辑关系：

$$u_0=-\frac{R_2}{R_1}(u_1+u_2)=-(u_1+u_2),\quad R_1=R_2$$

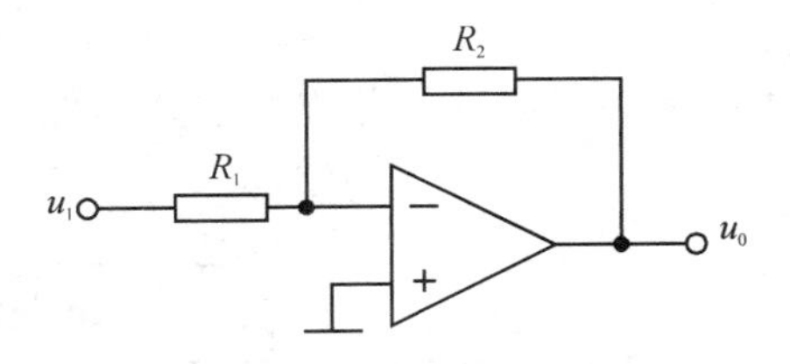

图 1－13　比例放大器电路连线示意图

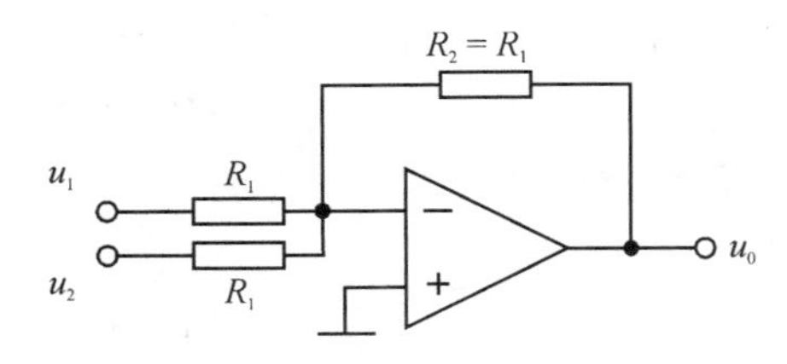

图 1－14　加法器电路连线示意图

（3）积分器

积分器电路连线示意图如图 1－15 所示，其电路逻辑关系：

$$u_0=-\frac{1}{RC}\int u_1\,\mathrm{d}t$$

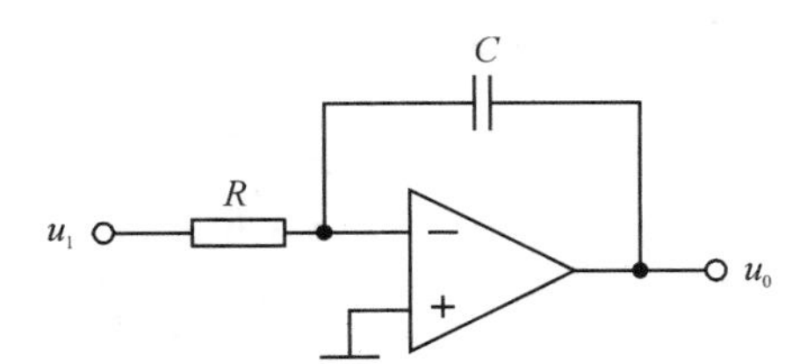

图 1－15　积分器电路连线示意图

2. 一阶系统的模拟

一阶 RC 电路如图 1－16(a)所示，可用以下方程描述：

$$\frac{\mathrm{d}y(t)}{\mathrm{d}t}+\frac{1}{RC}y(t)=\frac{1}{RC}x(t)$$

其模拟框图可由图 1－16(b)、(c)表示，其一阶系统模拟实验电路如图 1－16(d)所示。

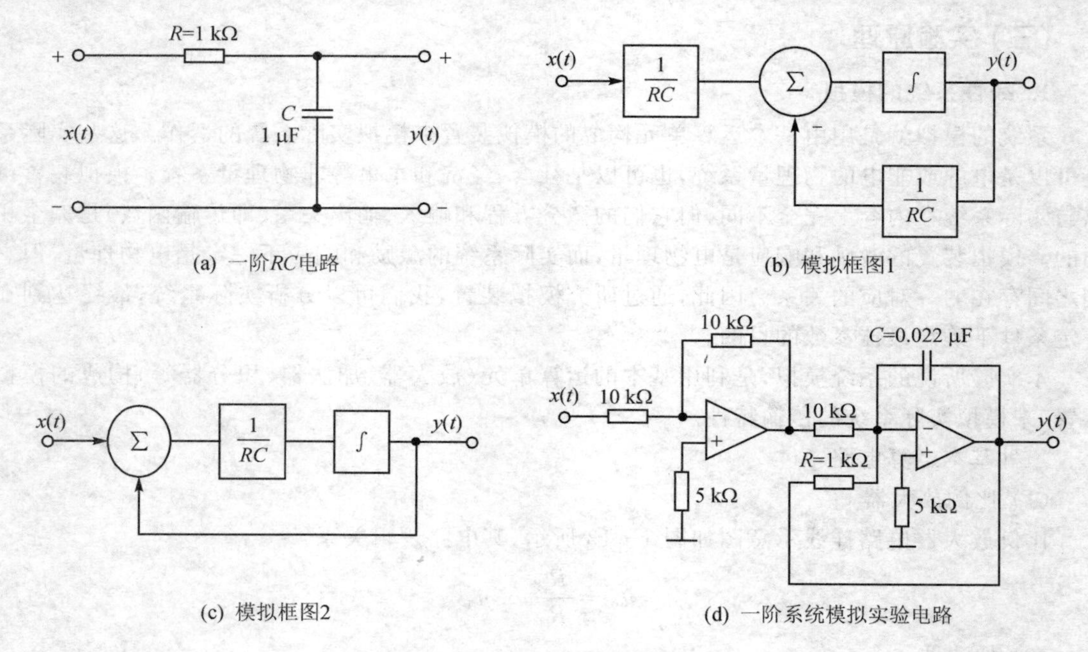

图 1-16　一阶系统的模拟

(四) 实验内容

在实验平台上，U1 和 U2 为运算放大器。P1 和 P2 为 U1 的输入接口，P3 为 U1 的输出接口；P4 和 P5 为 U2 的输入接口，P6 为 U2 的输出接口。

实验模块上有可供选择的电阻、电容及电感，可根据实验需要选择并连接这些元件。U1 与 U2 的电路图如图 1-17 所示。

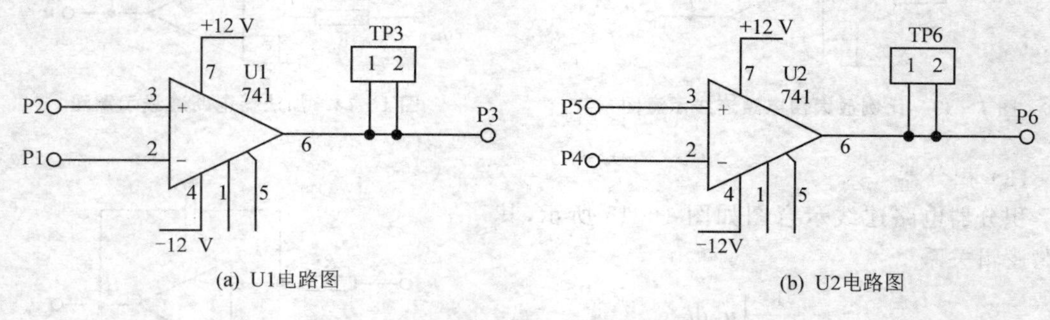

图 1-17　U1 与 U2 的电路图

1. 加法器的观测

① 按图 1-18 所示自己动手搭建实验电路。

② 调节 S1 模块中的 W1、W2，确保直流信号源的两路输出 P1、P2 同时接入加法器（建议使用毫伏表的直流挡测量两路输入电压）。

③ 使用万用表测量输出端的电压，验证其是否为输入的两路电压之和，并据此完成相关数据，记录在表 1-5 中。

表 1-5　加法器输入与输出关系列表

输入一		输入二		输　出	
电压/V	波　形	电压/V	波　形	电压/V	波　形

2. 比例放大器的观测

① 自己动手连接图 1-19 所示的实验电路，并尝试选择不同阻值的电阻以改变放大比例。

② 将信号发生器产生 $A=1$ V、$f=10$ kHz 的正弦波信号送入输入端，利用示波器同时观察输入和输出波形，并进行比较，以便完成表 1-6 的记录。

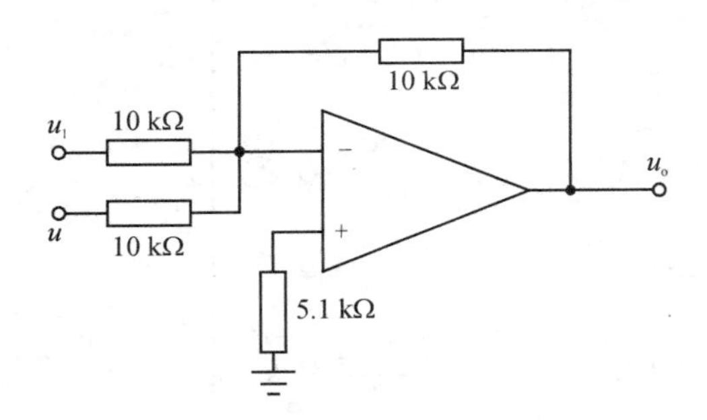

图 1-18　加法器实验电路图

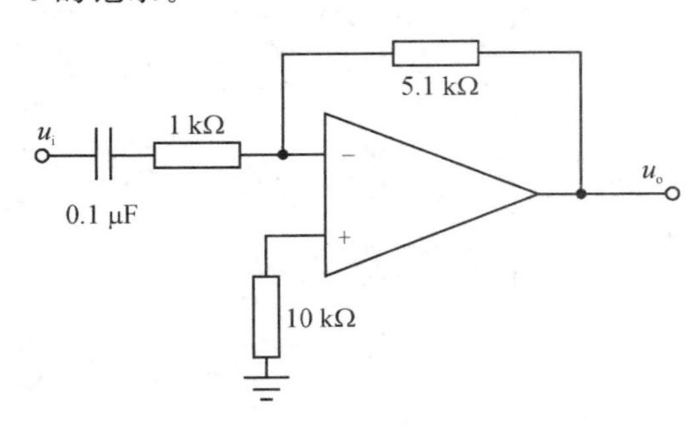

图 1-19　比例放大器实验电路图

表 1-6　比例放大器输入与输出关系列表

输　入			输　出	
电　阻	电压/V	波　形	电压/V	波　形
$R_1=$				
$R_2=$				
$R_1=$				
$R_2=$				

3. 积分器的观测

① 自己动手连接图 1-20 所示的实验电路。

② 将信号发生器产生 $f=1$ kHz 的方波信号送入输入端，利用示波器同时观察输入和输出波形，并进行比较分析。请依照上述表格的格式，完成实验数据记录。

4. 一阶 *RC* 电路的模拟

图 1-16(a)为一阶 *RC* 电路，按图 1-16(d)所示自己动手搭建完成其一阶模拟电路(阻

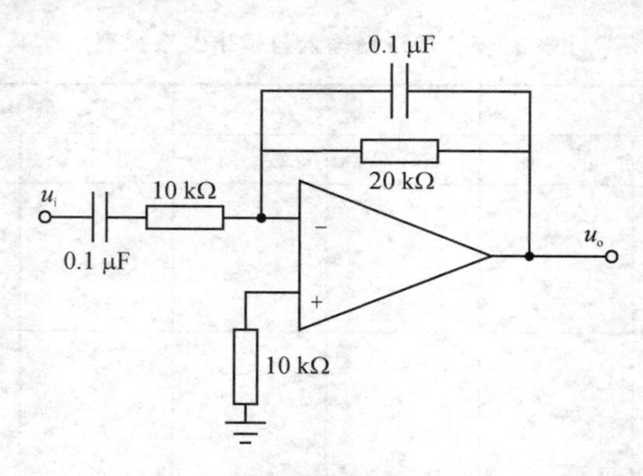

图 1-20　积分器实验电路图

容元件根据需要进行选择，0.22 μF 电容可由两个 0.01 μF 电容并联代替）。

将信号发生器产生的幅度 $A=4$ V、频率 $f=1$ kHz 的方波送入一阶模拟电路输入端，使用示波器观测输出电压波形，以此来验证电路的模拟情况。模块实验电路图如图 1-21 所示。

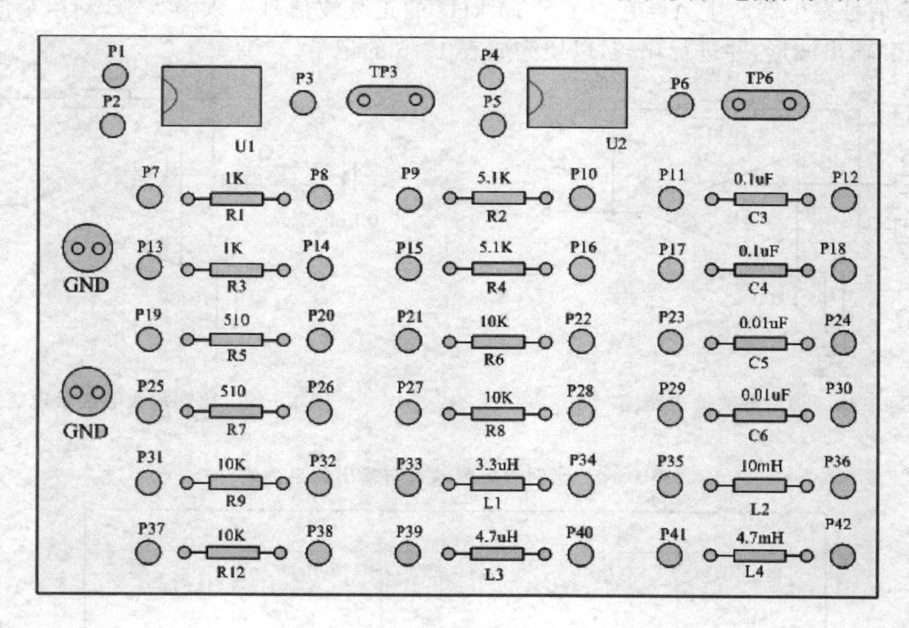

图 1-21　模块实验电路图

（五）实验报告要求

1. 准确绘制各基本运算器的输入与输出波形，并标出峰峰电压及周期。
2. 绘制一阶模拟电路的阶跃响应图，标出峰峰电压及周期。

（六）思考题

1. 在微分方程中，微分运算为什么使用积分器来实现？
2. 若已求解出某系统的微分方程，则搭建该系统的电路模拟装置的基本思路是什么？

四、一阶电路的暂态响应

（一）实验目的

1. 掌握一阶电路暂态响应的原理；
2. 观测一阶电路的时间常数 τ 对电路暂态过程的影响。

（二）实验仪器

1. 信号与系统实验箱 1 台；
2. 100 MHz 双踪数字示波器 1 台。

（三）实验原理

含有电感、电容储能元件的电路，通常用微分方程来描述，电路的阶数取决于微分方程的阶数。凡是用一阶微分方程描述的电路，称为一阶电路。一阶电路由一个储能元件和电阻构成，存在两种基本类型：*RC* 电路和 *RL* 电路。图 1－22 和图 1－23 分别展示了 *RC* 电路与 *RL* 电路的基本连接方式。

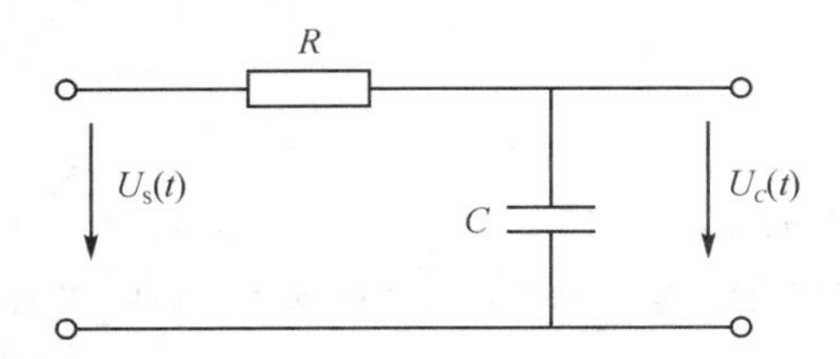

图 1－22　*RC* 电路连接示意图

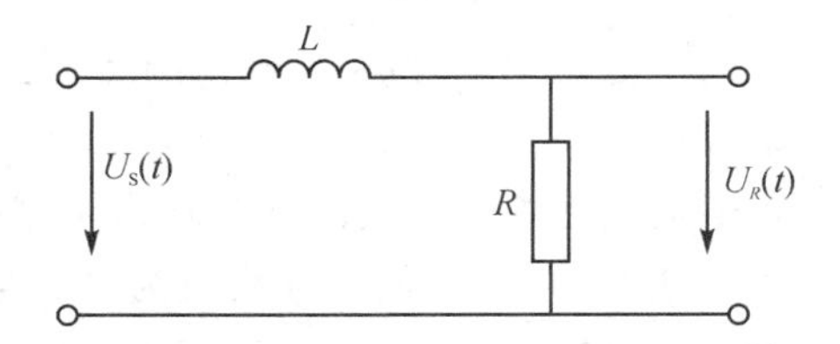

图 1－23　*RL* 电路连接示意图

根据给定的初始条件、列出的一阶微分方程以及激励信号，可以求得一阶电路的零输入响应和零状态响应。若系统的激励信号为阶跃函数，其零状态电压响应一般可表示为以下两种形式：

$$u(t)=U_0\mathrm{e}^{-\frac{t}{\tau}}\quad (t\geqslant 0)$$

$$u(t)=U_0\left(1-\mathrm{e}^{-\frac{t}{\tau}}\right)\quad (t\geqslant 0)$$

式中，τ 为电路的时间常数。在 *RC* 电路中，$\tau=RC$；在 *RL* 电路中，$\tau=L/R$。零状态电流响应的形式与之相似。本实验探讨的暂态响应主要是指系统的零状态电压响应。

关于 τ 值的测量方法：当电路两端施加电压为 U_S 的激励时，储能元件两端的电压从 0 增加至 $0.7U_S$ 所经历的时间，即为电路的时间常数 τ。

（四）实验内容

一阶电路的零状态响应指的是，系统在无初始储能或状态为零的情况下，电路仅由外加激励源所引起的响应。

为了能够在仪器上观察到稳定的波形，通常采用周期性变化的方波信号作为电路的激励信号。此时，电路的输出既可看成是对脉冲序列作用于一阶电路的研究，也可看成是对一阶电路直流暂态特性的研究，即利用方波的前沿来代替单次接通的直流电源，利用方波的后沿来代替单次断开的直流电源。方波的半个周期应至少是被测一阶电路时间常数的3～5倍；若方波的半个周期小于被测电路时间常数的3～5倍，则情况较为复杂。

1. 一阶 *RC* 电路的观测

一阶 RC 电路实验连接图如图1-24所示。

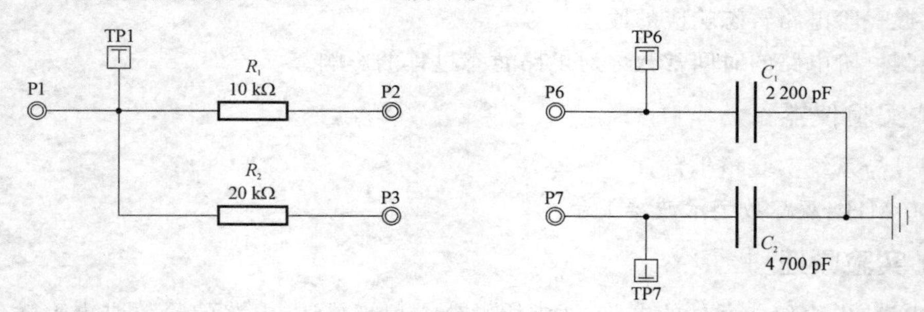

图1-24 一阶 *RC* 电路实验连接图

信号源输出信号的规格要求为频率2.5 kHz的方波。具体实验步骤如下：

① 将信号源的输出端P2与P1相连；

② 将P2与P6连接；

③ 用示波器观测TP6处输出的波形；

④ 根据 R、C 值计算出时间常数 $\tau(\tau=RC)$；

⑤ 根据实际观测到的波形计算出实测的时间常数 τ；

⑥ 把"P2与P6"之间的连线改为"P2连接P7"或"P3连接P6"或"P3连接P7"(注：若连接点改为P7，则输出测量点应为TP7)；

⑦ 重复上述实验过程，将结果填入表1-7中。

表1-7 一阶 *RC* 电路

连接点	R/kΩ	C/pF	τ/μs	实测 τ 值	测量点
P2—P6	10	2 200			TP6
P2—P7	10	4 700			TP7
P3—P6	20	2 200			TP6
P3—P7	20	4 700			TP7

2. 一阶 *RL* 电路的观测

一阶 RL 电路实验连接图如图1-25所示。

信号源输出信号的规格要求为频率2.5 kHz的方波。具体实验步骤如下：

① 将信号源输出端P2与P4相连；

② 将P5与P8连接；

③ 用示波器观测TP8处输出的波形；

④ 根据 R、L 值计算出时间常数 $\tau(\tau=L/R)$；

⑤ 根据实际观测到的波形计算出实测的时间常数 τ；

⑥ 将"P5与P8"之间的连线改为"P5连接P9"，此时输出测量点也相应地改为TP9；

⑦ 重复上述实验过程，将结果填入表1-8中。

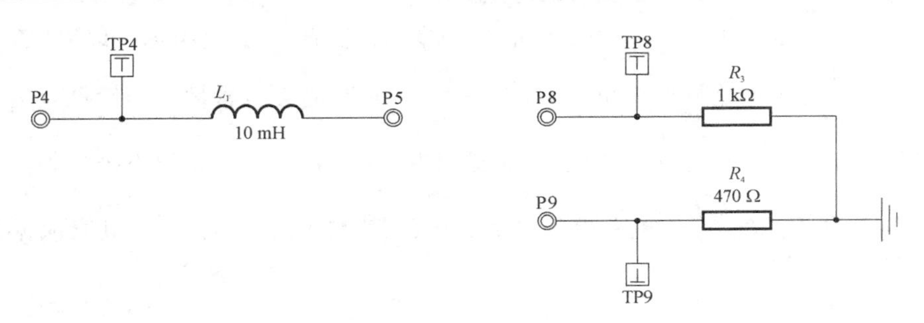

图 1-25　一阶 *RL* 电路实验连接图

表 1-8　一阶 *RL* 电路

连接点	R/kΩ	L/mH	τ/μs	实测 τ 值	测量点
P5—P8	1	10			TP8
P5—P9	0.47	10			TP9

(五) 实验报告要求

1. 将实验测算出的时间常数分别填入表 1-7 与表 1-8 中,并与理论计算值比较。

2. 绘制方波信号作用下 *RC* 电路、*RL* 电路各状态下的响应电压的波形(绘图时注意波形的对称性)。

(六) 思考题

1. 请简述零输入响应和零状态响应之间的差异,并解释时间常数 τ 在两种响应中所代表的含义。

2. 请举例说明一阶 *RC* 电路和 *RL* 电路的实际应用。

五、二阶电路的暂态响应

(一) 实验目的

观测 *RLC* 电路中元件参数对电路暂态的影响。

(二) 实验仪器

1. 信号与系统实验箱 1 台;
2. 100 MHz 双踪数字示波器 1 台。

(三) 实验原理

1. *RLC* 电路的暂态响应

可用二阶微分方程来描绘的电路称为二阶电路,*RLC* 电路就是其中一个例子。

在 *RLC* 电路中由于包含不同性质的储能元件,当电路受到激励后,电场储能与磁场储能将会相互转换,从而产生振荡现象。如果电路中存在电阻,那么储能将不断地被电阻消耗,因而振荡是减幅的,称为阻尼振荡或衰减振荡。如果电阻值较大,则储能在初次转移时,其大部分能量就可能被电阻所消耗,不产生振荡。

因此,RLC 电路的响应可以分为三种情况:欠阻尼、临界阻尼、过阻尼。以 RLC 串联电路为例,设 $\omega_0=\frac{1}{\sqrt{LC}}$ 为回路的谐振角频率,$\alpha=\frac{R}{2L}$ 为回路的衰减常数。当阶跃信号 $u_S(t)=U_S(t\geqslant 0)$ 施加于 RLC 串联电路输入端时,其输出电压波形 $u_C(t)$ 可由以下公式表示。

① $\alpha^2<\omega_0^2$,即 $R<2\sqrt{\frac{L}{C}}$,电路处于欠阻尼状态,其响应是振荡性的。其衰减振荡的角频率 $\omega_d=\sqrt{{\omega_0}^2-\alpha^2}$,此时:

$$u_C(t)=\left[1-\frac{\omega_0}{\omega_d}e^{-\alpha t}\cos(\omega_d t-\theta)\right]U_S \quad (t\geqslant 0)$$

式中,$\theta=\arctan\frac{\alpha}{\omega_d}$。

② $\alpha^2=\omega_0^2$,即 $R=2\sqrt{\frac{L}{C}}$,其电路响应处于临近振荡的状态,称为临界阻尼状态。此时:

$$u_C(t)=[1-(1+\alpha t)e^{-\alpha t}]U_S \quad (t\geqslant 0)$$

③ $\alpha^2>\omega_0^2$,即 $R>2\sqrt{\frac{L}{C}}$,其电路响应为非振荡性的,称为过阻尼状态。此时:

$$u_C(t)=\left[1-\frac{\omega_0}{\sqrt{\alpha^2-\omega_0^2}}e^{-\alpha t}\mathrm{sh}(\sqrt{\alpha^2-{\omega_0}^2}\,t+x)\right]U_S \quad (t\geqslant 0)$$

式中,$x=\mathrm{artanh}\sqrt{1-\left(\frac{\omega_0}{\alpha}\right)^2}$。

2. 矩形信号通过 *RLC* 串联电路

由于使用示波器观察周期性信号波形稳定且易于调节,因而在实验中我们选取周期性矩形信号作为输入信号,RLC 串联电路响应的三种情况可用图 1-26 来表示。

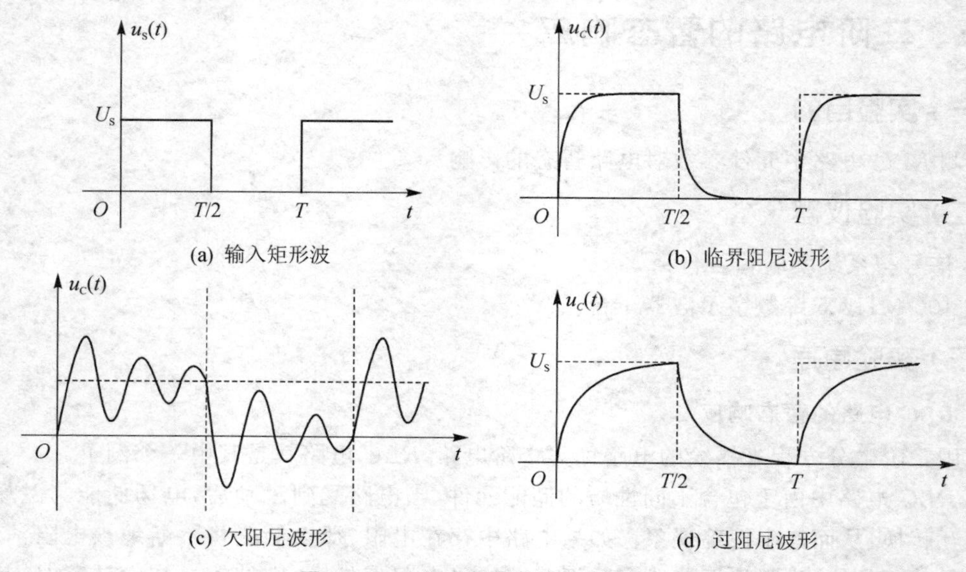

图 1-26　*RLC* 串联电路的暂态响应

（四）实验内容

在实验平台上，由于没有专门的二阶电路暂态响应模块，故本实验的电路实现可在二阶网络状态轨迹模块上进行。图 1－27 为 *RLC* 串联电路连接示意图，图 1－28 为二阶暂态响应实验电路图。

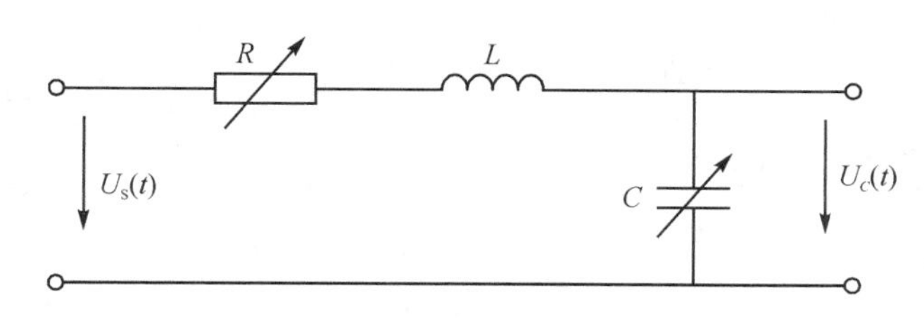

图 1－27　*RLC* 串联电路连接示意图

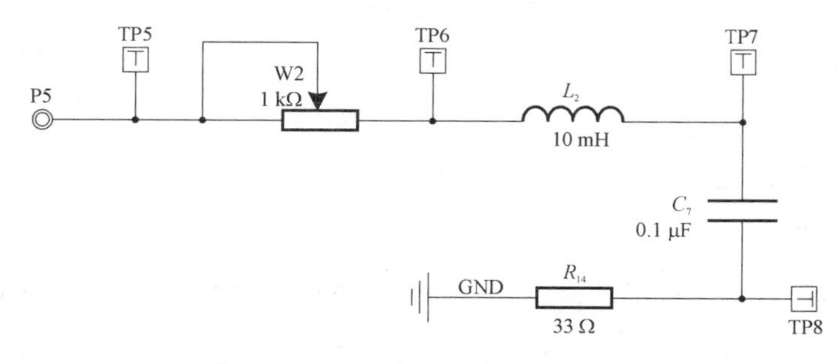

图 1－28　二阶暂态响应实验电路图

实验中，从 P5 端输入矩形脉冲信号，其脉冲的频率为 1 kHz。通过示波器在测量点 TP7 处观测 $u_C(t)$的暂态波形。

1. 观测 $u_C(t)$的波形

在 *RLC* 串联电路中，电感 $L=10$ mH，电阻 $R=100$ Ω，电容 $C=0.1$ μF，观察并记录示波器上 $u_C(t)$波形的变化，并绘制其波形图，以便与理论计算值进行对比分析。

2. 观测 *RLC* 串联电路欠阻尼、临界阻尼、过阻尼三种振荡状态下 $u_C(t)$的波形

保持 $L=10$ mH，$C=0.1$ μF，改变电阻 R 值，由 100 Ω 逐步增大，观察其 $u_C(t)$波形变化情况。

记下临界阻尼状态时 R 的值，并绘制其 $u_C(t)$的波形，完成表 1－9。

表 1－9　二阶暂态响应输出波形记录

R 值	$u_C(t)$波形
100 Ω	

(五) 实验报告要求

绘制 RLC 串联电路欠阻尼、临界阻尼、过阻尼三种振荡状态下的 $u_C(t)$ 波形图,并将各实测数据列成表,以便与理论计算值进行对比分析。

(六) 思考题

请举例说明二阶 RLC 串联电路在工程中的应用。

六、信号卷积实验

(一) 实验目的

1. 掌握卷积的概念及其物理意义。
2. 通过实验手段加深对卷积运算的图解方法及其结果的理解。

(二) 实验仪器

1. 信号与系统实验箱 1 台;
2. 100 MHz 双踪数字示波器 1 台。

(三) 实验原理

卷积积分的物理意义是将信号分解为一系列冲激信号之和,并借助系统的冲激响应来求解系统对任意给定激励信号的零状态响应。假设系统的激励信号为 $f(t)$,而冲激响应为 $h(t)$,则系统的零状态响应为

$$y(t)=f(t)*h(t)=\int_{-\infty}^{\infty}f(\tau)h(t-\tau)\mathrm{d}\tau$$

对于任意两个信号 $f_1(t)$ 和 $f_2(t)$,其卷积运算定义如下:

$$f(t)=\int_{-\infty}^{\infty}f_1(\tau)f_2(t-\tau)\mathrm{d}\tau=f_1(t)*f_2(t)=f_2(t)*f_1(t)$$

表 1-10 列出了常用信号的卷积运算。

表 1-10 常用信号的卷积运算表

序号	$f_1(t)$	$f_2(t)$	$f_1(t)*f_2(t)$
1	$\mathrm{e}^{\alpha t}\varepsilon(t)$	$\varepsilon(t)$	$\frac{1}{\alpha}(\mathrm{e}^{\alpha t}-1)\varepsilon(t)$
2	$\varepsilon(t)$	$\varepsilon(t)$	$t\varepsilon(t)$
3	$\varepsilon(t-t_1)$	$\varepsilon(t-t_2)$	$(t-t_1-t_2)\varepsilon(t-t_1-t_2)=R(t-t_1-t_2)$
4	$\mathrm{e}^{\alpha_1 t}\varepsilon(t)$	$\mathrm{e}^{\alpha_2 t}\varepsilon(t)$	$\frac{1}{\alpha_1-\alpha_2}\left[\mathrm{e}^{\alpha_1 t}\varepsilon(t)-\mathrm{e}^{\alpha_2 t}\varepsilon(t)\right],\alpha_1\neq\alpha_2$
5	$\mathrm{e}^{\alpha t}\varepsilon(t)$	$\mathrm{e}^{\alpha t}\varepsilon(t)$	$t\mathrm{e}^{\alpha t}\varepsilon(t)$
6	$t\varepsilon(t)$	$\varepsilon(t)$	$\frac{1}{2}t^2\varepsilon(t)$

1. 两个矩形脉冲信号的卷积过程

两个信号 $f(t)$ 与 $h(t)$ 都为矩形脉冲信号,如图 1-29 所示,下面用图解的方法给出这两个信号的卷积过程和结果,以便与实验结果进行比较。

图解法的一般步骤如下：

① 进行置换（$t\rightarrow\tau$），即 $f_1(t)\rightarrow f_1(\tau)$，$f_2(t)\rightarrow f_2(\tau)$，具体操作如图 1－29 (a)、(b)所示；

② 进行反折（$\tau\rightarrow-\tau$），即 $f_2(t)\rightarrow f_2(-\tau)$，如图 1－29 (c)所示；

③ 进行平移（$-\tau\rightarrow t-\tau$），即 $f_2(t)\rightarrow f_2(t-\tau)$，平移过程如图 1－29 (d)、(e)、(f)、(g)、(h)所示；

④ 执行相乘操作，即 $f_1(\tau)f_2(t-\tau)$；

⑤ 进行积分计算，即 $\int_{-\infty}^{\infty}f_1(\tau)f_2(t-\tau)\mathrm{d}\tau$，结果如图 1－29 (i)所示。

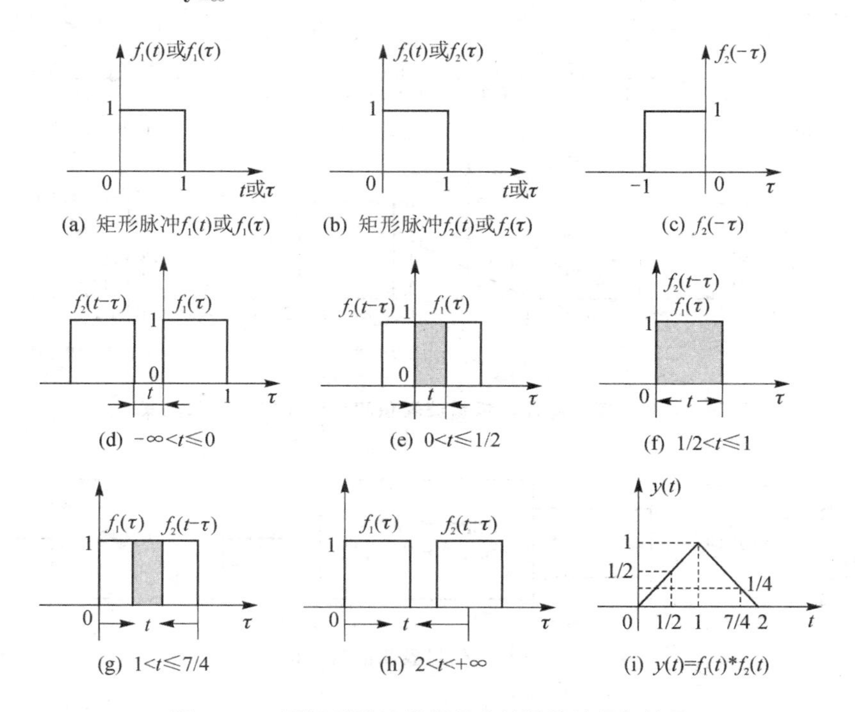

图 1－29　两矩形脉冲卷积积分的运算过程与结果

2. 矩形脉冲信号与锯齿波信号的卷积

$f_1(t)$为锯齿波信号，$f_2(t)$为矩形脉冲信号，根据卷积积分的运算方法，得到了 $f_1(t)$和 $f_2(t)$的卷积积分结果 $y(t)$。其卷积运算的具体过程如图 1－30 所示。

3. 卷积运算的实现方法

在本实验装置中，我们采用了 DSP 数字信号处理芯片。因此，在处理模拟信号的卷积积分运算时，首先通过 A/D 转换器把模拟信号转换为数字信号，随后利用所编写的相应程序控制 DSP 芯片以实现数字信号的卷积运算，运算结果再通过 D/A 转换器转换为模拟信号输出。所得结果与模拟信号直接运算的结果保持一致。数字信号处理系统逐步并完全取代模拟信号处理系统，这是科学技术发展的必然趋势。图 1－31 展示了信号卷积的流程。

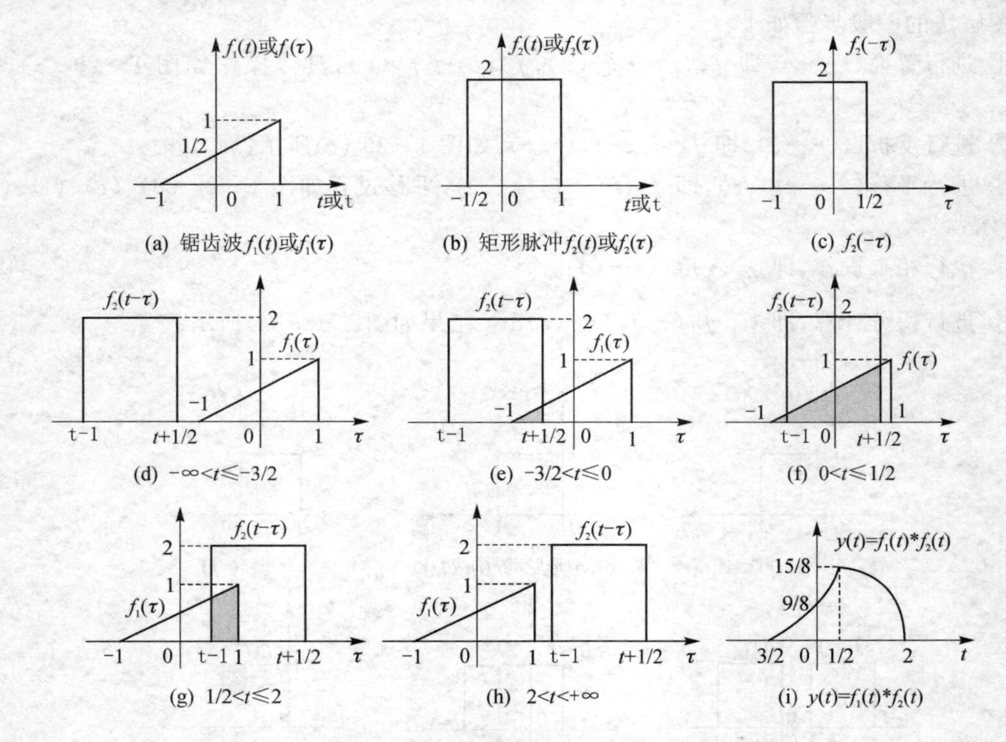

图 1-30　矩形脉冲与锯齿波卷积积分的运算过程与结果

图 1-31　信号卷积的流程图

(四) 实验内容

1. 矩形脉冲信号的自卷积

实验步骤如下：

① 将信号源及频率计模块 S2 中模拟信号源输出口 P2 与数字信号处理模块 S4 上的 P9 相连，同时将示波器 CH1 连接到 TP9。

② 在方波模式下，通过调整“频率调节”旋钮使方波的频率为 500 Hz。在按下“频率调节”旋钮约 1 s 后，待频率计数码管出现“dy”，继续调整“频率调节”，直至数码管显示数据“50”(即占空比为 50%)。(注意：输入波形的频率与幅度应在信号源 P2 端与 P9 连接后，在 TP9 上进行测试。)

③ 将拨动开关 SW1 调整为“0010”，按下复位键 S2。将示波器的 CH1 连接至 TP9，CH2 连接至 TP1。观察并对比输入信号与卷积后输出信号的波形，并将该波形绘制到表 1-11 中。

在本实验中，我们运用了两个矩形脉冲信号进行卷积处理，最后在 TP1(卷积输出测量点)上应能观察到一个三角波形。

表 1-11　输入信号与卷积后的输出信号(1)

信号 频率	输入信号 $f_1(t)$或$f_2(t)$	输出信号 $f_1(t)*f_2(t)$
脉冲频率 500 Hz		

2. 信号与系统的卷积

在 TP9 处观察输入信号，并将信号调至频率约为 500 Hz、占空比约为 50%的方波。

实验步骤如下：

① 将信号源及频率计模块 S2 上信号输出点 P2 与数字信号处理模块 S9 上的 P9 相连。

② 调节信号源上相应的旋钮，使 TP9 处观察到的信号满足要求(具体调节方法可参照上一实验)。

③ 将拨动开关 SW1 调整为"0011"，按下复位键 S2。

本实验中，激励信号用的是矩形脉冲信号，系统信号用的是锯齿波信号。将示波器的 CH1 连接到 TP1，可观测到卷积后输出信号波形，并将该波形绘制到表 1-12 中。

表 1-12　输入信号与卷积后的输出信号(2)

信号 频率	锯齿波 $f_1(t)$	矩形脉冲 $f_2(t)$	输出信号 $f_1(t)*f_2(t)$
脉冲频率 500 Hz			

(五) 实验报告要求

1. 按要求记录各实验数据并填写表 1-11。
2. 按要求记录各实验数据并填写表 1-12。

(六) 思考题

用图解方法给出图 1-32 中两个信号的卷积过程。

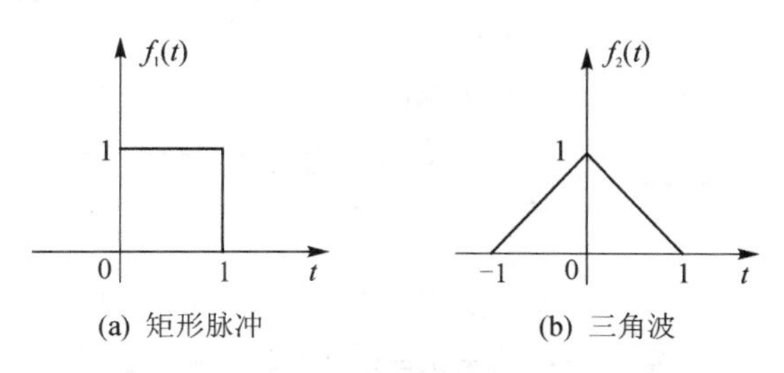

图 1-32　矩形脉冲信号与三角波信号

七、矩形脉冲信号的分解及合成

（一）实验目的

1. 了解波形分解与合成原理；
2. 掌握用傅里叶级数进行谐波分析的方法；
3. 了解矩形脉冲信号谐波分量的构成；
4. 观察矩形脉冲信号通过多个数字滤波器后的波形，分解出各谐波分量的情况；
5. 掌握各谐波分量可以通过叠加合成出原矩形脉冲信号的实现方法。

（二）实验仪器

1. 信号与系统实验箱 1 台；
2. 100 MHz 双踪数字示波器 1 台。

（三）实验原理

1. 信号的频谱与测量

信号的时域特性和频域特性是对信号的两种不同的描述方式。对于一个处于时域的周期信号 $f(t)$，只要满足狄利克莱(Dirichlet)条件，就可以将其展开成三角形式或指数形式的傅里叶级数。以一个周期为 T 的时域周期信号 $f(t)$ 为例，通过用三角形式的傅里叶级数，可以求出它的各次分量，在区间 (t_1, t_1+T) 内表示为

$$f(t)=a_0+\sum_{n=1}^{\infty}\left[a_n\cos(n\Omega t)+b_n\sin(n\Omega t)\right]$$

将信号分解成直流分量及许多余弦分量和正弦分量，进而研究其频谱分布。

信号的时域特性与频域特性之间存在着密切的内在联系，这种联系可以通过图 1－33 得到直观的展示。

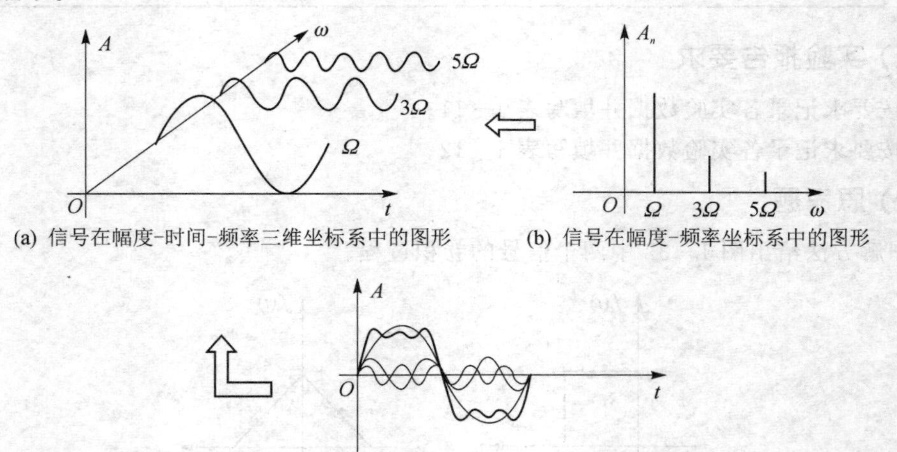

(a) 信号在幅度-时间-频率三维坐标系中的图形　(b) 信号在幅度-频率坐标系中的图形

(c) 信号在幅度-时间坐标系中的图形

图 1－33　信号的时域特性和频域特性

图(a)展示了信号在幅度-时间-频率三维坐标系中的图形；图(b)描绘了信号在幅度-频率

坐标系中的图形(即振幅频谱图);图(c)呈现了信号在幅度-时间坐标系中的图形(即波形图)。通过将周期信号分解为各次谐波分量,并按频率的高低排列,就可以得到频谱图。频谱图中,反映各频率分量幅度的称为振幅频谱,反映各分量相位的称为相位频谱。在本实验中,只研究信号振幅频谱。周期信号的振幅频谱有三个显著特性:离散性、谐波性、收敛性,测量时利用了这些特性。通过振幅频谱图,我们可以直观地看出各频率分量所占的比重。测量方法包括同时分析法和顺序分析法。

同时分析法的基本工作原理是利用多个滤波器,把它们的中心频率分别调到被测信号的各个频率分量上。当被测信号同时加到所有滤波器时,只有中心频率与信号中某次谐波分量频率一致的滤波器会产生输出。在被测信号发生的实际时间内,可以同时测得信号所包含的各频率分量。在本实验中,采用了同时分析法进行频谱分析,如图 1-34 所示。

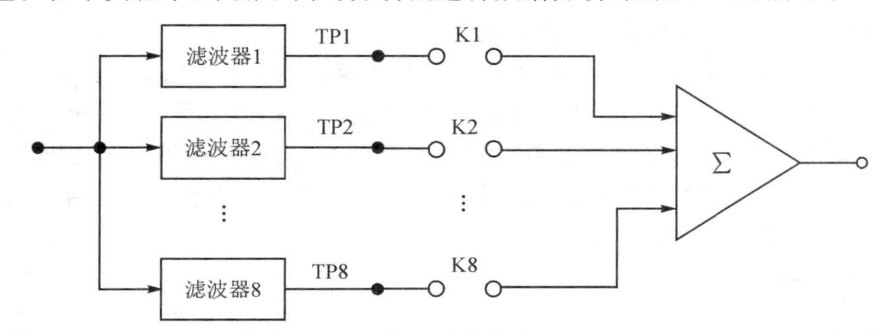

图 1-34　用同时分析法进行频谱分析

2. 矩形脉冲信号的频谱

一个幅度为 E、脉冲宽度为 τ、重复周期为 T 的矩形脉冲信号,如图 1-35 所示,其傅里叶级数为

$$f(t)=\frac{E\tau}{T}+\frac{2E\tau}{T}\sum_{i=1}^{n}\mathrm{Sa}\left(\frac{n\pi\tau}{T}\right)\cos(n\omega t)$$

该信号第 n 次谐波的振幅为

$$a_n=\frac{2E\tau}{T}\mathrm{Sa}\left(\frac{n\tau\pi}{T}\right)=\frac{2E\tau}{T}\ \frac{\sin(n\tau\pi/T)}{n\tau\pi/T}=\frac{2E\cdot\sin(n\tau\pi/T)}{n\pi}$$

由上式可见,第 n 次谐波的振幅与 E、T、τ 有关。

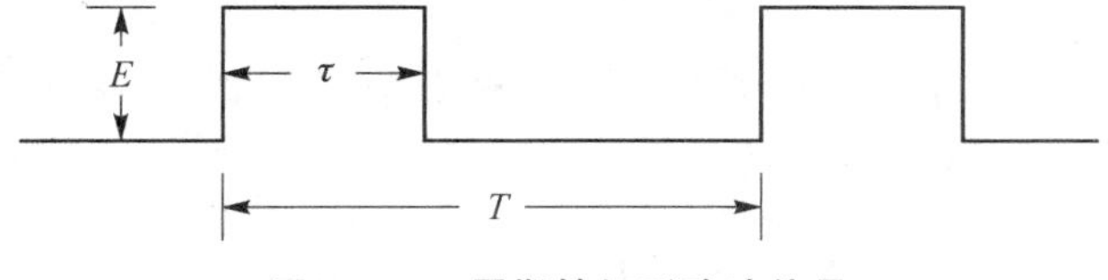

图 1-35　周期性矩形脉冲信号

3. 信号的分解提取

进行信号分解和提取是滤波系统的一项基本任务。如果只对信号的某些分量感兴趣,则可以利用选频滤波器提取其中有用的部分,而将其他部分滤去。

目前,由数字信号处理(DSP)系统构成的数字滤波器已基本取代了传统的模拟滤波器,而数字滤波器与模拟滤波器相比具有许多优点。用 DSP 构成的数字滤波器具有灵活性高、精度高、稳定性高、体积小、便于实现等优点。因此,在这里我们选用了数字滤波器来实现信号的分解。

在数字滤波器模块上，我们选用了有 8 路输出的 D/A 转换器 TLV5608(U402)，并据此设计了 8 个滤波器(1 个低通、6 个带通、1 个高通)，以实现对复杂的信号分解，并提取某几次谐波。

分解输出的 8 路信号可以通过示波器进行观察，相应的测量点分别是 TP1、TP2、TP3、TP4、TP5、TP6、TP7、TP8。

开关 S3 是一个 8 位的各次谐波的叠加开关，当所有开关都闭合时，合成的波形信号将从 TP408 输出。TP408 同时也是每次叠加波形输出的端口。

注意：开关 S3 的第 1 位到第 8 位依次为一次到八次的谐波控制开关。

4. 信号的合成

矩形脉冲信号通过 8 路滤波器输出各次谐波分量，DSP 把每次谐波的值相加并从 TP8 输出，通过开关 S3 的 8 位状态来决定(闭合为加)哪一次或几次谐波叠加。理论上，分解前的原始信号(观测 TP9)与合成后的信号应该相同。

在电路中，一个 8 位的拨码开关 S3 被用来控制各路滤波器输出的谐波是否参与信号的合成。若拨码开关 S3 的第 1 位闭合，则基波将参与信号的合成；若开关 S3 的第 2 位闭合，则二次谐波将参与信号的合成，以此类推。若 8 位开关都闭合，则各次谐波全部参与信号的合成。另外，还可以选择多种不同的谐波组合进行波形合成，例如选择基波和三次谐波的合成，或者选择基波、三次谐波和五次谐波的合成等。

(四) 实验内容

在本实验中，首先将拨动开关 SW1 调整到“0101”状态，并在必要时按下复位键开关 S2。

1. 方波的分解

① 将信号源及频率计模块 S2 上信号输出端口 P2 与数字信号处理模块上的 P9 连接。

② 将“扫频开关”S3 置于“OFF”，调整“频率调节”旋钮，使得 TP9 端口处的信号为频率约 500 Hz 的方波(占空比调整为 50%)。

③ 关闭数字信号处理模块 S9 上的开关 S3，即设置为“00000000”。

④ 使用示波器分别观察测试点 TP1～TP7 输出的一次谐波至七次谐波的波形，以及 TP8 端口处输出的七次以上谐波的波形(分析为何偶次谐波的幅度都趋于零)。

注意：若在实验中观察到各次谐波不稳定，请调节示波器的“释抑”旋钮或“扫描微调”，以使波形稳定。

根据表 1－13、表 1－14、表 1－15 改变输入信号参数进行实验，并记录实验结果。

a. 占空比 $\frac{\tau}{T}=\frac{1}{2}$：$\tau$ 的数值按要求调整，测出信号频谱中各分量的大小，其数据按表 1－13 的要求记录。

表 1－13　$\frac{\tau}{T}=\frac{1}{2}$ 的矩形脉冲信号的频谱

$f=500$ Hz, $T=$____ μs, $\frac{\tau}{T}=\frac{1}{2}$, $\tau=$____ μs, $E=5$ V								
谐波频率/kHz	$1f$	$2f$	$3f$	$4f$	$5f$	$6f$	$7f$	$8f$ 以上
理论值(电压峰峰值)								
测量值(电压峰峰值)								

b. 占空比$\frac{\tau}{T}=\frac{1}{3}$：矩形脉冲信号的脉冲幅度 E 和频率 f 不变，τ 的数值按要求调整，测出信号频谱中各分量的大小，其数据按表 1－14 的要求记录。

表 1－14　$\frac{\tau}{T}=\frac{1}{3}$的矩形脉冲信号的频谱

$f=500$ Hz，$T=$____ μs，$\frac{\tau}{T}=\frac{1}{3}$，$\tau=$____ μs，$E=5$ V								
谐波频率/kHz	$1f$	$2f$	$3f$	$4f$	$5f$	$6f$	$7f$	$8f$ 以上
理论值(电压峰峰值)								
测量值(电压峰峰值)								

c. 占空比$\frac{\tau}{T}=\frac{1}{4}$：矩形脉冲信号的脉冲幅度 E 和频率 f 不变，τ 的数值按要求调整，测出信号频谱中各分量的大小，其数据按表 1－15 的要求记录。

表 1－15　$\frac{\tau}{T}=\frac{1}{4}$的矩形脉冲信号的频谱

$f=500$ Hz，$T=$____ μs，$\frac{\tau}{T}=\frac{1}{4}$，$\tau=$____ μs，$E=5$ V								
谐波频率/kHz	$1f$	$2f$	$3f$	$4f$	$5f$	$6f$	$7f$	$8f$ 以上
理论值(电压峰峰值)								
测量值(电压峰峰值)								

2. 方波的合成

① 将示波器连接至 TP8，将开关 S3 的第 1 至 7 位设置为“0”，第 8 位设置为“1”，观察并分析基波的波形，同时与 TP9 端口处的信号进行对比。

② 将开关 S3 的第 1 至 6 位设置为“0”，第 7 位和第 8 位设置为“1”，在 TP8 端口处观察一次与二次谐波合成后的波形(由于方波分解后偶次谐波都为零，合成后应仍是基波的波形)。

③ 以此类推，按表 1－16 调节拨码开关 S3 的第 1 至 8 位，观察各波形的合成情况，并记录实验结果。

表 1－16　矩形脉冲信号的各次谐波之间的合成

波形合成要求	合成后的波形
基波与三次谐波合成	
三次与五次谐波合成	
基波与五次谐波合成	
基波、三次谐波与五次谐波合成	
所有谐波的合成	
没有三次谐波的其他谐波合成	
没有五次谐波的其他谐波合成	
没有八次以上高次谐波的其他谐波合成	

若实验中观察到的各次谐波不稳定，请调节示波器的“释抑”旋钮或“扫描微调”，以使波形稳定。

(五) 实验报告要求

1. 按要求记录各项实验数据，并完成表 1-13、表 1-14 和表 1-15 的填写工作。
2. 请绘制三种被测信号的振幅频谱图。
3. 根据示波器显示的结果，绘制波形图并填写表 1-16。
4. 以矩形脉冲信号为例，总结周期信号的分解与合成原理。

(六) 思考题

1. 方波信号在哪些谐波分量上的幅度为零？请绘制基波信号频率为 5 kHz 的矩形脉冲信号的频谱图(取 10 次谐波为最高频率点)。

2. 若要提取一个$\frac{\tau}{T}=\frac{1}{4}$的矩形脉冲信号的基波和二、三次谐波，以及四次以上的高次谐波，应选择何种类型的滤波器(例如低通、带通等)？

八、信号频谱分析

(一) 实验目的

1. 了解使用硬件实验系统进行信号频谱分析的基本思路。
2. 掌握使用信号与系统实验平台进行实时信号频谱分析的方法，并分析其原理。

(二) 实验仪器

1. 信号与系统实验箱 1 台；
2. 100 MHz 双踪数字示波器 1 台；
3. 微型计算机 1 台。

(三) 实验原理

DSP 数字信号处理器可以对实时采集到的信号进行快速傅里叶变换(FFT)运算以实现时域与频域的转换，FFT 运算的结果反映了频域中各频率分量的幅值大小，从而可以绘制频谱图。

采用 DSP 实验系统进行信号频谱分析的基本思路是：首先获取实时信号的采样值并将它们输入硬件系统，随后将执行 FFT 运算的汇编程序加载至实验系统中，经运算求出相应的信号频谱数据。最终结果将在 PC 屏幕上显示。这样，DSP 硬件系统便完成了一台信号频谱分析仪的功能。实验系统执行信号频谱分析的程序框图如图 1-36 所示。

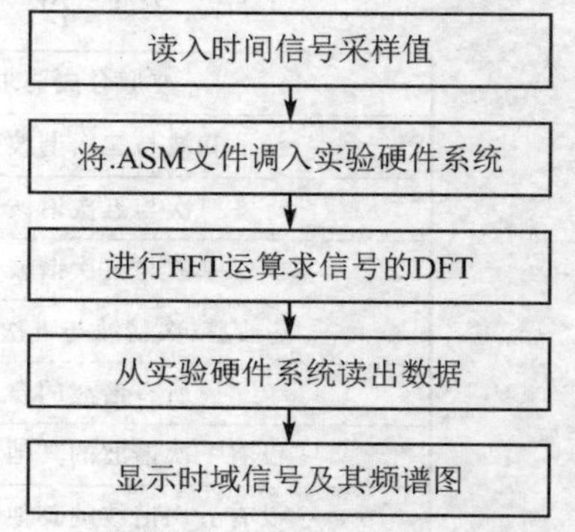

图 1-36 实验系统执行信号频谱分析的程序框图

(四) 实验步骤

1. 已知信号的频谱分析

(1) 固定参数信号的频谱分析

操作步骤：

① 确保PC串口与实验箱J601连接好后，打开实验箱的电源。

② 启动位于文件夹XH@061015中的可执行文件XHXT.exe，在弹出的“信号与系统实验教学系统”窗口中双击进入。在“串口配置”中选定PC所用的串口(如COM1)，然后在“开发平台”窗口中单击“频谱分析”按钮。进入“频谱分析”窗口后，单击“信号装载”按钮，在弹出的“文件管理器”窗口中选择XH@061015-波形文件路径下的方波、正弦波的dat文件，并单击“确定”按钮。最后，在“频谱分析”窗口中单击“运行”按钮，即可显示所选信号的频谱图。

(2) 可变参数信号的频谱分析

操作步骤：

① 安装MATLAB软件，并将文件夹MATLAB-DSP中的文件夹DSPC54复制到MATLAB的安装父目录文件夹中，同时将文件夹M-WORK中所有的M文件复制到MATLAB的work文件夹中。

② 打开MATLAB软件后，在打开的MATLAB窗口中，将Curren Directory的路径设置为盘符:\MATLAB6p5p1\DSPC54。接着，在MATLAB的COMMAND WINDOW窗口中输入“DSPM”并按下回车键，在弹出的窗口中按任意键继续操作。

③ 单击“FFT算法的运用”按钮，在“FFT分析信号频谱”窗口中，可以选择“连续信号的频谱”、“离散信号的频谱”和“连续信号与离散信号的频谱”三个菜单中的任意波形。在弹出的窗口中设置不同的波形参数，单击“开始计算”即可在窗口左侧看到信号波形以及它的频谱。如果在“放大显示波形?”后选择“y”，则会看到放大后的时域和频域波形。完成分析后，单击“返回”按钮重新开始运算。

2. 观测实时模拟信号的频谱

① 使用串口线连接实验箱和计算机。

② 将主板信号源产生的方波信号、正弦波信号、三角波信号输入到P9端口(建议频率选择10 kHz左右)，开启实验系统电源。

③ 运行系统提供的软件，进入频谱分析窗口，单击“实时分析”按钮，窗口即显示实时信号的频谱图。

注：由于频谱分析时信号的采样率为128 kHz，因此只有当被测信号的频率与128成整数倍关系时，频谱图才会显得稳定且清楚。

(五) 实验预习

1. 认真阅读实验原理部分，了解本次实验的目的、方法。
2. 根据实验任务，拟定实验步骤。

(六) 思考题

1. 频谱图又可细分为哪两类？它们分别表示什么含义？
2. 查阅座机电话拨号音的工作原理，并梳理利用FFT来辨识电话拨号音的思路。

九、无失真传输系统

(一) 实验目的

1. 了解无失真传输的概念。
2. 掌握无失真传输的条件。

(二) 实验仪器

1. 信号与系统实验箱1台;
2. 100 MHz 双踪数字示波器1台;
3. 数字万用表1台。

(三) 实验原理

1. 无失真传输的时域条件

一般情况下,系统的响应波形和激励波形不相同,信号在传输过程中会发生失真。

线性系统导致的信号失真由两个因素引起:一是系统对信号中各频率分量的幅度产生不同程度的衰减,使得响应中各频率分量的相对幅度发生变化,产生幅度失真。二是系统对各频率分量产生的相移与频率不成正比,使得响应中各频率分量在时间轴上的相对位置发生变化,进而引起相位失真。

线性系统的幅度失真与相位失真都不产生新的频率分量。然而,非线性系统由于其非线性特性,对传输信号造成非线性失真,这种失真可能会产生新的频率分量。

所谓无失真,是指响应信号与激励信号相比,仅在大小与出现的时间上不同,而波形本身无变化。假设激励信号为 $e(t)$,响应信号为 $r(t)$,无失真传输的条件是

$$r(t)=Ke(t-t_0) \tag{1-1}$$

式中,K 是一常数,t_0 为滞后时间。当满足此条件时,$r(t)$ 波形是 $e(t)$ 波形经 t_0 时间的滞后,尽管幅度上有系数 K 倍的变化,但波形的形状保持不变。

2. 无失真传输的频域条件

为了实现无失真传输,对系统函数 $H(\mathrm{j}\omega)$ 应提出何种要求?

设 $r(t)$ 与 $e(t)$ 的傅里叶变换式分别为 $R(\mathrm{j}\omega)$ 与 $E(\mathrm{j}\omega)$。借助傅里叶变换的延时定理,从无失真传输的时域条件可以得出

$$R(\mathrm{j}\omega)=KE(\mathrm{j}\omega)\mathrm{e}^{-\mathrm{j}\omega t_0} \tag{1-2}$$

此外,

$$R(\mathrm{j}\omega)=H(\mathrm{j}\omega)E(\mathrm{j}\omega) \tag{1-3}$$

故无失真传输的频域条件应满足:

$$H(\mathrm{j}\omega)=K\mathrm{e}^{-\mathrm{j}\omega t_0} \tag{1-4}$$

式(1-4)提出了系统频率响应特性中无失真传输的条件。欲使信号在通过线性系统时不产生任何失真,必须确保在信号的整个频带内,系统的频率响应幅度特性是一常数,相位特性是一条通过原点的直线,如图1-37所示。

3. 电路图的实现

本实验箱设计的电路图如图1-38所示,其原理是通过示波器衰减电路来实现的。

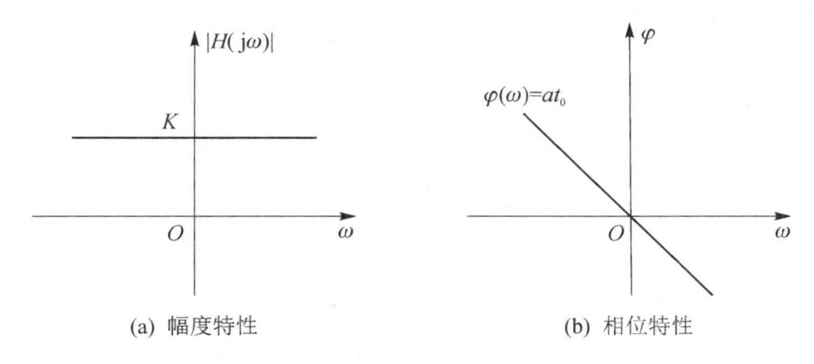

图 1-37　无失真传输系统的幅度和相位特性

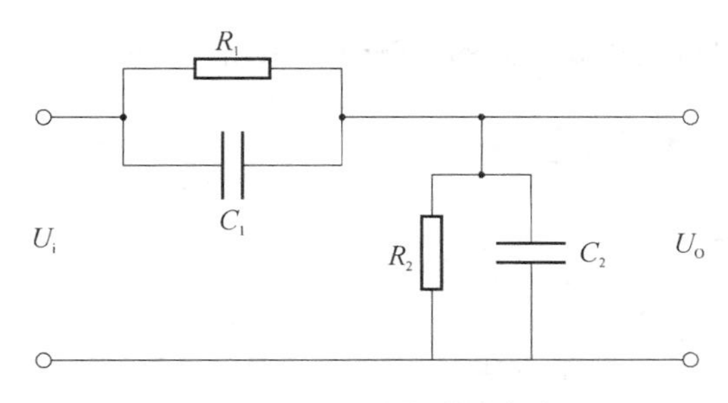

图 1-38　示波器衰减电路

计算如下：

$$H(\omega)=\frac{U_o(\omega)}{U_i(\omega)}=\frac{\dfrac{\dfrac{R_2}{\mathrm{j}\omega C_2}}{R_2+\dfrac{1}{\mathrm{j}\omega C_2}}}{\dfrac{\dfrac{R_1}{\mathrm{j}\omega C_1}}{R_1+\dfrac{1}{\mathrm{j}\omega C_1}}+\dfrac{\dfrac{R_2}{\mathrm{j}\omega C_2}}{R_2+\dfrac{1}{\mathrm{j}\omega C_2}}}=\frac{\dfrac{R_2}{1+\mathrm{j}\omega R_2C_2}}{\dfrac{R_1}{1+\mathrm{j}\omega R_1C_1}+\dfrac{R_2}{1+\mathrm{j}\omega R_2C_2}} \tag{1-5}$$

如果 $R_1C_1=R_2C_2$，则

$$H(\omega)=\frac{R_2}{R_2+R_1}\ \text{是常数，}\quad \varphi(\omega)=0 \tag{1-6}$$

式(1-6)满足无失真传输条件。

(四) 实验内容

1. 将 S2 模块的方波信号输出端 P2 与 S5 模块的信号输入端 P15 相连。

2. 调整“频率调节”旋钮，使频率计示数 $f=1$ kHz。

3. 将示波器 CH1 连接至 TP16，CH2 连接至 TP17，比较输入信号和输出信号的波形，观察是否存在失真，即信号的形状是否发生了变化。如果发生了变化，则可以调节电位器 W2，使输出信号与输入信号的形状保持一致。(一般输出信号的幅度为输入信号的 1/2。)

4. 更换信号源，可以从函数信号发生器引入信号，也可以从其他电路引入信号，重复上述操作,观察信号传输状况。

实验测试点说明:

测试点 TP16:模拟信号的输入端;

测试点 TP17:模拟信号经过系统后的输出端;

调节点 W2:调节此电位器,可以观察信号失真的过程。

(五) 实验报告

1. 绘制至少三种不同输入信号在失真条件下的输入/输出信号。
2. 绘制至少三种不同输入信号在无失真条件下的输入/输出信号。

(六) 思考题

比较无失真系统与理想低通滤波器的幅频特性和相频特性。

十、有源和无源滤波器

(一) 实验目的

1. 熟悉滤波器构成及其特性。
2. 学会滤波器幅频特性的测量方法。

(二) 实验仪器

1. 信号与系统实验箱 1 台;
2. 100 MHz 双踪数字示波器 1 台;
3. 数字万用表 1 台。

(三) 实验原理

滤波器是一种能使有用频率信号通过而同时抑制(或显著衰减)无用频率信号的电子装置。工程上常用滤波器作信号处理、数据传送和抑制干扰等,这里主要讨论模拟滤波器。以往此类滤波电路多由无源元件 R、L 和 C 构成。自 20 世纪 60 年代起,集成运算放大器迅速发展,与 R、C 组合形成有源滤波电路,具有无需电感、体积小、重量轻等优点。此外,集成运算放大器的开环电压增益和输入阻抗均很高,输出阻抗又低,构成有源滤波电路后还具有一定的电压放大和缓冲作用。然而,集成运放的带宽有限,所以目前有源滤波电路的工作频率难以做得很高,这是它的不足之处。

1. 滤波器的概念

滤波电路的一般结构如图 1-39 所示,$v_i(t)$表示输入信号,$v_o(t)$为输出信号。

假设滤波器是一个线性时不变系统,则在复频域内有

$$A(s)=V_o(s)/V_i(s) \qquad (1-7)$$

图 1-39 滤波器电路的一般结构

式中,$A(s)$是滤波电路的电压传输函数,一般为复数。对于频域($s=j\omega$)来说,则有

$$A(j\omega)=|A(j\omega)|e^{j\varphi(\omega)} \qquad (1-8)$$

这里$|A(j\omega)|$为传输函数的模,$\varphi(\omega)$为其相位角。

此外，在滤波电路中，另一个备受关注的参数是时延 $\tau(\omega)$，其定义如下：

$$\tau(\omega) = -\frac{d\varphi(\omega)}{d\omega} \tag{1-9}$$

通常，幅频响应用来表征一个滤波电路的特性，欲使信号通过滤波器时失真最小，相位和时延响应亦需考虑。只有当相位响应 $\varphi(\omega)$ 呈线性变化，即时延响应 $\tau(\omega)$ 为常数时，输出信号才可能避免失真。

二阶 RC 滤波器的传输函数如表 1-17 所列。

表 1-17　二阶 *RC* 滤波器的传输函数

类　型	传输函数	备　注
低通	$A(s) = \dfrac{A_V\omega_c}{s^2 + \dfrac{\omega_c}{Q}s + \omega_c^2}$	A_V— 电压增益； ω_c— 低通和高通滤波器的截止角频率； ω_0— 带阻塞、带阻滤波器的中心角频率； Q— 品质因数。$Q \approx \omega_0/BW$ 或 f_0/BW（当 $BW \ll \omega_0$ 时），BW 为带通和带阻滤波器的带宽
高通	$A(s) = \dfrac{A_V s^2}{s^2 + \dfrac{\omega_c}{Q}s + \omega_c^2}$	
带通	$A(s) = \dfrac{A_V \dfrac{\omega_0}{Q}s}{s^2 + \dfrac{\omega_0}{Q}s + \omega_0^2}$	
带阻	$A(s) = \dfrac{A_V(s^2 + \omega_0^2)}{s^2 + \dfrac{\omega_0}{Q}s + \omega_0^2}$	

2. 滤波电路的分类

在讨论幅频响应时，通常把能够通过的信号频率范围定义为通带，而把受阻或衰减的信号频率范围称为阻带，通带和阻带的界限频率称为截止频率 f_c。

理想滤波电路在通带内应具有零衰减的幅频响应和线性的相位响应，而在阻带内应具有无限大的幅度衰减（即 $|A(j\omega)|=0$）。根据通带和阻带的相互位置不同，滤波电路通常可划分为以下几类：

低通滤波电路：其幅频响应如图 1-40(a)所示，A_0 表示低频增益 $|A|$ 的幅值。由图可知，它的功能是允许从零到某一截止角频率 ω_H 的低频信号通过，而高于 ω_H 的所有频率完全衰减，因此其带宽 $BW=\omega_H$。

高通滤波电路：其幅频响应如图 1-40(b)所示，在 $0<\omega<\omega_L$ 范围内的频率为阻带，而高于 ω_L 的频率为通带。理论上，它的带宽 $BW=\infty$，但实际上，由于受有源器件带宽的限制，高通滤波电路的带宽也是有限的。

带通滤波电路：其幅频响应如图 1-40(c)所示，ω_L 为低边截止角频率，ω_H 为高边截止角频率，ω_0 为中心角频率。由图可知，它有两个阻带：$0<\omega<\omega_L$ 和 $\omega>\omega_H$，因此带宽 $BW=\omega_H-\omega_L$。

带阻滤波电路：其幅频响应如图 1-40(d)所示，它有两个通带（$0<\omega<\omega_L$ 和 $\omega>\omega_H$）和一个阻带（$\omega_L<\omega<\omega_H$）。因此，它的功能是衰减 ω_L 到 ω_H 之间的信号。同高通滤波电路相似，由于受到有源器件带宽的限制，通带 $\omega>\omega_H$ 也是有限的。带阻滤波电路抑制的频带中点所对应的角频率 ω_0，也叫中心角频率。图 1-40 展示了各种滤波电路的幅频响应。

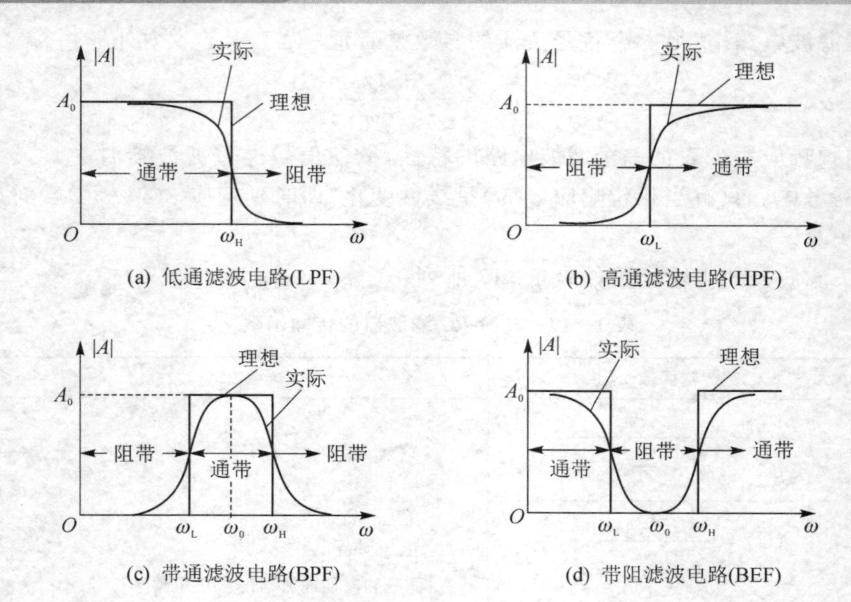

图 1-40　各种滤波电路的幅频响应

(四) 实验内容

实验中信号源的输入信号均为 4 V 左右的正弦波。按下 S2 模块中波形切换按钮 S4，使"SIN"指示灯亮，调整"模拟输出幅度调节"旋钮，使信号幅度为 4 V。

1. 低通滤波器的幅频特性测量

无源低通滤波器的电路结构如图 1-41 所示，有源低通滤波器的电路结构如图 1-42 所示。

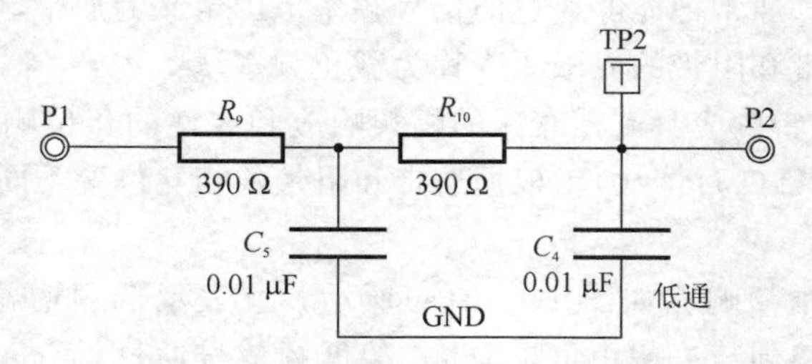

图 1-41　无源低通滤波器的电路结构

采用逐点测量法测量无源和有源低通滤波器的幅频特性，实验步骤如下：

① 连接 S2 模块的模拟信号输出端 P2 与 S3 模块的 P1(无源低通端口)，保持输入信号幅度 4 V 不变。

② 逐渐改变输入信号频率，并用示波器观测 TP2 处信号波形的峰峰值。

③ 将数据填入表 1-18 中。

④ 连接 S2 模块的模拟信号输出端 P2 与 S3 模块的 P5(有源低通端口)。

⑤ 逐渐改变输入信号频率，并用示波器观测 TP6 处信号波形的峰峰值。

⑥ 将数据填入表 1-19 中。

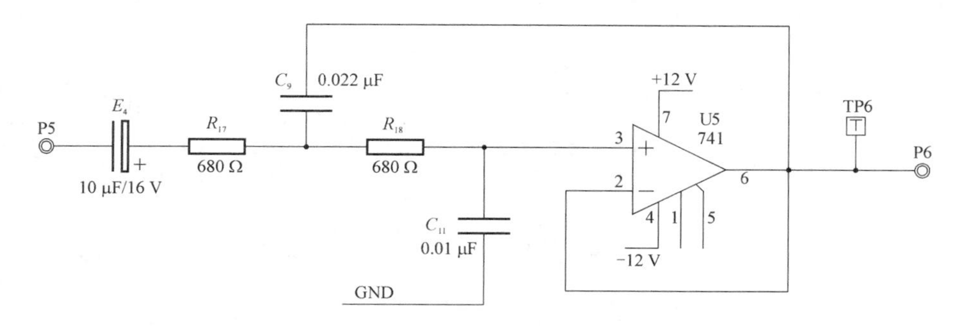

图 1-42 有源低通滤波器的电路结构

表 1-18 无源低通滤波器逐点测量法

v_i/V	4	4	4	4	4	4	4	4	4	4
f/Hz										
v_o/V										
截止频率										

表 1-19 有源低通滤波器逐点测量法

v_i/V	4	4	4	4	4	4	4	4	4	4
f/Hz										
v_o/V										
截止频率										

2. 高通滤波器的幅频特性测量

无源高通滤波器的电路结构如图 1-43 所示，有源高通滤波器的电路结构如图 1-44 所示。

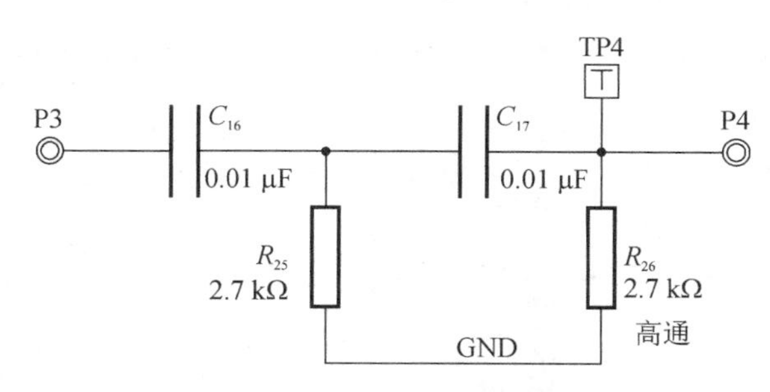

图 1-43 无源高通滤波器的电路结构

采用逐点测量法测量无源和有源高通滤波器的幅频特性，实验步骤如下：

① 保持信号源输出的正弦信号幅度不变，连接 S2 模块的 P2 与 S3 模块中模拟滤波器的 P3(无源高通端口)。

② 逐渐改变输入信号频率，并用示波器观测 TP4 处信号波形的峰峰值。

③ 将数据填入表 1-20 中。

④ 连接 S2 模块的 P2 与 S3 模块中模拟滤波器的 P7(有源高通端口)。

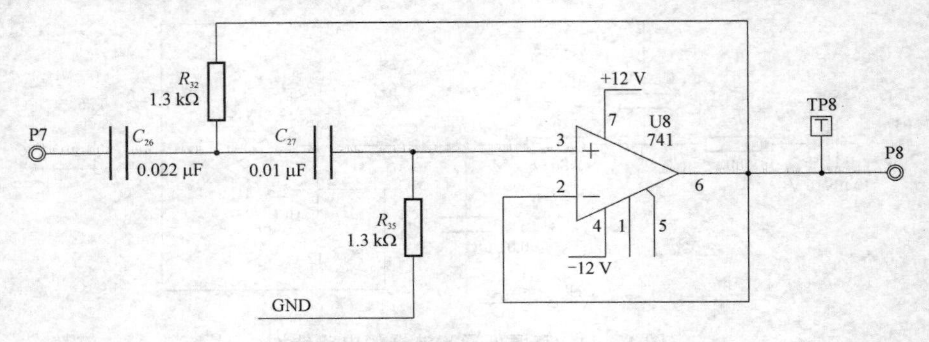

图 1-44 有源高通滤波器的电路结构

⑤ 逐渐改变输入信号频率,并用示波器观测 TP8 处信号波形的峰峰值。

⑥ 将数据填入表 1-21 中。

表 1-20 无源高通滤波器逐点测量法

v_i/V	4	4	4	4	4	4	4	4	4	4
f/Hz										
v_o/V										
截止频率										

表 1-21 有源高通滤波器逐点测量法

v_i/V	4	4	4	4	4	4	4	4	4	4
f/Hz										
v_o/V										
截止频率										

3. 带通滤波器的幅频特性测量

无源带通滤波器的电路结构如图 1-45 所示,有源带通滤波器的电路结构如图 1-46 所示。

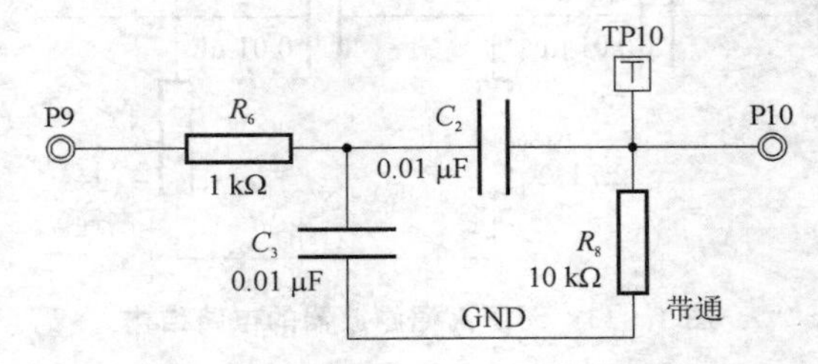

图 1-45 无源带通滤波器的电路结构

采用逐点测量法测量无源和有源带通滤波器的幅频特性,实验步骤如下:

① 保持信号源输出的正弦信号幅度不变,连接 S2 模块的 P2 与 S3 模块中模拟滤波器的 P9(无源带通端口)。

② 逐渐改变输入信号频率,并用示波器观测 TP10 处信号波形的峰峰值。

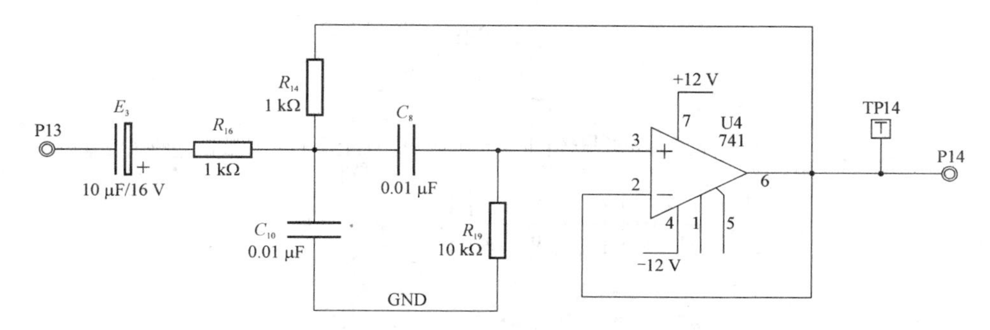

图 1-46　有源带通滤波器的电路结构

③ 将数据填入表 1-22 中。

④ 保持信号源输出的正弦波幅度为 4 V 不变，连接 S2 模块的 P2 与 S3 模块中模拟滤波器的 P13（有源带通端口）。

⑤ 逐渐改变输入信号频率，并用示波器观测 TP14 处信号波形的峰峰值。

⑥ 将数据填入表 1-23 中。

表 1-22　无源带通滤波逐点测量法

v_i/V	4	4	4	4	4	4	4	4	4	4
f/Hz										
v_o/V										
截止频率										

表 1-23　有源带通滤波逐点测量法

v_i/V	4	4	4	4	4	4	4	4	4	4
f/Hz										
v_o/V										
截止频率										

4. 带阻滤波器的幅频特性测量

无源带阻滤波器的电路结构如图 1-47 所示，有源带阻滤波器的电路结构如图 1-48 所示。

采用逐点测量法测量无源和有源带阻滤波器的幅频特性，实验步骤如下：

① 保持信号源输出的正弦信号幅度不变，连接 S2 模块的 P2 与 S3 模块中模拟滤波器的 P11（无源带阻端口）。

② 逐渐改变输入信号频率，并用示波器观测 TP12 处信号波形的峰峰值。

③ 将数据填入表 1-24 中。

④ 保持信号源输出的正弦信号幅度 4 V 不变，连接 S2 模块的 P2 与 S3 模块中模拟滤波器的 P15（有源带阻端口）。

⑤ 逐渐改变输入信号频率，并用示波器观测 TP16 处信号波形的峰峰值。

⑥ 将数据填入表 1-25 中。

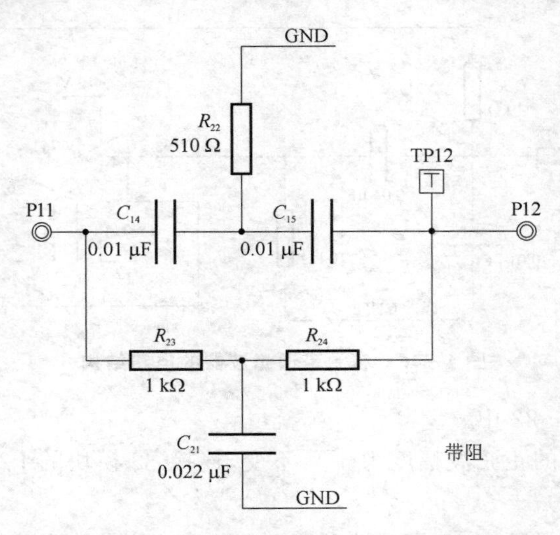

图 1-47 无源带阻滤波器的电路结构

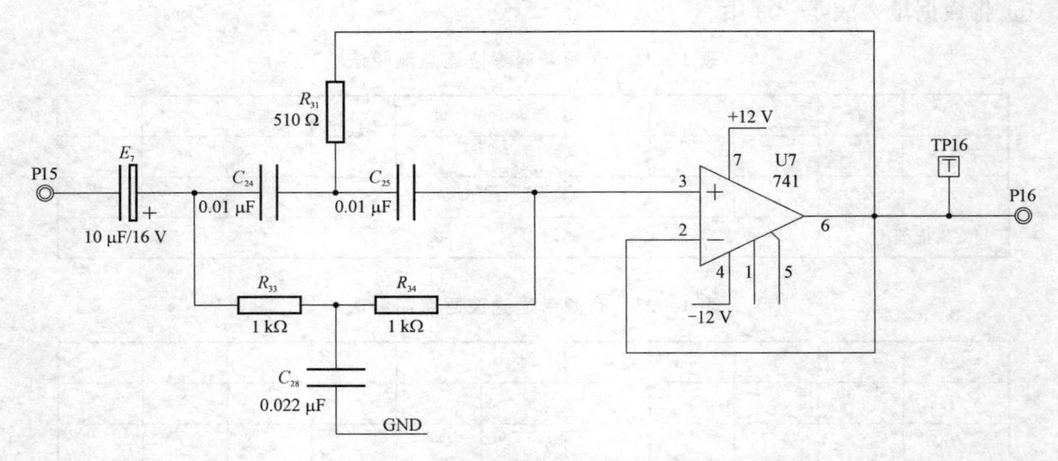

图 1-48 有源带阻滤波器的电路结构

表 1-24 无源带阻滤波逐点测量法

v_i/V	4	4	4	4	4	4	4	4	4
f/Hz									
v_o/V									
截止频率									

表 1-25 有源带阻滤波逐点测量法

v_i/V	4	4	4	4	4	4	4	4	4
f/Hz									
v_o/V									
截止频率									

(五) 实验报告要求

整理实验数据，并根据测试所得的数据绘制各个滤波器的幅频响应曲线。

(六) 思考题

有源滤波器和无源滤波器在滤波效果上有何差异？为什么？

十一、抽样定理与信号恢复

(一) 实验目的

1. 观察离散信号频谱，了解其频谱特点。
2. 验证抽样定理并恢复原信号。

(二) 实验仪器

1. 信号与系统实验箱 1 台；
2. 100 MHz 双踪数字示波器 1 台。

(三) 实验原理

1. 信号的抽样

离散信号不仅可从离散信号源获得，也可从连续信号抽样获得。

抽样信号 $F_s(t)=F(t)S(t)$。其中，$F(t)$为连续信号(例如三角波)，$S(t)$是周期为 T_s 的矩形窄脉冲。T_s 又称抽样间隔，$f_s=\frac{1}{T_s}$称抽样频率，$F_s(t)$为抽样信号波形。$F(t)$、$S(t)$、$F_s(t)$的波形如图 1-49 所示。

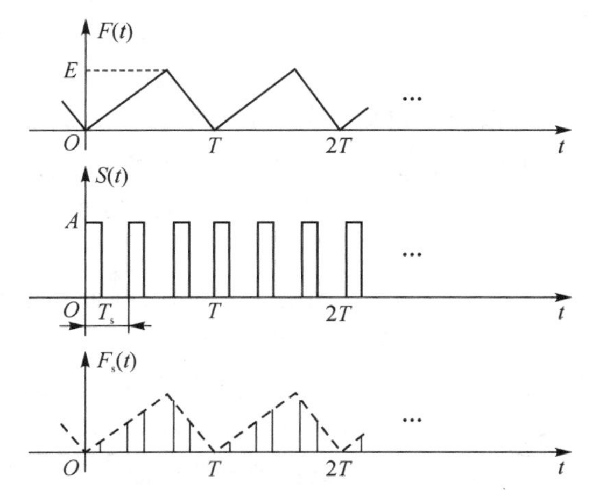

图 1-49　连续信号抽样过程

连续信号利用周期性矩形脉冲抽样而得到抽样信号，可通过抽样器来实现，实验原理电路如图 1-50 所示。

2. 抽样信号的频谱

连续周期信号经周期矩形脉冲抽样后，抽样信号的频谱为

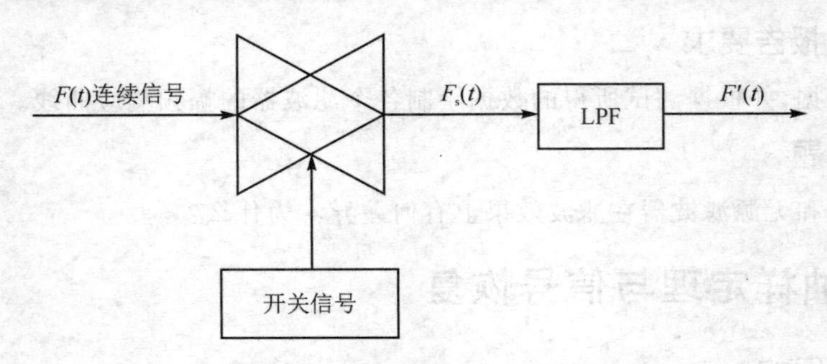

图 1-50　信号抽样实验原理图

$$F_s(j\omega)=\frac{A_\tau}{T}\sum_{m=-\infty}^{+\infty}S_a\left(\frac{m\omega_s\tau}{2}\right)F[j(\omega-m\omega_s)]$$

它包含了原信号频谱以及抽样周期为 $f_s(f_s=\omega_s/2\pi)$、幅度按$\frac{A\tau}{T}S_a(m\omega_s\tau/2)$规律变化的原信号频谱,即抽样信号的频谱是原信号频谱的周期性延拓。因此,抽样信号占有的频带比原信号频带宽得多。

以三角波被矩形脉冲抽样为例。三角波的频谱为

$$F(j\omega)=\pi\sum_{k=-\infty}^{\infty}A_k\sigma(\omega-k\omega_1)=\frac{4E}{\pi k^2}\sum_{k=-\infty}^{\infty}\sigma(\omega-k\omega_1)$$

抽样信号的频谱为

$$F_s(j\omega)=\frac{A\tau}{T}4E\sum_{\substack{k=-\infty\\m=-\infty}}\frac{1}{\pi k^2}S_a\left(\frac{m\omega_s\tau}{2}\right)\sigma(\omega-k\omega_1-m\omega_s)$$

如果离散信号是由周期连续信号抽样而得,则其频谱的测量与周期连续信号方法相同,但应注意频谱的周期性延拓。

3. 信号的恢复

抽样信号在一定条件下可以恢复出原信号,其条件是 $f_s\geqslant 2B_f$,其中 f 为抽样频率,B_f 为原信号占有频带宽度。由于抽样信号频谱是原信号频谱的周期性延拓,因此,只要通过一截止频率为 f_c($f_m\leqslant f_c\leqslant f_s-f_m$,$f_m$ 是原信号频谱中的最高频率)的低通滤波器,就能恢复出原信号。

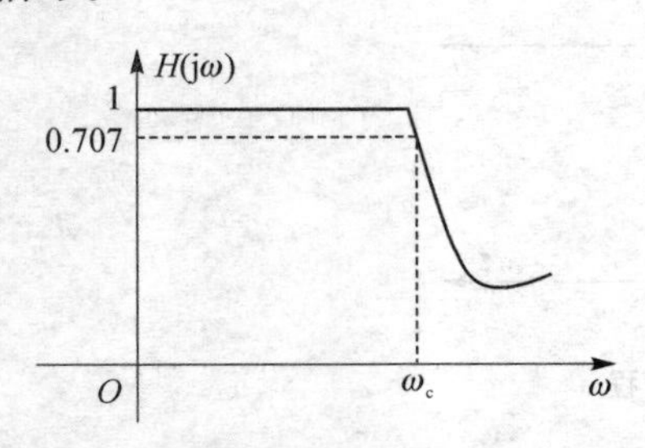

图 1-51　实际低通滤波器在截止频率附近的频率特性曲线

如果 $f_s<2B_f$,则抽样信号的频谱将出现混叠现象,此时将无法通过低通滤波器获得原信号。在实际信号中,仅含有限频率成分的信号是极少的,大多信号的频率成分是无限的,并且实际低通滤波器在截止频率附近的频率特性曲线不够陡峭(如图 1-51 所示),若要 $f_s=2B_f$,则恢复出的信号难免会有失真。为了降低失真程度,应提高抽样频率 f_s(即 $f_s>2B_f$),并确保低通滤波器满足 $f_m<f_c<f_s-f_m$。

为了防止原信号的频带过宽而造成抽样后频谱混叠现象,实验中常采用前置低通滤波器滤除高频分量,如图 1-52 所示。若实验中选用的原信号频带较窄,则不必设置前置低通滤波器。

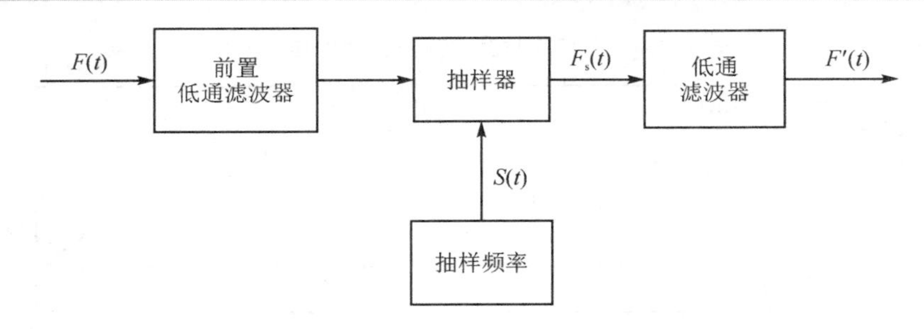

图 1－52　信号抽样流程图

本实验采用有源低通滤波器，如图 1－53 所示。若给定截止频率 f_c，为避免幅频特性出现峰值，取 $Q=\dfrac{1}{\sqrt{2}}$，$R_1=R_2=R$，则

$$C_1=\frac{Q}{\pi f_c R},\quad C_2=\frac{1}{4\pi f_c QR}$$

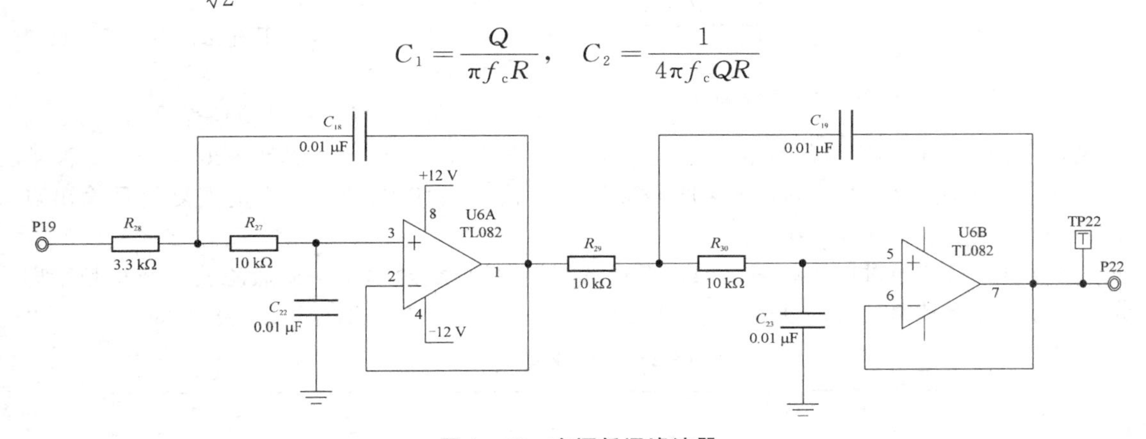

图 1－53　有源低通滤波器

（四）实验内容

1．抽样信号波形观察

为了便于观察抽样信号的频谱，即抽样信号的频谱是原信号频谱的周期性延拓，选用正弦波作为抽样信号进行实验。具体实验步骤如下：

① 将 S2 模块中的扫频开关 S3 置为“OFF”，调整模拟信号源上的“频率调节”旋钮和“模拟输出幅度调节”旋钮，使模拟信号源输出端 P2 处输出 $f=500$ Hz、幅度 $A=5$ V 的正弦波。

② 连接模拟信号源输出端 P2 与 S3 模块上抽样定理的点 P17。

③ 开关 S2 拨至“异步”，用示波器观察 TP20 处抽样信号的波形，调整电位器 W1 改变抽样频率，观察抽样信号的变化状况。

④ 开关 S2 拨至“同步”，用示波器的两通道分别观察模拟信号输出端 P2、TP20 处抽样信号的波形，调整按钮 S2 改变抽样频率，观察抽样信号的变化状况。完成表 1－26。

在这里就“异步”“同步”作如下说明：

“异步”：被抽样信号的产生时钟与开关信号的产生时钟不是同一时钟源，是为了贴近实际的信号抽样过程，并且抽样频率连续可调，但不便于用示波器观察到稳定的抽样信号。

“同步”：被抽样信号的产生时钟与开关信号的产生时钟是同一时钟源，便于观察到稳定的抽样信号，对比信号抽样前后及恢复信号的波形。

表 1-26　不同采样频率点对应抽样信号波形

抽样频率/kHz	抽样信号 $F_s(t)$ 的波形
1	
2	
4	
8	

2. 抽样定理与信号恢复

信号恢复实验方框图如图 1-54 所示，分别用“同步”和“异步”方式进行抽样，对比观察信号恢复情况。

图 1-54　信号恢复实验方框图

具体实验步骤如下：

① 调节信号源，使其输出 $f=500$ Hz，$A=5$ V 的正弦波。

② 连接 S2 模块中模拟信号输出点 P2 与 S3 模块中抽样定理的模拟信号输入点 P17，并将抽样信号 $F_s(t)$ 的输出端 P20 与低通滤波器输入端 P19 相连，示波器 CH1 连接原始抽样信号输入点 TP17，CH2 连接恢复信号输出点 TP22，对比观察信号恢复情况。

③ $F_s(t)$ 信号通过截止频率 1 kHz 低通滤波器(抽样定理模块中低通滤波器截止频率即为 1 kHz)，观察其原信号的恢复情况，并完成表 1-27、表 1-28、表 1-29、表 1-30。

表 1-27　抽样频率为 1 kHz

$F_s(t)$ 的波形	$F'(t)$ 波形

表 1-28　抽样频率为 2 kHz

$F_s(t)$ 的波形	$F'(t)$ 波形

表 1-29　抽样频率为 4 kHz

$F_s(t)$ 的波形	$F'(t)$ 波形

表 1－30　抽样频率为 8 kHz

$F_s(t)$的波形	$F'(t)$波形

(五) 实验报告要求

1. 整理数据，确保表格填写无误，总结离散信号频谱的特点。

2. 在不同抽样频率(三种频率)条件下，整理 $F(t)$ 与 $F'(t)$ 的波形，进行比较，以得出结论。

3. 请分享通过本实验所获得的心得体会。

(六) 思考题

在实验过程中，如何验证抽样定理？抽样定理在实际应用中有哪些局限性？

第二章 基于 MATLAB 的信号仿真与分析实验

第一节 MATLAB 应用基础

一、MATLAB 软件简介

MATLAB 是美国 MathWorks 公司出品的商业数学软件，是一种专注于科学计算的软件。其基本数据单位是矩阵，主要包括 MATLAB 和 Simulink 两大部分。因为其可信度高、灵活性好，已经成为应用线性代数、自动控制理论、数理统计、数字信号处理、时间序列分析、动态系统仿真等高级课程的基本教学工具。掌握 MATLAB 已成为大学生、硕士生、博士生必须具备的基本技能。在设计研究单位和工业部门，MATLAB 被广泛用于研究和解决各类具体工程问题。

(一) MATLAB 的特点

MATLAB 集计算、可视化及编程功能于一身，是 MathWorks 产品家族中所有产品的基础。在 MATLAB 中，无论是问题的提出还是结果的表达，都采用人们习惯的数学描述方法，而无须借助传统的编程语言进行前后处理。这一特点为数学分析、算法开发及应用程序开发营造了良好的环境。MATLAB 主要有以下五个优点：

① 强大的科学计算功能。MATLAB 配备了 500 多种数学、统计及工程函数，可使用户实现所需的强大数学计算功能。

② 简单易用。MATLAB 是一种高级的矩阵语言，它具有控制语句、函数、数据结构、输入/输出和面向对象编程特点。用户可以在 MATLAB 的命令窗口中将输入语句与执行命令同步，也可以先编写好一个较大的、复杂的应用程序后，再一起运行。新版本的 MATLAB 语言基于最为流行的 C++语言，因此其语法特征与 C++语言极为相似，同时更加简洁。

③ 配备先进的可视化工具。MATLAB 提供了功能强大的交互式二维和三维绘图功能，可创建富有表现力的彩色图形。可视化工具包括曲面渲染、线框图、伪彩图、光源、三维等高线图、图像显示、动画、体积可视化等。

④ 图像处理功能强大。MATLAB 的数据可视化功能能够将数据以向量和矩阵的形式用图形表现出来，并支持图形的标注和打印。高层次的作图包括二维和三维的可视化、图像处理、动画和表达式作图，适用于科学计算和工程绘图。

⑤ 拥有众多面向领域应用的工具箱和模块集。MATLAB 的工具箱增强了对工程及科学中特殊应用的支持。工具箱与 MATLAB 一样，完全用户化，可拓展性强。将一个或多个工具箱与 MATLAB 结合使用，可以得到一个功能强大的计算组合包，满足用户的各种要求。

(二) MATLAB 工作环境

当 MATLAB 程序启动时,其默认的 MATLAB 主界面如图 2－1 所示,主要由工具栏、文件夹窗口、工作区窗口和命令行窗口组成。

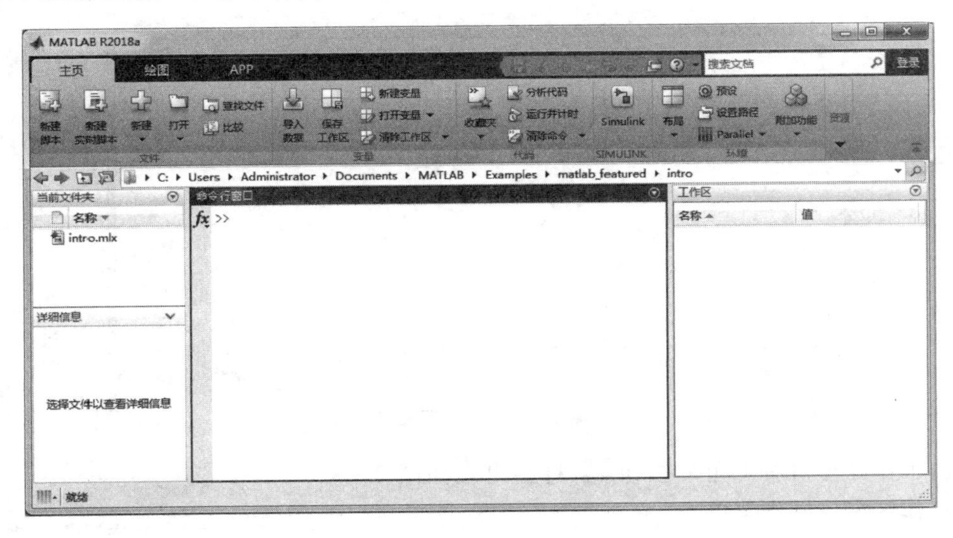

图 2－1　默认的 MATLAB 主界面

1. 命令行窗口

在 MATLAB 的命令行窗口中,运算提示符“≫”表示 MATLAB 处于准备状态。用户在提示符后输入一段程序或一段运算式并按回车键,MATLAB 会给出计算结果,然后进入准备状态,所得结果将被保存在工作区窗口中。如果命令后带有分号,则 MATLAB 执行命令但不显示结果。单击命令行窗口右上角的按钮,将会出现如图 2－2 所示的命令窗口操作菜单。

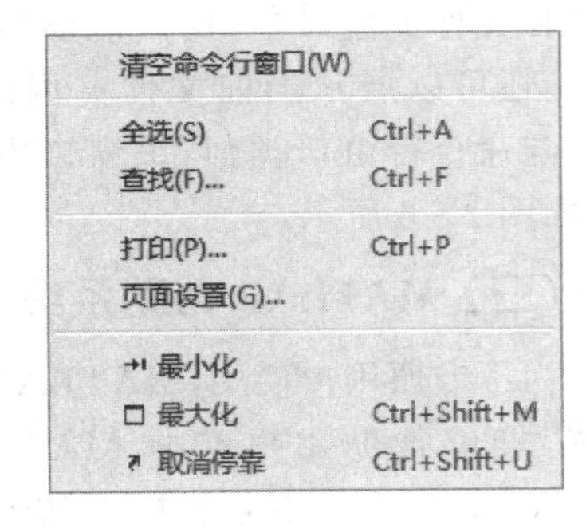

图 2－2　命令行窗口的操作菜单

单击“取消停靠”可以使命令行窗口脱离主窗口而成为一个独立的窗口,如图 2－3 所示。

图 2－3　命令行窗口

2. 工作区窗口

在工作区窗口中，将显示目前内存中所有的 MATLAB 变量的名称、数据结构、字数以及类型等信息，不同的变量类型分别对应不同的变量名图标，如图 2-4 所示。

图 2-4 工作区窗口

单击工作区窗口右上角的按钮，将会出现如图 2-5 所示的工作区窗口操作菜单。

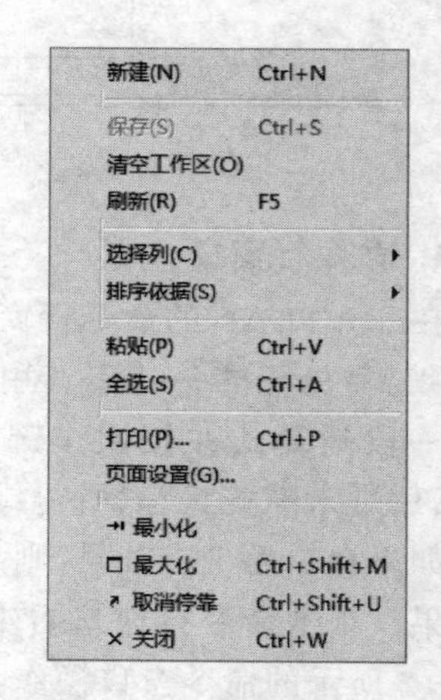

图 2-5 工作区窗口操作菜单

3. 文件夹窗口

在文件夹窗口中，用户能够展示或改变当前文件夹的设置，还可以展示当前文件夹内的文件，同时具备搜索功能。与命令行窗口类似，该窗口也可以成为一个独立的窗口，如图 2-6 所示。

（三）MATLAB 帮助系统

为了方便用户使用，MATLAB 配备了详尽的帮助文件系统，能够帮助用户掌握 MATLAB 的使用方法。随着 MATLAB 版本的不断更新，其帮助文档也在逐步改进。用户能在命令行窗口使用 help 和 lookfor 命令获取帮助信息，

图 2-6 文件夹窗口

还可通过菜单命令得到帮助。

1. 命令行窗口帮助

在MATLAB的图形用户接口(GUI)推出之前,用户只能使用help和lookfor函数在命令行窗口中查看帮助信息,这两个函数至今仍在使用。help命令是查询函数库、工具箱等相关信息的最基本方法,查询的结果会显示在命令窗口中。例如,下面的代码展示了如何查看abs函数的帮助文本。

```
>>help  abs
abs     Absolute value.
    abs(X) is the absolute value of the elements of X. When X is complex, abs(X) is the complex
modulus (magnitude) of the elements of X.
    See also sign, angle, unwrap, hypot.
```

帮助命令lookfor与help效果类似,lookfor对M文件的第一行进行关键字搜索,而help只搜索与关键字完全匹配的结果,对lookfor命令加上all选项,可以对M文件全文进行搜索。

2. 帮助浏览器

除了help和lookfor命令外,MATLAB还提供了一个相对分离的帮助浏览器或帮助窗口。要打开MATLAB帮助窗口,用户可以单击MATLAB界面中帮助菜单下的示例标签,或在MATLAB命令行窗口中直接输入helpwin、helpdesk或doc命令。

帮助窗口不仅用于显示帮助文本,还配备了帮助导航功能。该导航功能包含了4个选项卡:contents、index、search和demo。其中,contents选项卡中列出了MATLAB和所有工具箱的在线文档内容清单;index选项卡提供了所有在线帮助条目的索引;search选项卡允许用户在在线文档中进行搜索;demo选项卡则提供了MATLAB演示函数命令的接口。

help命令和helpwin命令在显示帮助内容上是等效的,只不过helpwin命令将帮助内容显示在一个帮助窗口中,而不是在命令行窗口中。例如代码

```
>>helpwin sqrt
```

可以打开一个如图2-7所示的帮助窗口,用于显示sqrt命令的帮助文本。

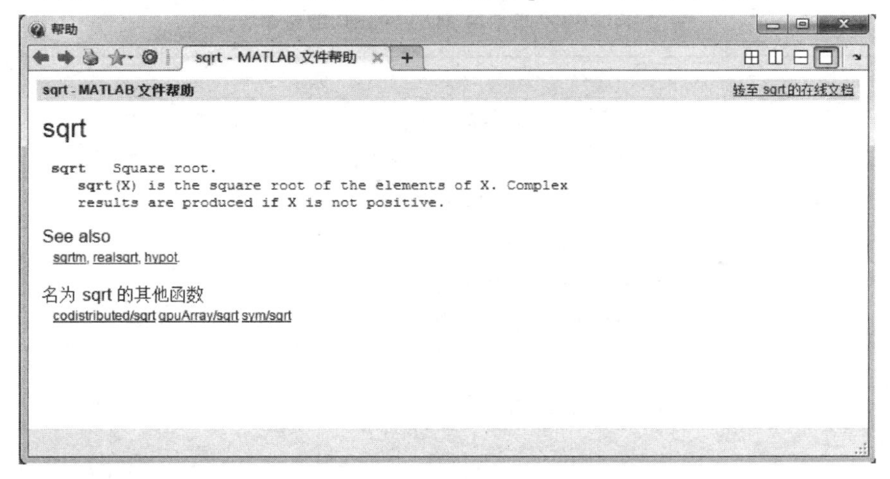

图2-7 帮助窗口

实际上，MATLAB 在执行上述代码时，首先打开 sqrt.m 文件，读取其中的帮助文本，然后将文件内容转换成 HTML 格式，并在帮助窗口中显示该 HTML 文本。在此过程中，大写字母的函数命令都将被转换成小写格式，列在“See also”后面的参考函数命令都被转换成可链接到相应的 HTML 页面的链接。

doc 命令会绕过 M 文件的帮助文本，直接连接到在线帮助文档。例如代码

```
>>doc print
```

可以显示 print 命令的在线帮助文档，如图 2-8 所示。

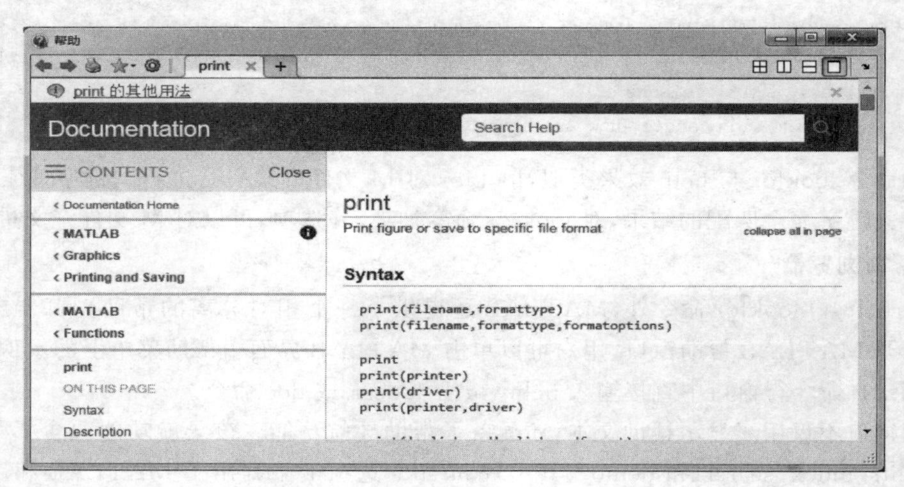

图 2-8 在线帮助文档

在线帮助文档包含了比帮助文本更丰富、更详细的信息。

3. Internet 资源

除了以上帮助方法外，还可通过 Internet 查找所需资源。访问 MathWorks 公司网站(网址 http://www.mathworks.com)可获取涵盖 MATLAB 各个方面的信息。

常用的 MATLAB 帮助命令如表 2-1 所列。

表 2-1 常用的 MATLAB 帮助命令

帮助命令	功能
demo	运行 MATLAB R2018a 演示程序
help	获取在线帮助
lookfor	按照指定的关键字查找所有相关的 M 文件
which	显示指定函数或文件的路径
who	列出当前工作空间中的变量
whos	列出当前工作空间中变量的更多信息
helpwin	运行帮助窗口
helpdesk	运行 HTML 格式帮助面板 helpdesk

续表 2-1

帮助命令	功　能
tour	运行 MATLAB R2018a 漫游程序
exist	检查指定变量或文件的存在性
what	列出当前文件夹或指定目录下的 M 文件、MAT 文件和 MEX 文件
doc	在互联网浏览器中显示指定内容的 HTML 格式帮助文件，或启动 helpdesk

二、数值计算功能

(一) 数值和变量

1. 数　值

在 MATLAB 中，数值采用十进制计数，可以带小数点或负号，其精度大约能保持 16 位有效数字。

以下计数都属于合法的：3、－99、0.001、9.4e6、1.3e－3。

2. 变　量

变量是任何程序设计语言的基本元素之一。与一般常规的程序设计语言不同，MATLAB 语言不需要对所使用的变量进行事先声明，也不需要指定变量类型，系统会根据所赋予变量的值或对变量执行的操作自动确定变量的类型。

在 MATLAB 语言中，变量命名遵循以下规则：

① 变量名长度有限制，字符个数不得超过 31 位，超过 31 位的字符将会被忽略不计；

② 变量名大小写具有不同的含义；

③ 变量名的第一个字符必须是英文字母，后续字符可以包含字母、数字或者下画线，但不能使用标点符号。

在 MATLAB 中，有一些变量被预定义了某个特定的值，这些变量称为预定义变量。MATLAB 中主要的预定义变量如表 2-2 所列。

表 2-2　MATLAB 中主要的预定义变量

预定义变量	含　义
ans	计算结果的默认名称
inf(Inf)	无穷大
pi	圆周率，π
eps	浮点数相对误差
i 或 j	虚数单位
NaN	无定义的数
bitmax	最大正整数
realmax	最大的正浮点数
realmin	最小的正浮点数

下面介绍几种常用的预定义变量的用法：

① 在 MATLAB 中，如果出现超过最大正浮点数的数据，系统不会像其他系统那样出现死机现象，而是会用 Inf 代替无穷大，输出结果。例如，在命令行中输入 2/0，MATLAB 会返回如下结果：

```
>>2/0
ans =
    Inf
```

② 在 MATLAB 中，如果出现分子、分母均为 0，则会得到 NaN，即 Not-a-Number 的缩写，表示结果为非数字。例如，在命令行中输入 0/0，MATLAB 会返回如下结果：

```
>>0/0
ans =
    NaN
```

③ 在 MATLAB 中，pi 用来表示圆周率 π 的数值。在命令行中输入 pi，若 pi 未被赋值，则 MATLAB 会返回如下结果：

```
>>pi
ans =
    3.1416
```

(二) 矩阵和数组的运算

在 MATLAB 中，数据一般以数组的形式存在，各种运算以及函数也是针对数组进行的。这里说的数组，是广义的数组，按数组的位数可以将其分类：

① 对于只有一个元素的数组，称为标量；

② 对于只有一行或一列元素的数组，称为向量；

③ 对于具有多行、多列元素的数组，称为矩阵；

④ 对于超过二维的数组，统称为多维数组。

1. 矩阵的创建

(1) 直接输入法

创建数值矩阵，可以直接在键盘上输入矩阵元素，这种方法比较方便直接，适合较小且简单的矩阵。在创建矩阵时，需要保证：

① 矩阵的元素应放在“[ ]”内；

② 矩阵的列与列之间用空格或者“,”分隔，行与行之间用“;”或者回车符分隔；

③ 矩阵的元素既可以是数值，也可以是运算表达式。

【例 2-1】 用直接输入法创建一个矩阵。

解 在 MATLAB 命令行窗口中输入如下语句：

```
A=[1 2 3;4 5 6]
```

MATLAB 会返回结果：

```
A =
        1     2     3
        4     5     6
```

（2）步长生成法

在MATLAB中创建矩阵，还可以采用步长生成法，这种方法主要用来生成多维向量或者大矩阵。该方法创建矩阵的格式如下：

A=初值：步长：终值

【例2-2】 用步长生成法创建一个矩阵。

解　在MATLAB命令行窗口中输入如下语句：

```
A=0:3:7
```

MATLAB会返回结果：

```
A =
        0     3     6
```

在MATLAB命令行窗口中输入如下语句：

```
B=[0:3:7;1:1:3]
```

MATLAB会返回结果：

```
B =
        0     3     6
        1     2     3
```

MATLAB中提供了一些函数，可以用来直接生成某些矩阵，如表2-3所列。

表2-3　MATLAB矩阵生成函数

函　数	说　明
zeros	产生一个全0矩阵
ones	产生一个全1矩阵
eye	产生一个单位矩阵
rand	产生一个0到1之间均匀分布的伪随机数矩阵
randn	产生一个均值为0、方差为1的正态分布矩阵
vander	产生一个范德蒙矩阵
linspace	产生一个线性分布矩阵
logspace	产生一个以10为底的对数分布矩阵

若要利用linspace函数在20～30之间均匀产生5个点值，则可在命令行窗口中输入如下语句：

```
A=linspace(20,30,5)
```

MATLAB会返回结果：

```
A =
20.0000   22.5000   25.0000   27.5000   30.0000
```

2. 矩阵运算和数组运算

(1) 矩阵运算

由表 2-4 和表 2-5 分别给出了矩阵运算的常用函数和矩阵结构变换的函数。

表 2-4 矩阵运算的常用函数

函　数	说　明	函　数	说　明
sin	正弦函数	cos	余弦函数
tan	正切函数	asin	反正弦函数
acos	反余弦函数	atan	反正切函数
sinh	双曲正弦函数	cosh	双曲余弦函数
sech	双曲正割函数	atan2	四象限反正切函数
exp	以 e 为底的指数函数	sqrt	平方根函数
pow2	以 2 为底的幂函数	log	自然对数
log10	以 10 为底的对数	log2	以 2 为底的对数
abs	绝对值	angle	相交
real	实部	imag	虚部
conj	共轭复数	floor	向负方向舍入
fix	向零方向舍入	ceil	向正方向舍入
round	四舍五入	rem(x,y)	求 x/y 余数，符号与 x 相同
mod(x, y)	求 x/y 余数，符号与 y 相同	sign	符号函数

表 2-5 矩阵结构变换的函数

调用格式	说　明
A′	将矩阵 A 转置
fliplr(A)	将矩阵 A 左右翻转
flipud(A)	将矩阵 A 上下翻转
rot90 (A)	将矩阵 A 整体逆时针方向旋转 90°
diag(A)	若 A 为列向量，则以 A 中的元素建立一个对角矩阵； 若 A 为对角阵，则提取 A 中的对角元素建立一个列向量
tril(A)	提取矩阵 A 的左下三角部分
triu(A)	提取矩阵 A 的右上三角部分
reshape(A, m, n)	在保持 A 中元素个数不变的情况下，按优先排列的顺序，将 A 排列成 m×n 的矩阵

【例 2-3】 矩阵结构变化的函数使用示例。

解 在 MATLAB 命令行窗口中输入如下语句：

```
A=[1 2 3;4 5 6;7 8 9]
```

MATLAB 会返回结果：

```
A =
        1     2     3
        4     5     6
        7     8     9
```

在 MATLAB 命令行窗口中输入如下语句：

```
B = fliplr(A)
```

MATLAB 会返回结果：

```
B =
        3     2     1
        6     5     4
        9     8     7
```

在 MATLAB 命令行窗口中输入如下语句：

```
C = rot90(A)
```

MATLAB 会返回结果：

```
C =
        3     6     9
        2     5     8
        1     4     7
```

在 MATLAB 命令行窗口中输入如下语句：

```
D = tril(A)
```

MATLAB 会返回结果：

```
D =
        1     0     0
        4     5     0
        7     8     9
```

在 MATLAB 命令行窗口中输入如下语句：

```
E = reshape(A,1,9)
```

MATLAB 会返回结果：

```
E =
1     4     7     2     5     8     3     6     9
```

(2) 数组运算

数组运算相当于数据的批处理操作(常用它来代替循环)，其作用是对矩阵中的元素逐个执行相同的运算。

数组运算符与矩阵运算符的区别是：矩阵运算符前没有小黑点标识，而数组运算符前有小黑点。除非含有标量，否则数组运算表达式中的矩阵大小必须相同。

(3) 运算符

在 MATLAB 中,运算符可以分为 3 大类,分别是算术运算符、关系运算符和逻辑运算符。

1) 算术运算符

常见算术运算符的功能如表 2-6 所列。

表 2-6 常见算术运算符的功能

运算符	功 能
A.'	非共轭转置
A=s	将标量 s 的值赋予 A 中每个元素
s+B	将标量 s 分别与 B 中每个元素求和
s-B	将标量 s 分别与 B 中每个元素求差
s. * A	将标量 s 分别与 B 中每个元素相乘
s. /B	将标量 s 除以 B 中每个元素
A. ^n	A 中每个元素自乘 n 次
p. ^A	以 p 为底,分别以 A 中元素为指数求幂
A+B	A 与 B 中对应元素相加
A-B	A 与 B 中对应元素相减
* B	A 与 B 中对应元素相乘
A. /B 或 B.\A	A 中元素被 B 中对应元素相除
exp (A)	分别以 A 的各元素为指数求 e 的幂
log(A)	分别对 A 的各元素求自然对数
sqrt (A)	分别对 A 的各元素求平方根
f(A)	求 A 的各个元素的函数值

【例 2-4】 常见运算符使用示例。

解 在 MATLAB 命令行窗口中输入如下语句:

```
A=[4 5 6;7 8 9; 10 11 12];
B=magic(3);
C=A*B
D=A.*B
E=log(A)
```

MATLAB 会返回结果:

```
C =
      71    83    71
      116   128   116
      161   173   161
D =
      32    5     36
      21    40    63
      40    99    24
```

```
E =
        1.3863      1.6094      1.7918
        1.9459      2.0794      2.1972
        2.3026      2.3979      2.4849
```

2）关系运算符

关系运算符用于比较两个同维数组元素。如果关系为真，则结果为 1；如果关系为假，则结果为 0。关系运算符的功能如表 2－7 所列。

表 2－7　关系运算符的功能

关系运算符	功　能	关系运算符	功　能
==	等于	~=	不等于
>	大于	<	小于
<=	小于或等于	>=	大于或等于

【例 2－5】　关系运算符使用示例。

解　在 MATLAB 命令行窗口中输入如下语句：

```
A=[1,2,3;4,5,6;7,8,9];
B=[1,2,6;1,4,8;3,7,9];
A>=B
```

MATLAB 会返回结果：

```
ans =
        1   1   0
        1   1   0
        1   1   1
```

3）逻辑运算符

在进行逻辑数组间对应元素的运算时，要求两个对象数组维数相同。如果逻辑为真，则输出结果为 1；如果逻辑为假，则输出结果为 0。逻辑运算符的功能如表 2－8 所列。

表 2－8　逻辑运算符的功能

逻辑运算符	功　能	逻辑运算符	功　能
&	与	|	或
~	非	xor	异或
any	有非零元素则为真	all	有零元素则为假

【例 2－6】　逻辑运算符使用示例。

解　在 MATLAB 命令行窗口中输入如下语句：

```
A=[0,1,0,1,0];
B=[1,0,0,1,1];
C=A&B
D=xor(A,B)
```

MATLAB 会返回结果：

```
C =
        0  0  0  1  0
D =
        1  1  0  0  1
```

(4) 矩阵运算与数组运算的比较

1) 乘　法

【例 2-7】 乘法示例。

解　在 MATLAB 命令行窗口中输入如下语句：

```
A=[1 2;3 4];
B=[5 6;7 8];
C=A*B
D=A.*B
```

MATLAB 会返回结果：

```
C =
        19    22
        43    50
D =
         5    12
        21    32
```

2) 除　法

【例 2-8】 除法示例。

解　在 MATLAB 命令行窗口中输入如下语句：

```
A=[1 2;3 4];
B=[5 6;7 8];
E=A./B
E=A.\B
E=A\B
E=A/B
```

MATLAB 会返回结果：

```
E =
        0.2000    0.3333
        0.4286    0.5000
E =
        5.0000    3.0000
        2.3333    2.0000
E =
         -3      -4
          4       5
```

```
E =
        3.0000   -2.0000
        2.0000   -1.0000
```

3）幂次运算

【例 2-9】 幂次运算示例。

解　在MATLAB命令行窗口中输入如下语句：

```
A=[1 2;3 4];
A^2
A.^2
```

MATLAB会返回结果：

```
ans =
        7    10
       15    22
ans =
        1     4
        9    16
```

（5）MATLAB常用命令

MATLAB提供了一组可以在命令行窗口中输入的命令来执行相应的操作。常用的命令及其描述如表2-9所列。

表 2-9　MATLAB 常用命令及其描述

命　令	说　明
clc	清除命令窗口中的内容
clf	清除图形窗口中的内容
clear	清除工作区中的所有变量
clear 变量名	清除指定变量
who	显示工作区中所有变量的一个简单列表
whos	列出变量的大小、数据格式等详细信息
copyfile	复制文件
what	列出当前目录下的.m文件和.mat文件
save name	保存工作区变量到文件name.mat中
load name	装载name.mat文件中所有变量到工作区
pack	整理工作区内存
length(变量名)	显示工作区中变量的长度
size(变量名)	显示工作区中变量的尺寸
disp(变量名)	显示工作区中的变量
Ctrl+K	清除光标至行尾字
Ctrl+C	中断程序运行

如之前所述,这些命令均可以用函数形式实现,从而使得编程更加方便。

(三)数值运算

MATLAB的科学运算包括两大类:数值运算和符号运算。数值运算在实验、工程技术中发挥着极其重要的作用,是MATLAB的基石。正是凭借其出色的数值计算能力,MATLAB广泛应用于不同行业的各个领域。与其他程序设计语言相比,MATLAB具有编程效率高、使用方便等一系列优点。与此同时,符号计算在科学理论的分析以及各种各样的公式、关系式的推导过程中,亦起着至关重要的作用。

1. 线性代数与矩阵分析

对于线性代数中矩阵分析的大部分运算,MATLAB都提供了相应的函数,如表2-10所列。

表2-10 矩阵分析有关的函数

函　数	说　明
det	行列式的值
inv	矩阵的逆
null	零空间
poly	特征多项式
rank	矩阵的秩
trace	矩阵的迹
rref	转化为行阶梯形
d=eig(A)	将矩阵A的特征值存入向量d
c=condeig(A)	向量c中包含矩阵A关于各特征值的条件数
expm	矩阵指数
expm1	矩阵指数的Pade逼近
expm2	用泰勒级数求矩阵指数
expm3	通过特征值和特征向量求矩阵指数
funm	计算一般矩阵函数
logm	矩阵对数
sqrtm	矩阵平方根

【例2-10】 求矩阵的特征值和特征向量示例。

解 在MATLAB命令行窗口中输入如下语句:

```
A = [1,5,5;5,1,5;5,5,1];
[V, D] = eig(A)
```

MATLAB会返回结果:

```
A =
        1     5     5
        5     1     5
        5     5     1
```

```
V =
     - 0.0775     0.8128   - 0.5774
     - 0.6652   - 0.4735   - 0.5774
       0.7427   - 0.3393   - 0.5774
D =
     - 4.0000          0          0
           0    - 4.0000          0
           0          0     11.0000
```

2. 数据处理与统计

由于向量和矩阵都是基本的数据单元，所以在数据处理中，如果输入变量是向量，那么运算对整个向量进行；如果输入变量是矩阵，那么指令按矩阵的列进行，即默认每列是由对变量的一次观察所得数据。

常用的数据分析函数如表 2－11 所列。

表 2－11　常用的数据分析函数

函　数	说　明
rand(n, m)	生成一个 n×m 且[0,1]区间均匀分布的随机数组
randn(n, in)	生成一个 n×m 的均值为 0、标准差为 1 的正态分布随机数组
min(X)	分别对矩阵 X 各列求最小值
max(X)	分别对矩阵 X 各列求最大值
median(X)	分别对矩阵 X 各列求中位数
mean(X)	分别对矩阵 X 各列求均值
std(X)	分别对矩阵 X 各列求标准差
var(X)	分别对矩阵 X 各列求方差
diff(X, m, n)	沿第 n 维求 m 差分和近似微分
prod(X, n)	沿第 n 维求积
sum(X, n)	沿第 n 维求和
cumprod(X, n)	沿第 n 维求累计积
cumsum(X, n)	沿第 n 维求累计和

【例 2－11】　统计函数使用示例。

解　在 MATLAB 命令行窗口中输入如下语句：

```
A = rand(10,1);
max = max(A)
min = min(A)
mea = mean(A)
med = median(A)
v = var(A)
```

MATLAB 会返回结果：

```
max =
    0.9649
min =
    0.0975
mea =
    0.6239
med =
    0.7235
v =
    0.1196
```

【例 2-12】 计算积分 $y(t)=\int_1^t f(\tau)\mathrm{d}\tau$，其中 $f(t)=\ln 2t\cos(3t)$，$1<t<10$。

解 在 MATLAB 命令行窗口中输入如下语句：

```
dt = 0.01;t = 1:dt:10;
ft = log(2 * t). * cos(3 * t);
yt = dt * cumsum(ft);
plot(t,ft,'k:',t,yt,'k');                              % 画出 f(t)和 y(t)的图像
legend('f(t)','y(t)');
grid on;
```

运行结果如图 2-9 所示。

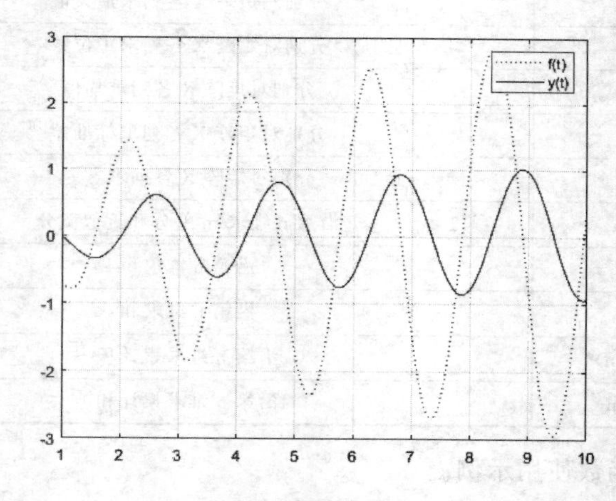

图 2-9　函数的积分计算

由于计算机无法直接对连续信号进行运算，所以需要先把连续信号用离散数据表示，将连续积分近似视为一系列矩形函数求和的结果。在卷积和傅里叶变换中也能够用到这种方法。

3. 多项式运算

在 MATLAB 中，多项式是以向量的形式储存的，例如 n 次多项式

$$f(x)=a_0x^n+a_1x^{n-1}+\cdots+a_{n-1}x+a_n \tag{2-1}$$

在 MATLAB 中该多项式表示为$[a_0,a_1,\cdots,a_{n-1},a_n]$。

(1) 求多项式的值

求多项式的值是由函数 polyval 实现的，该函数的调用格式如下：

y=polyval(p,x)

其中,若x为一常数,则求以p为系数向量的多项式在该点的值;若x为矩阵,则对矩阵中的每个元素求多项式的值。

【例2-13】 已知多项式 $f(x)=2x^5+3x^3-7x^2-x+7$,分别求 $x_1=2$ 和 $x_2=4,x_2=-6,x_2=7,x_2=-9$ 时多项式的值。

解 在MATLAB命令行窗口中输入如下语句:

```
p=[2,0,3,-7,-1,7];
polyval(p,2)
polyval(p,[4,-6,7,-9])
```

MATLAB会返回结果:

```
ans =
        65
ans =
        2131       -16439       34300       -120836
```

以上这种算法输入变量值代入多项式计算时,是以数组为单元的,而以矩阵为计算单元进行矩阵式运算时,需要用polyvalm。函数polyvalm(p,X)要求X是方阵,以方阵为自变量求多项式的值。

(2) 求多项式的根

求多项式的根,是使用函数roots实现的。该函数的调用格式如下:

r=roots(p)

其中,p是多项式的系数向量,r是所求得的根的向量。

若已知多项式的根,可以用函数poly建立该多项式。该函数的调用格式如下:

p=poly(r)

其中,r是多项式的根,p是所得多项式的系数向量。

【例2-14】 已知多项式 $f(x)=2x^4-3x^3+x^2+4x-1$,求其全部根并根据所求根建立一个多项式。

解 在MATLAB命令行窗口中输入如下语句:

```
p=[2,-3,1,4,-1];
r=roots(p)                              %求方程f(x)的根
A=poly(r)                               %根据根r建立多项式
```

MATLAB会返回结果:

```
r =
    1.0906 + 1.0112i
    1.0906 - 1.0112i
    -0.9255 + 0.0000i
    0.2442 + 0.0000i
A =
    1.0000   -1.5000    0.5000    2.0000   -0.5000
```

(3) 多项式的乘法运算

多项式的乘法运算是通过卷积函数 conv 来实现的。函数 conv 的调用格式如下：

c=conv(a,b)

其中,a 和 b 分别是两个多项式的系数向量,c 是两个多项式的乘积的系数向量。

【例 2-15】 计算 $a(x)=x^3+2x^2+3x+4$ 和 $b(x)=x^3+4x^2+9x+16$ 的乘积。

解 在 MATLAB 命令行窗口中输入如下语句：

```
a=[1,2,3,4];
b=[1,4,9,16];
c=conv(a,b)
```

MATLAB 会返回结果：

```
c =
        1     6    20    50    75    84    64
```

$a(x)b(x)$的结果是 $x^6+6x^5+20x^4+50x^3+75x^2+84x+64$。

(4) 多项式的除法运算

多项式的除法是通过反卷积函数 deconv 来实现的。函数 deconv 的调用格式如下：

[Q,r]=deconv(a,b)

其中,a 和 b 分别是两个多项式的系数向量,Q 是多项式 a 除以多项式 b 返回除法的商式,r 是返回除法的余式。

【例 2-16】 用上例中的多项式 $c(x)$除以 $b(x)$。

解 在 MATLAB 命令行窗口中输入如下语句：

```
[Q,r]=deconv(c,b)
```

MATLAB 会返回结果：

```
Q =
        1     2     3     4
r =
        0     0     0     0     0     0     0
```

$c(x)/b(x)$的结果是 x^3+2x^2+3x+4,余数 r 是 0,因为 $b(x)$和 $q(x)$的乘积恰好是 $c(x)$。

(5) 多项式的微分

多项式的微分是通过 polyder 函数来实现的。该函数的调用格式如下：

k=polyder(p)

表示求多项式 p 的导函数。

【例 2-17】 求 $f(x)=x^4-2x^3+4x^2+5x-3$。

解 在 MATLAB 命令行窗口中输入如下语句：

```
p=[1,-2,4,5,-3];
dp=polyder(p)
poly2sym(dp)
```

MATLAB 会返回结果：

```
dp =
        4     -6     8     5
ans =
    4 * x^3 - 6 * x^2 + 8 * x + 5
```

(6) 多项式拟合

在 MATLAB 中多项式拟合是通过函数 polyfit 来实现的。该函数的调用格式如下：

polyfit(x,y,n)

其中，x 和 y 是已知采样点的横坐标向量和纵坐标向量，n 是拟合多项式的阶数。

【例 2-18】 分别用 5 阶多项式对[0,π/2]上的余弦函数进行多项式拟合。

解　在 MATLAB 命令行窗口中输入如下语句：

```
x = linspace(0,pi/2,20);
y = cos(x);
a = polyfit(x,y,5);
y2 = a(1) * x.^5 + a(2) * x.^4 + a(3) * x.^3  + a(4) * x.^2 + a(5) * x +  + a(6);
plot(x,y,'k',x,y2, 'r * ')
legend('virgin curve','fitting curve')
```

运行结果如图 2-10 所示。

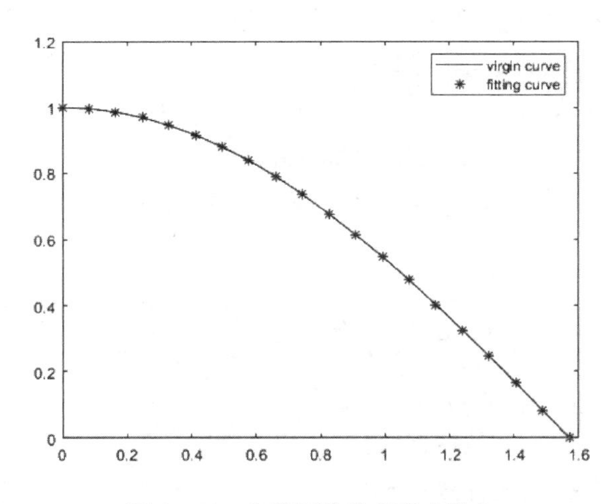

图 2-10　余弦函数的多项式拟合

三、符号计算功能

MATLAB 的计算方法包括数值计算和符号计算。数值计算基于实际数据的分析处理，是 MATLAB 的基石，广泛应用于对工程实例的各种分析，比如分析线性方程组的解、特征值问题求解、多项式与卷积运算、数值分析、泛函分析、信号处理与系统分析等领域。根据需要，可以采取不同的算法，以方便调整仿真的精度。

符号计算则通过定义表达式形式的符号对象,对符号常数、符号函数、符号变量等进行分析推导,并以解析式的形式给出分析结果的一种方法。符号计算与数值计算的不同在于其分析过程完全脱离了具体数据样本,是表达式推导、公式证明的一种便捷手段。符号计算一般占用较多的机时。

若要使用 MATLAB 来进行符号计算,只需使用 MATLAB 中的符号数学工具箱即可。

信号与系统可分为连续信号与系统和离散信号与系统两大类。MATLAB 的数值计算功能便于处理离散信号与系统。对连续信号与系统的处理一般采取以下两种办法:一是直接采用符号计算;二是对连续信号进行抽样并数值化,将连续系统问题转化为离散系统的等价形式予以处理。此外,符号计算与数值计算的结果也可以互相转化。

在数值计算过程中,运算的操作对象是数值,需要先赋值;而在符号计算中,变量都是以字符的形式保存和运算的。

MATLAB 中创建符号函数一般会使用 syms 命令,例如:

```
syms a ;                    %定义符号变量 a
```

当使用 syms 命令定义多个变量时,各变量之间需要用空格分隔,而不能用逗号或者分号,例如:

```
syms a b c;                 %定义符号变量 a、b、c
```

然而,此方法不能用来创建符号函数。若要创建符号函数,必须用 sym 命令。在定义符号函数时,需要先对函数中的每个符号变量进行明确的定义,然后再定义符号函数。

【例 2-19】 符号变量的定义练习:$f(x)=ax^2+bx+c$。

解 在 MATLAB 命令行窗口中输入如下语句:

```
syms a b c x;                          %定义符号变量
f = a*x^2 + b*x + c                    %定义符号函数,要将函数用字符串表示出来
```

MATLAB 会返回结果:

```
f =
a*x^2 + b*x + c
```

在进行符号计算时,需要注意以下几点:

① 符号计算所使用的基本运算符与数值计算一致。

② 符号对象间的关系运算符只有相等(==)和不相等(~=),没有大于、小于等比较概念。

③ 符号计算中常用的函数,如 sin、cos、cosh、asin、sqrt、exp、expm、conj、real、imag、abs 等,都和数值计算相同。但要注意以下几种特例:

- atan2 函数仅适用于数值计算;
- 符号函数只有自然对数 log,而没有数值计算中的 log2、log10;
- 符号计算没有求复数相角的指令。

表 2-12 中列出了符号计算所需要运用的指令。

表 2-12 符号计算的指令

函数	说明
s=symsum(f, v, a, b)	符号求和
intf=int(f, v)	符号不定积分
intf=int(f, v, a, b)	符号定积分
dfdvn=diff(f, v, n)	符号微分

符号计算的方法十分适合描述信号与系统,它具有简单直观、理论性强的优点。

【例 2-20】 已知 $x(t)=\cos(2\pi t)\varepsilon(t)$,$y(t)=t\varepsilon(t)$。试计算 $t\in[-1,2]$区间内的 $z_1(t)=5x(t)$,$z_2(t)=x(t)+y(t)$,$z_3(t)=x(t)y(t)$,$z_4(t)=x(2t)$。

解 在MATLAB命令行窗口中输入以下命令:

```
syms t x y z1 z2 z3 z4;                    %定义符号变量
x = sin(2 * pi * t). * heaviside(t);       %定义 x 函数表达式
y = t. * heaviside(t);                     %定义 y 函数表达式
z1 = 5 * x,z2 = x + y,z3 = x * y           %直接计算 z1, z2, z3
z4 = subs(x,t,2 * t)                       %计算出 z4 的表达式
x1 = subs(x,t,[-1:0.05:2])                 %算出 t 取值从 -1 到 2 的区间内 x 的值
```

同理,要计算 z1、z2、z3、z4,用同样的方法代入数值即可。

四、图形绘制方法

MATLAB拥有强大的图形绘制能力及数据可视化功能。它可以根据提供的数据,用绘图命令在屏幕上生成图形,通过图形对科学计算进行描述。MATLAB可以很容易地绘制出二维、三维、四维、静止及动画等多种表现形式的图形。其丰富的绘图指令、卓越的图形表现力以及简洁的绘图过程,构成了MATLAB独有的一大特色。

(一)二维图形

二维图形是工程和科学研究的基础,在绝大多数计算过程中都需要应用此类图形。

1. 连续函数的二维图形

连续函数的二维图形通常用plot命令来完成,其具备强大的功能。其基本调用命令有以下四种。

(1) plot(X)

如果X是实向量,则应以该向量元素的下标作为横坐标、元素值作为纵坐标绘制相应的曲线。

如果X是矩阵,则应按每个列向量绘制一条曲线,绘制曲线的总数应和矩阵的列数相等。

(2) plot(X,Y)

如果X和Y均为向量,则应以X向量作为横坐标、Y向量作为纵坐标,按照向量X和Y中元素的排列顺序绘制相应的曲线。但是这种情况下,X和Y需要拥有同样的长度。

如果X为向量,Y为矩阵,则应以X作为横坐标绘制多条色彩不同的曲线,曲线总数应等于矩阵Y的另一个维数。

如果 X 为矩阵,Y 为向量,则与上相似,绘制以 Y 为纵坐标的多条色彩不同的曲线。

如果 X 和 Y 为同维矩阵,则应以 X 与 Y 对应列元素作为横、纵坐标绘制多条曲线,曲线总数等于矩阵的列数。

(3) plot (X,Y, s)

在使用 plot 命令的同时,对曲线的线型、色彩、数据点型等进行制定,s 的参数如表 2-13 所列。

(4) plot(X1,Y1, 's1',X2, Y2,'s',…)

相当于多次执行 plot(X, Y, 's')命令,在一张图中画出多条曲线。

表 2-13 s 参数取值

符　号	线型和色彩	符　号	数据点型
—	实线	.	黑点
:	虚线	+	加号
—.	点画线	*	星号
——	双画线	o	圆圈
b	蓝色	x	叉
g	绿色	^	上尖
r	红色	v	下尖
c	青色	<	左尖
m	品红	>	右尖
y	黄色	d	菱形
k	黑色	s	方块
w	白色	p	五角星
		h	六角

【例 2-21】 绘制 3 组随机数图形。

解 在 MATLAB 命令行窗口中输入下列命令:

```
x = linspace(1,10,20);
y1 = 10 * (rand(1,20) + 1);
y2 = 10 * rand(1,20);
y3 = 10 * (rand(1,20) - 1);
plot(x,y1,'-',x,y2,':',x,y3,'-.')
title('3 组随机数图形')
legend('第 1 组','第 2 组','第 3 组')
```

运行结果如图 2-11 所示。

2. 离散数据绘制

对于离散数据的绘制,一般使用 stem 命令来实现,其调用命令主要有以下三种:

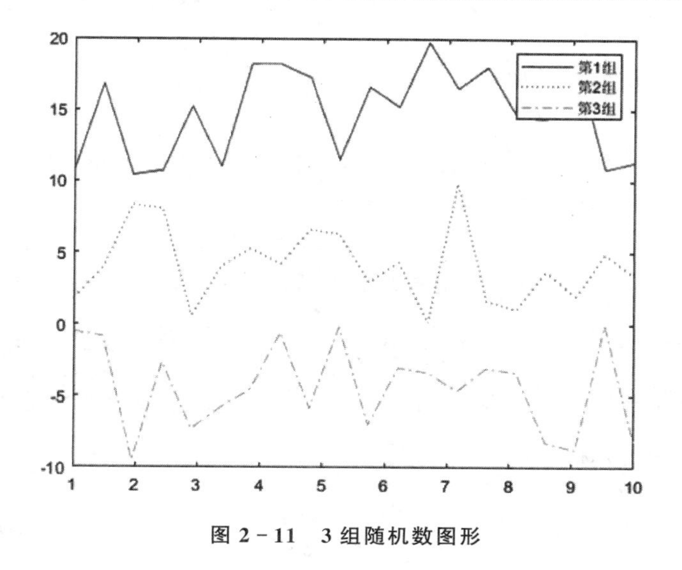

图 2-11 3组随机数图形

(1) stem(Y)

如果 Y 为实向量,则以该向量元素的下标为横坐标,以元素值为纵坐标绘制离散图。如果 Y 为矩阵,则按列绘制离散图,每列用一种颜色表示。

(2) stem(X, Y)

以 X 为自变量,以 Y 为因变量绘制离散图。

(3) stem(X, Y,'s')

类似 plot 绘制连续函数图像,s 表示图中色彩点型等,s 参数见表 2-13。

【例 2-22】 绘制 $f(x)=\sin x$ 的离散图。

解 在 MATLAB 命令行窗口中输入如下语句:

```
X=[0:0.1:10];
Y=sin(X);
stem(X,Y)
```

运行结果如图 2-12 所示。

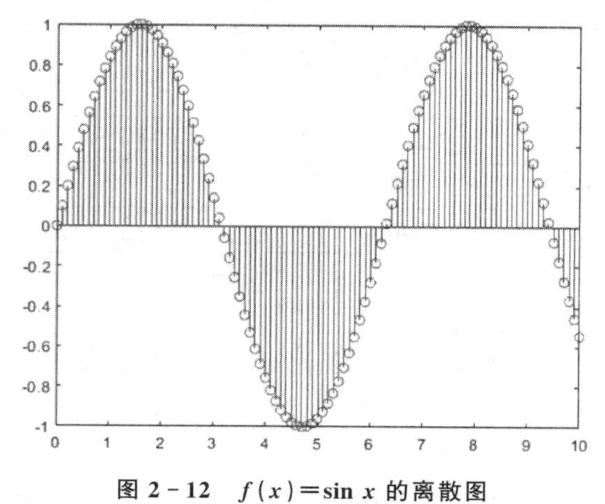

图 2-12 $f(x)=\sin x$ 的离散图

3. 极坐标图

对于极坐标的二维图形，一般使用 polar 命令来实现。polar 命令的使用格式如下：

polar(theta,rho,'s')

围绕原点，以角度 theta（单位为弧度）为自变量，以半径 rho 为因变量绘制极坐标图，s 作用与 plot 命令中的一致，表示图中色彩点型等，s 参数见表 2-13。

【例 2-23】 绘制 $f(\theta)=\sin(2\theta)\cos(3\theta)$ 的极坐标图。

解 在 MATLAB 命令行窗口中输入如下语句：

```
theta = 0:0.02:2 * pi;
rho = sin(2 * theta). * cos(3 * theta);
polar(theta,rho,'s')
```

运行结果如图 2-13 所示。

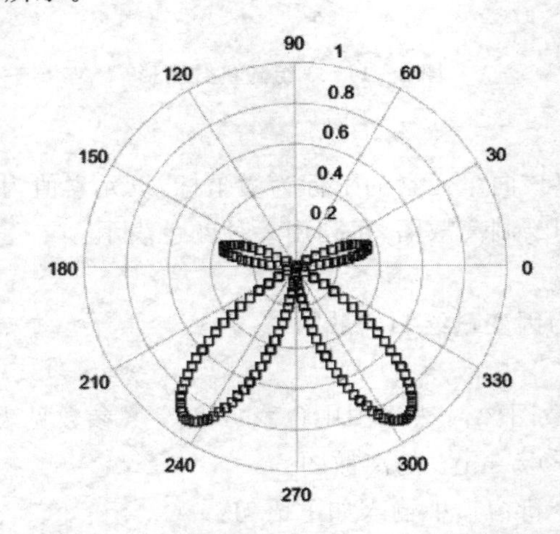

图 2-13 $f(\theta)=\sin(2\theta)\cos(3\theta)$ 的极坐标图

4. 其他二维图形命令

其他绘制二维图形的命令如表 2-14 所列。

表 2-14 其他绘制二维图形的命令

函 数	说 明	函 数	说 明
bar	条形图	pie	饼状图
barth	水平条形图	scatter	散点图
hist	直方图	stairs	阶梯图
fill	多表型填充		

（二）三维图形

在日常科学研究和工程中，计算结果表现为三维图形的情况十分常见，因此 MATLAB 也提供了三维图形的绘制功能。

1. 三维曲线图

绘制一般的三维曲线图的命令是 plot3，在二维绘图中介绍过 plot 函数，而 plot3 可以认为是 plot 在三维绘图中的延伸。

plot3 的基本调用格式如下：

plot3(X,Y,Z)

如果 X、Y、Z 是三个相同维数的向量，则绘制出这些向量所表示的曲线；如果 X、Y、Z 是三个相同阶数的矩阵，则绘制出这三个矩阵的列向量曲线。

【例 2-24】 绘制三维螺旋线的图形。

解 在 MATLAB 命令行窗口中输入如下语句：

```
x = 0:pi/50:10 * pi;
plot3(sin(x),cos(x),x);
grid on
```

运行结果如图 2-14 所示。

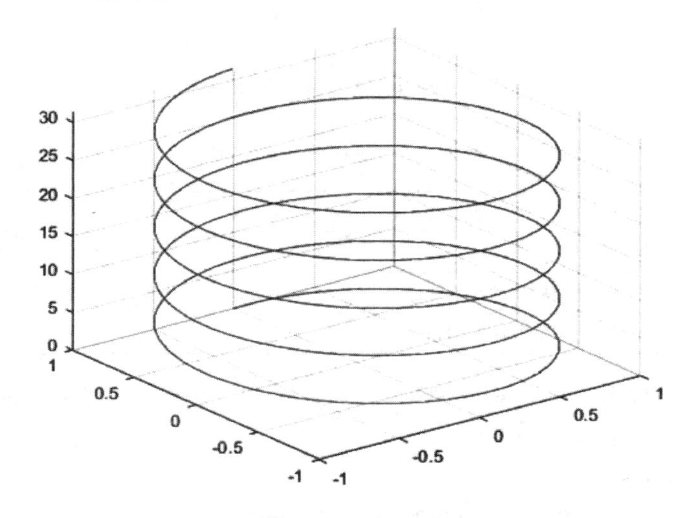

图 2-14 三维螺旋曲线

另外，plot3 函数也可以像 plot 函数一样，在后面加上一些附加参数来扩展使用，比如可以指定线条的样式、标记符号、颜色等，这些参数可以设定的值与 plot 函数完全相同(参见表 2-13)。

【例 2-25】 绘制三维螺旋线的图形。

解 在 MATLAB 命令行窗口中输入如下语句：

```
x = 0:pi/50:10 * pi;
plot3(sin(x),cos(x),x,'.','MarkerSize',15);
grid on
```

运行结果如图 2-15 所示。

2. 三维曲面图

MATLAB 中提供了一系列绘制三维曲面图时所需要用到的函数，如表 2-15 所列。

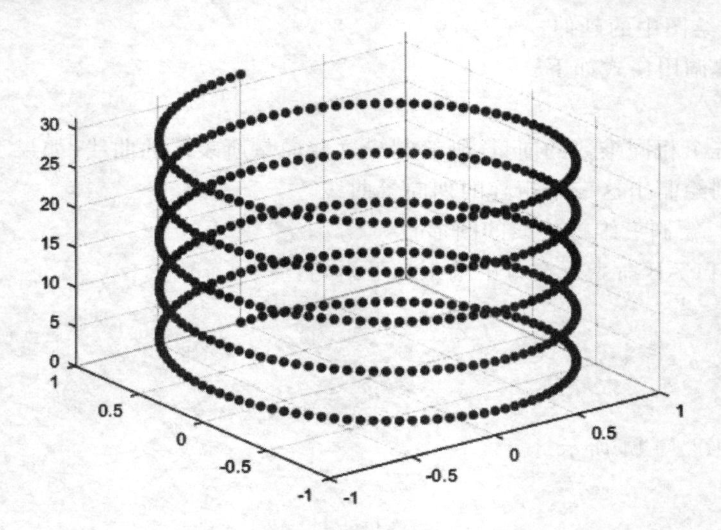

图 2－15　plot3 函数的扩展用法

表 2－15　三维曲面图函数

函　数	说　明	函　数	说　明
mesh	三维网格图	surf	三维表面图
meshc	画网格图和等值线图	meshgrid	生成网格点
meshz	绘制带底座的网格图		

在三维曲面图函数中，meshgrid 函数是较为简单的，其作用是将给定的区域按一定的方式划分成平面网格。该函数的调用格式如下：

[X, Y]＝meshgrid(x, y)

其中，x、y 是给定的向量，矩阵 X、Y 是网格划分后的数据矩阵。

mesh 函数是用来绘制三维网格图的，其调用格式如下：

mesh(X, Y, Z, C)

其中，X、Y 是网格的坐标矩阵，Z 是网格点上的高度矩阵，C 控制颜色的范围。当 C 省略时，默认 C＝Z，即颜色设定和网图高度成正比；当 X、Y 省略时，将 Z 矩阵的列下标当作 x 轴、行下标当作 y 轴绘制曲面。

surf 函数是用来绘制三维表面图的，其调用格式与 mesh 函数类似。

【例 2－26】　绘制 $z=\dfrac{\sin\sqrt{x^2+y^2}}{\sqrt{x^2+y^2}}$ 所表示的三维曲面。x、y 的取值范围是[－8,8]。

解　在 MATLAB 命令行窗口中输入如下语句：

```
x = -8:0.5:8;
y = x';
X = ones(size(y)) * x;
Y = y * ones(size(x));
R = sqrt(X.^2 + Y.^2) + eps;
```

```
Z=sin(R)./R;
mesh(X,Y,Z)
colormap(hot)
xlabel('x');ylabel('y');zlabel('z')
```

运行结果如图 2-16 所示。

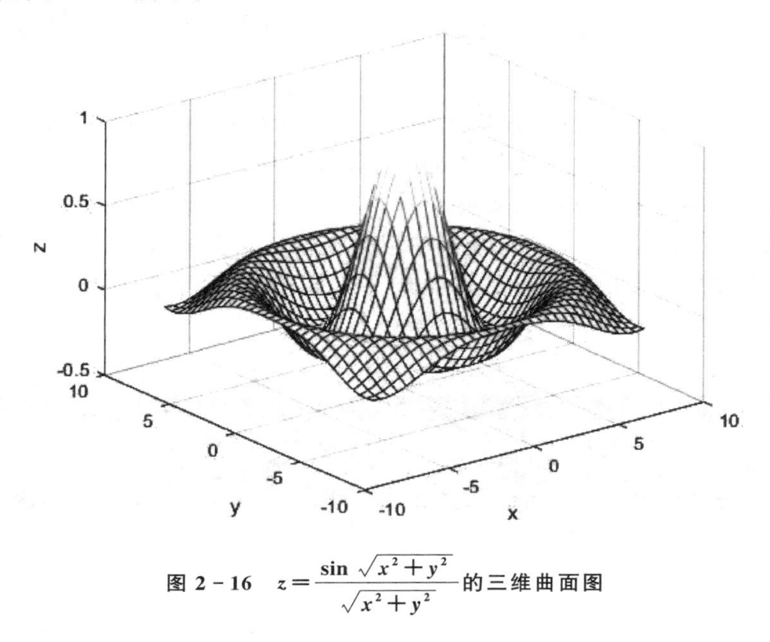

图 2-16　$z=\frac{\sin\sqrt{x^2+y^2}}{\sqrt{x^2+y^2}}$的三维曲面图

五、程序流程控制

(一) M 文件

当命令行输入命令后，MATLAB 会逐条执行这些命令，这种程序执行方式被称为命令执行方式。该方式具有操作简单方便、直观的特点，但这种程序阅读性不强，不能储存。

当面对一些较为庞大的工程项目，尤其求解问题复杂并且语句较多时，采用命令执行方式会显著降低工作效率，就需要采用程序执行方式。这种方式将一行行命令写在文件中，即“M 文件”，其实就是一个纯文本文件，它采用的是 MATLAB 所特有的一套语言及其语法规则。这些文件以“.m”作为文件的扩展名。在 MATLAB 环境中运行这些程序时，MATLAB 会按顺序执行该文件中的命令。这样编写的程序可读性强，结构清晰，便于调试。本书中介绍的使用 MATLAB 进行信号与系统实验，实际上就是通过编辑和运行这些.m 文件来完成一些和信号与系统相关的分析和处理任务。

M 文件的编写有两种形式：一种称为脚本(Script)，就像批处理文件一样，包含了一连串的 MATLAB 命令，运行时按顺序执行；另一种称为函数(Function)，就像在命令行中输入的命令(如 plot 命令)一样，函数能够接收输入的参数，然后执行并输出结果。两种 M 文件的比较见表 2-16。

表 2-16　两种 M 文件的比较

M 文件	脚本程序	函数程序
参数	没有输入参数，也不返回参数	可接收参数，也可返回参数
数据	处理的数据即为工作空间（Workspace）中的数据	函数中的变量为局部变量，但也可设外部变量
应用	用于一连串费时的指令	扩充 MATLAB 函数库及特殊应用

1. 脚本文件

“脚本”一词意味着 MATLAB 仅从这个文件中读取脚本语句，脚本文件是最简单的 M 文件，其执行过程相当于在命令窗口逐行输入并运行命令。因此，当用户需要在命令行中重复执行某些计算时，可以借助脚本文件来实现。

通常，M 文件是文本文件，所以可使用一般的文本编辑器进行编辑，并以文本格式存储。此外，MATLAB 内部自带了 M 文件编辑器与编译器，用户可以通过单击“新建脚本”按钮进入 M 文件编辑/编译器，如图 2-17 所示。

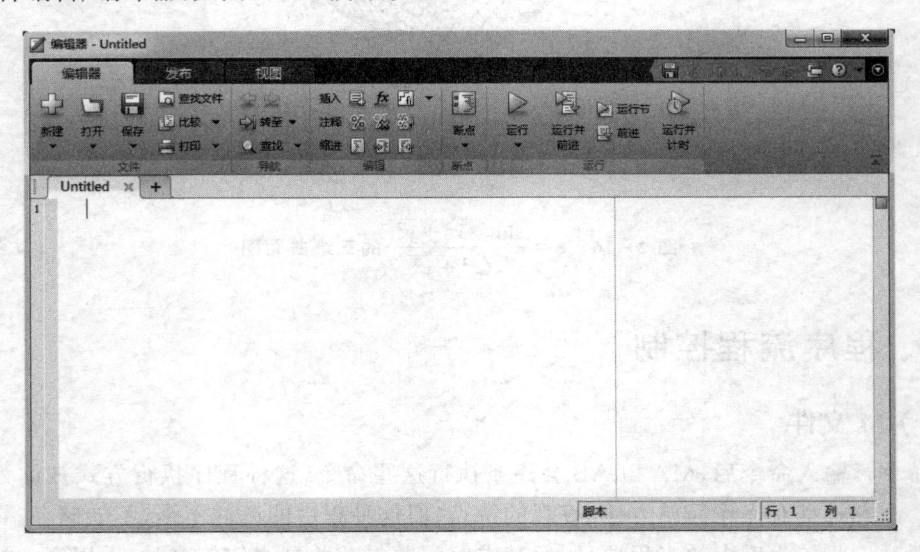

图 2-17　M 文件编辑器

M 文件编辑/编译器是一个集编辑与调试两种功能于一体的工具环境。在进行代码编辑时，该环境能够以用不同的颜色来区分注解、关键词、字符串和一般程序代码，使用非常方便。完成 M 文件的编写后，用户可以像一般的程序设计语言一样，对 M 文件进行调试和运行。

【例 2-27】　编写脚本文件，用于求解方程组。

解　单击 MATLAB 中的新建脚本文件图标，打开一个空白的文本编辑窗口，在其中输入如图 2-18 所示的内容。

编写好脚本文件之后，将文件保存在 MATLAB 的安装目录下，并将文件名取为 example.m。随后，在命令行窗口中输入 example 命令，即可得到方程组的解，MATLAB 会返回结果：

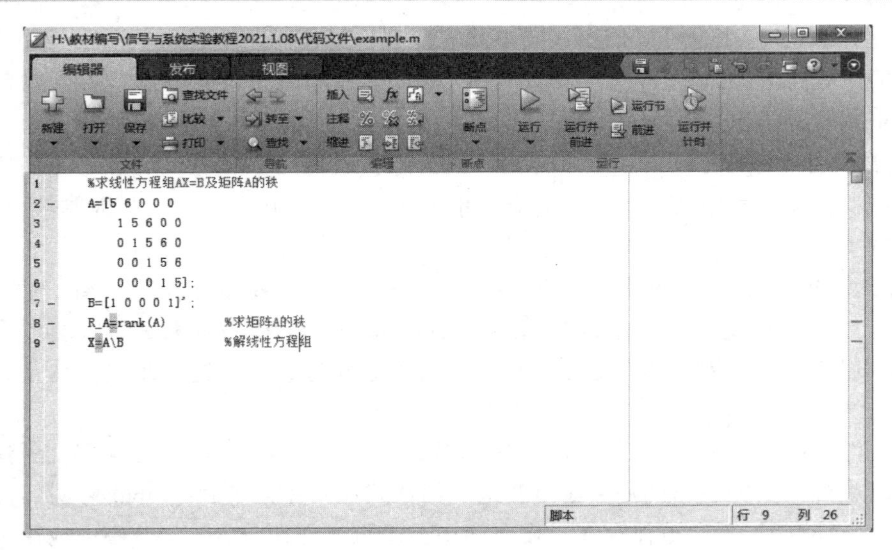

图 2-18　脚本文件

```
example
R_A =
    5
X =
     2.2662
    -1.7218
     1.0571
    -0.5940
     0.3188
```

在代码中，以%开头的行是注释行。上面的内容，用户可以根据需要书写多行注释。另外，在创建和调试大型 M 文件时，注释还可以帮助用户控制 M 文件中任意一行或多行程序的解释与执行。

对于一行一行的注释，用户可以在每一行的开头添加“%”。另一种方法是在一块文字的首尾分别添加“%{”和“%}”，即可使其由代码段变为注释部分。在运行时，MATLAB 将不会再执行这些代码。利用这一特性，在编辑和调试过程中，用户可以使脚本文件中的不同代码段在不同的时间点执行。

例如，下面的代码注释：

```
%作者
%时间
%参数设置
```

可利用如下的方法来替代：

```
%{
作者
时间
参数设置
%}
```

在 MATLAB 中，用户可以使用代码单元完成这一操作。一个代码单元是指用户在 M 文件中指定的一段代码，它以一个代码单元符号（双百分号加空格，即“%%”）为开始标志，到另一个代码单元符号结束，如果不存在第二个代码单元符号，则直到该文件结束。

2. 函数文件

函数能够把大量有用的数学函数或命令集中在一个模块中，因此，它们对某些复杂问题具有很强的解决能力。

MATLAB 是由 C 语言开发而成的，M 文件的语法规则与 C 语言几乎一样，简单易学。

在 MATLAB 中，许多常用的函数，如 sqrt、inv 和 abs 等，都是函数式 M 文件。在调用这些函数时，MATLAB 会利用操作系统提供的输入参数并将它们传递给相应的变量，执行运算得到所需的结果，最终返回这些结果。

函数文件的标志是其第一行是 function 语句，后面的函数名必须与文件名保持一致。函数文件可以进行变量传递，有输入、输出变量。函数式文件中除非用 global 声明，否则程序中的变量均为局部变量，不会被保存在工作空间中。函数文件在 MATLAB 中的应用十分广泛，MATLAB 所提供的绝大多数功能函数都是通过函数文件实现的，从而凸显了函数文件的重要性。

【例 2-28】 计算一个复杂的指数函数。

解 打开文本编辑器，在其中编写如下程序：

```
function F = myfun1(x)
Iph = 1;
I0 = 1;
q = 1;
U0c = 1;
A = 1;
K = 1;
T = 1;
F = Iph - I0 * (exp(q * (U0c + x)/(A * K * T)) - 1) - x;
```

编写完成后，以 myfun1. m 文件名保存。如果想要知道 x=3 时这个指数函数 y 的值，只需在 MATLAB 命令行中输入如下命令：

```
F = myfun1(3)
```

MATLAB 会返回结果：

```
F =
      - 55.5982
```

(二) 流程控制

为了使程序更富有灵活性，功能更强大，流程控制在任何一种编程语言中都是不可缺少的，在 MATLAB 中也不例外。下面简单介绍 MATLAB 中基本的流程控制方法。

1. 循环结构

循环是一种 MATLAB 结构，它允许我们多次执行一系列语句。循环结构有两种基本形式:for 循环和 while 循环。两者之间最大的不同在于代码的重复是如何控制的。在 for 循环中,代码的重复次数是确定的,在循环开始之前就知道代码重复的次数。而在 while 循环中,代码的重复次数是不能确定的,只要满足用户定义的条件,重复就会进行下去。在处理问题的过程中,经常会遇到重复运算,例如反复执行程序中某个语句,就需要用到循环结构。

(1) for 循环结构

for 循环的判断条件是对循环次数的判断,它以指定的数目重复执行特定的语句块(指定区域内的语句)。在 MATLAB 中,for 循环的基本结构形式如下:

```
for  循环变量=变量初值:步长值:变量终值
        循环语句体
end
```

其中,步长可以是正数、负数或者小数,省略时默认步长为 1。

【例 2-29】 使用 for 循环计算 $\sum_{n=1}^{100} n$ 的值。

解　MATLAB 程序如下:

```
sum = 0;
for i = 1:100
sum = sum + i
end
```

执行 MATLAB 程序后的结果:

```
sum =
        5050
```

在 for 循环中,一定要有 end 作为结果标志,否则,后面的输入都会被认为是循环结构中的内容。而且在 for 循环结构中,不仅可以使用行向量进行循环迭代处理,也可以使用矩阵作为循环次数的控制变量,这时循环的索引值将直接使用矩阵的每一列,循环次数为矩阵的列数。

【例 2-30】 通过编程生成一个 6 阶矩阵,使其对角线上的元素都为 1,与对角线相邻的元素都为 4,其余元素都为 0。

解　MATLAB 程序如下:

```
a = eye(6);
for ii = 1:6
a(ii,ii + 1) = 4;
a(ii + 1,ii) = 4;
end
a
```

执行 MATLAB 程序后的结果:

```
a =
        1     4     0     0     0     0     0
        4     1     4     0     0     0     0
        0     4     1     4     0     0     0
```

```
        0    0    4    1    4    0    0
        0    0    0    4    1    4    0
        0    0    0    0    4    1    4
        0    0    0    0    0    4    0
```

(2) while 循环结构

相较于 for 循环，while 循环是一种重复次数不能确定的语句块结构。它的判断控制是一个逻辑判断语句。在 MATLAB 中，while 循环的基本结构形式如下：

while　表达式

　循环语句体

end

当表达式为"真"时，执行循环语句体；当表达式为"假"时，终止该循环。

【例 2-31】 使用 while 循环计算 $\sum_{n=1}^{100} n$ 的值。

解　MATLAB 程序如下：

```
i=1;
sum=0;
while (i<=100)
sum=sum+i;
i=i+1
end
sum
```

执行 MATLAB 程序后的结果：

```
sum =
     5050
```

需要注意的是，在 MATLAB 中没有类似于 C 语言中的"++"或者"+="等运算操作符，因此在进行累加或者递减运算时，必须明确给出完整的表达式。

(3) break 语句和 continue 语句

有两个附加语句可以控制 for 循环和 while 循环：break 语句和 continue 语句。break 语句的作用是中止循环的执行并跳到执行 end 后面的第一条语句；而 continue 语句只中止本次循环，然后返回到循环的顶部重新开始。

如果 break 语句在循环体中被执行，那么循环体的执行立即中止，然后执行循环体后的第一个可执行语句。

【例 2-32】 求[50，200]之间第一个能被 19 整除的整数。

解　MATLAB 程序如下：

```
for n=50:200
if rem(n,19)~=0;
    continue
else
```

```
ans = n
end
break
end
```

执行 MATLAB 程序后的结果：

```
ans =
        57
```

break 语句的作用是退出当前的循环结构运行，所以在上例中如果不用 break，则得到该区间内所有能被 29 整除的整数 57，76，95，114，133，152，171，190。

2. 选择结构

选择结构可以使 MATLAB 选择性执行指定区域内的语句，而跳过其他区域的语句。在 MATLAB 中，选择结构有两种具体的形式：if 结构和 switch 结构。

(1) if 结构

if 结构的基本形式如下：

```
if control_expr_1
statement1
statement2
...
elseif control_expr_2
statement1
statement2
...
else
statement1
statement2
...
end
```

其中，控制表达式(control expression)控制 if 结构的运算。如果 control_expr_1 的值为非 0，那么程序将会执行语句 1，然后跳到 end 后面的第一个可执行语句继续执行；否则，程序将会检测 control_expr_2 的值。如果 control_ expr_2 的值为非 0，那么程序将会执行语句 2，然后跳到 end 后面的第一个可执行语句继续执行。

如果所有的控制表达式(control expression)均为 0，那么程序将会执行与 else 相关的语句块。

在一个 if 结构中，可以有任意个 elseif 语句，但 else 语句最多只有一个。只要上面每一个控制表达式均为 0，那么下一个控制表达式将会被检测。一旦其中的一个表达式的值为非 0，对应的语句块就要被执行，然后跳到 end 后面的第一个可执行语句继续执行。如果所有的控制表达式均为 0，那么程序将会执行 else 语句。如果没有 else 语句，程序会执行 end 后面的语句，而不执行 if 结构中的部分。

【例 2 - 33】 计算分段函数 $y=\begin{cases}\cos x^2, & x<-1,\\ \ln(x+5), & x\geqslant -1。\end{cases}$

解 MATLAB 程序如下：

```
x = input('x = ');
x = -1
if x< -1
    y = cos(x^2)
else
y = log(x + 5)
end
```

执行 MATLAB 程序后的结果：

```
y =
    1.3863
```

(2) switch 结构

在使用 if 结构处理多分支问题时，会使程序变得十分冗长，降低程序的可读性，所以 MATLAB 加了 switch 结构处理这种多分支的问题。其基本形式如下：

```
switch(switch_expr)
    case case_expr_1
        statement 1
        statement2
        …
    case case_expr_2
        statement 1
        statement 2
        …
    otherwise
        statement 1
        statement 2
        …
end
```

【例 2 - 34】 某超市针对顾客购物实行打折销售，打折标准如下：消费金额小于 50 元，没有折扣；消费金额介于 100～150 元之间，顾客可享受 5%的折扣；消费金额介于 150～200 元之间，顾客可享受 8%的折扣；消费金额介于 200～250 元之间，顾客可享受 10%的折扣；消费金额大于 250 元，顾客可享受 12%的折扣。输入消费金额，求顾客应付金额。

解 MATLAB 程序如下：

```
price = input('请输入消费金额');
```

请输入消费金额 300

```
switch fix(price/50)
    case {0,1}
        rate = 0
    case {2}
        rate = 5/100
    case {3}
        rate = 8/100
    case {4}
        rate = 10/100
    otherwise
        rate = 12/100
end
price = price * (1 - rate)
```

执行 MATLAB 程序后的结果：

```
rate =
    0.1200
price =
    264
```

前面介绍的语法结构几乎涵盖了 MATLAB 所有的编程语法结构。不难发现，MATLAB 是一种自上而下的编程方法，而这种方法是编程设计的基础。

第二节　软件实验内容

一、基本信号的表示

（一）实验目的

1. 掌握运用 MATLAB 表示基本信号的方法；
2. 观察并深入了解这些信号的波形及特性。

（二）实验原理及实例分析

1. 连续信号及其 MATLAB 表示

在连续时间范围内($-\infty<t<\infty$)有定义的信号，被称为连续时间信号，简称连续信号。严格意义上讲，MATLAB 软件并不能产生连续信号，然而，当把信号的采样点取得足够多时，就可以近似地表示连续信号。MATLAB 提供了大量生成基本信号的函数。

常用的连续信号包括：正弦信号、实指数信号、复指数信号、单位阶跃信号、单位冲激信号、周期脉冲信号及抽样信号等基本信号。

(1) 正弦信号

正弦信号的基本表达式为

$$f(t)=A\sin(\omega t+\theta) \tag{2-2}$$

式中，A 表示振幅，ω 表示角频率，θ 表示相位。

在 MATLAB 中，用 sin 函数表示正弦信号，其调用格式为 y=A * sin(ω * t+θ)。

【例 2-35】 已知一个正弦信号的周期为 2 s，振幅为 6 V，相位为$\frac{\pi}{3}$，一个周期内采样点个数为 40，用 MATLAB 表示 2 个周期信号的正弦波形。

解 MATLAB 程序如下：

```
T = 2;A = 6;Theta = pi/3;                    % 信号的周期、振幅和相位周期数
N = 40;n = 2;                                % N 为一个周期的采样点数，n 为显示的周期数
dt = T/N;                                    % 采样时间间隔
t = 0:dt:n * T;                              % 建立信号的时间序列
ft = A * sin(2 * pi/T * t + Theta);          % 产生正弦信号
plot(t,ft);                                  % 画出信号的波形
grid on                                      % 加上网格线
title('正弦信号');                           % 标注图名
xlabel('t');ylabel('f(t)');                  % 标注横坐标、纵坐标参数
```

运行结果如图 2-19 所示。

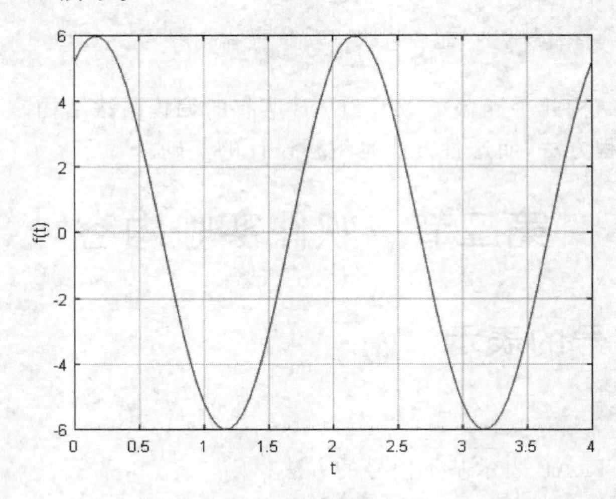

图 2-19 正弦信号的波形

(2) 实指数信号

实指数信号的基本表达式为

$$f(t)=K\mathrm{e}^{\alpha t} \tag{2-3}$$

式中，K、α 为实数。当 $\alpha>0$ 时，实指数信号的幅值随时间增长；当 $\alpha=0$ 时，实指数信号转化为直流信号；当 $\alpha<0$ 时，实指数信号的幅值随时间衰减。

在 MATLAB 中，用 exp 函数表示实指数信号，其调用格式为 y=K * exp(a * t)。

【例 2-36】 用 MATLAB 编程实现指数信号 $f(t)=2\mathrm{e}^{\alpha t}$，$\alpha$ 分别取 1.2 和 −1.2，并画出在 $-2<t<2$ 区间内的波形。

解 MATLAB 程序如下：

```
K = 2;a1 = 1.2;a2 = - 1.2;                   % 输入已知条件
t = - 2:0.05:2;                              % 建立信号的时间序列
```

```
ft1 = K * exp(a1 * t);                       % 产生 a1 = 1.2 时的实指数信号
ft2 = K * exp(a2 * t);                       % 产生 a2 = - 1.2 时的实指数信号
subplot(121)                                 % 产生子图
plot(t,ft1);                                 % 画出信号的波形
grid on                                      % 加上网格线
title('实指数信号(\alpha = 1.2)');           % 标注图名
xlabel('t');ylabel('f(t)');                  % 标注横坐标、纵坐标参数
subplot(122)
plot(t,ft2);
grid on
title('实指数信号(\alpha = - 1.2)');
xlabel('t');ylabel('f(t)');
```

运行结果如图 2-20 所示。

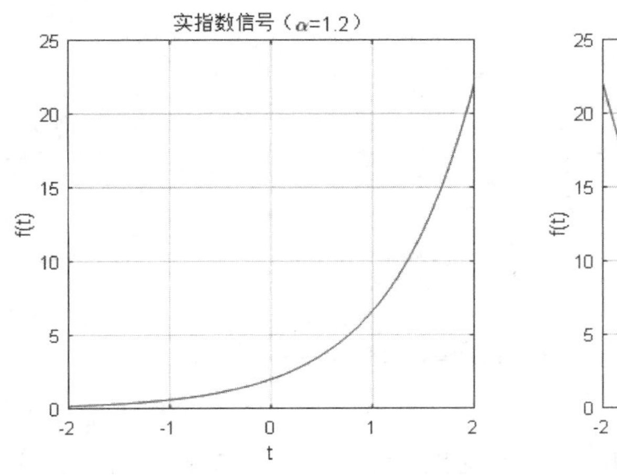

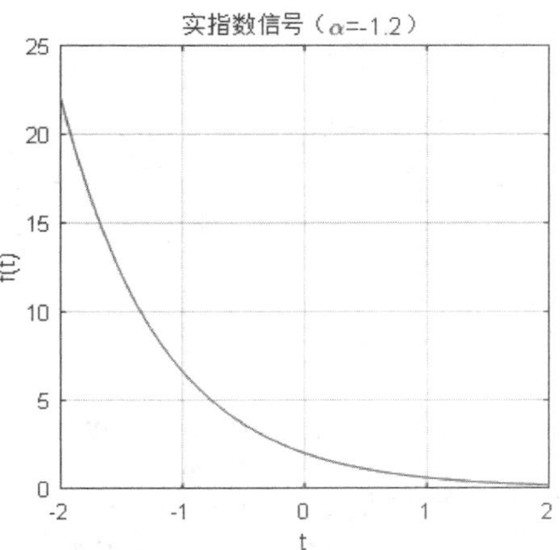

图 2-20　指数信号 $f(t)=2e^{\alpha t}$ 的波形

(3) 复指数信号

复指数信号的表达式为

$$f(t)=Ke^{st}=Ke^{(\alpha+j\omega)t}=Ke^{\alpha t}\cos(\omega t)+jKe^{\alpha t}\sin(\omega t) \quad (2-4)$$

式中，$s=\sigma+j\omega$ 为复数。当 $\omega=0$ 时，$f(t)=Ke^{\alpha t}$ 为实指数信号；当 $\sigma=\omega=0$ 时，$f(t)=K$ 为直流信号；当 $\sigma>0$、$\omega\neq0$ 时，$f(t)$的实部和虚部分别为按指数规律增长的正弦振荡；当 $\sigma=0$、$\omega\neq0$ 时，$f(t)$的实部和虚部分别为等幅正弦振荡；当 $\sigma<0$、$\omega\neq0$ 时，$f(t)$的实部和虚部分别为按指数规律衰减的正弦振荡。

在 MATLAB 中，仍然用 exp 函数表示复指数信号，其调用格式为 y=K * exp((a+j * w) * t)。

【例 2-37】 用 MATLAB 编程实现复指数信号 $f(t)=2e^{(1-j5)t}$，并画出区间 $0<t<5$ 内的实部、虚部波形。

解　MATLAB 程序如下：

```
K = 2;a = 1;w = - 5;                         % 输入已知条件
t = 0:0.05:5;                                % 建立信号的时间序列
ft = K * exp((a + j * w)  * t);              % 产生复指数信号
subplot(121),plot(t,real(ft));               % 画复指数信号的实部波形
```

```
grid on
title('实部');
xlabel('t');ylabel('Re[f(t)]');
subplot(122), plot(t,imag(ft));                % 画复指数信号的虚部波形
grid on
title('虚部');
xlabel('t');ylabel('Im[f(t)]');
```

运行结果如图 2-21 所示。

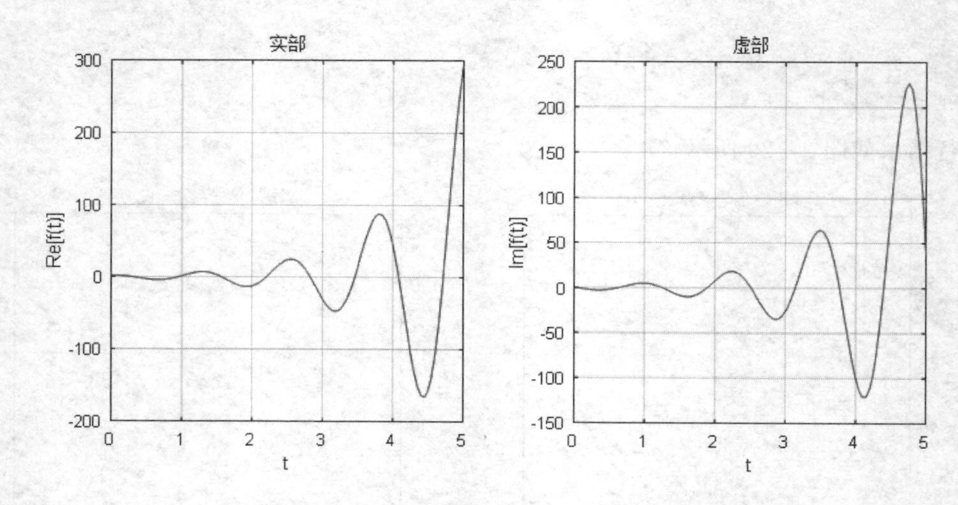

图 2-21　复指数信号 $f(t)=2e^{(1-j5)t}$ 的波形

(4) 单位阶跃信号

单位阶跃信号是信号与系统分析中非常重要的信号之一，它可以表示分段函数信号、时限信号以及因果信号等。其表达式为

$$\varepsilon(t)=\begin{cases}1, & t>0\\0, & t<0\end{cases} \tag{2-5}$$

在 MATLAB 中，既可以用 stepfun 函数实现单位阶跃信号，也可以用"y=(t>0)"来实现。后者的含义为：当 $t>0$ 时 $y=1$；当 $t<0$ 时 $y=0$。

【例 2-38】 用 MATLAB 编程实现单位阶跃信号。

解　MATLAB 程序如下：

```
t = -1:0.01:3;                    % 建立信号的时间序列
u = stepfun(t,0);                 % 产生单位阶跃信号
plot(t,u);                        % 画图
grid on
title('单位阶跃信号');
xlabel('t');ylabel('\epsilon(t)');
```

运行结果如图 2-22 所示。

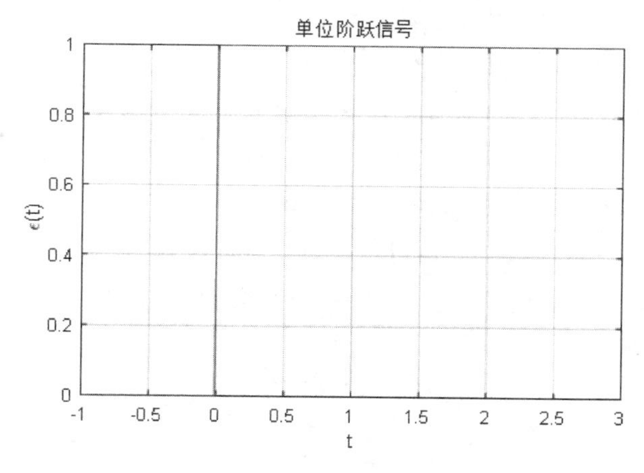

图 2-22　单位阶跃信号

单位阶跃响应也可以通过以下程序实现：

```
t = -1:0.01:3;                          % 建立信号的时间序列
u = (t>0);                              % 产生单位阶跃信号
plot(t,u);
```

运行结果同图 2-22 所示的波形。

【例 2-39】 用 MATLAB 编程实现门函数 $g_\tau(t)=\varepsilon(t+1)-\varepsilon(t-1)$。

解　MATLAB 程序如下：

```
t = -3:0.01:3;                          % 建立信号的时间序列
u1 = stepfun(t, -1);                    % 产生时移信号 ε(t+1)
u2 = stepfun(t, 1);                     % 产生时移信号 ε(t-1)
gt = u1 - u2;                           % 产生门函数
plot(t,gt);                             % 画图
grid on
title('门函数');
xlabel('t');ylabel('g_\tau(t)');
```

运行结果如图 2-23 所示。

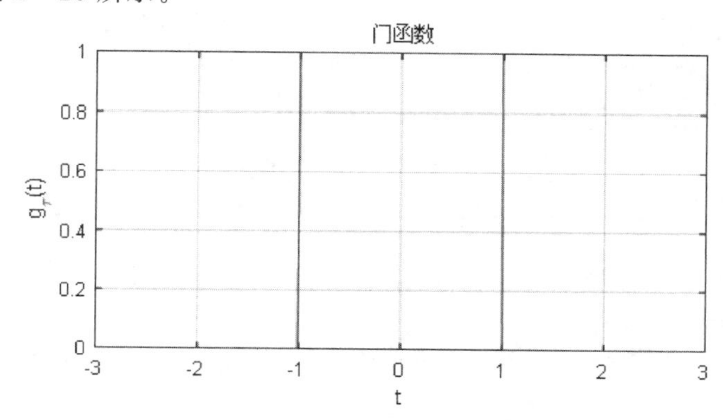

图 2-23　门函数 $g_\tau(t)=\varepsilon(t+1)-\varepsilon(t-1)$

此外，也可以通过 M 文件创建单位阶跃函数，对于延时的阶跃函数直接调用其形式即可。定义 u 函数表示单位阶跃函数，其程序如下：

```
function f = u(t)
f = (t>0);
```

保存后就可调用 u(t)函数来表示单位阶跃函数，例如表示延时 T 的单位阶跃函数$\varepsilon(t-T)$，就可以用 $u(t-T)$表示。故例 2-39 也可以由以下程序实现：

```
t = -3:0.01:3;                    % 建立信号的时间序列
gt = u(t+1) - u(t-1);             % 产生门函数
plot(t,gt);                       % 画图
grid on
title('门函数');
xlabel('t');ylabel('g_\tau(t)');
```

运行结果同图 2-23 所示的波形。

(5) 单位冲激信号

单位冲激信号是基本信号之一，它是对强度极大、作用时间极短的一种物理量描述的理想化模型，在信号与系统分析中占有十分重要的地位。单位冲激信号用 $\delta(t)$表示，表达式为

$$\begin{cases}\int_{-\infty}^{\infty}\delta(t)=1, & t=0\\ \delta(t)=0, & t\neq 0\end{cases} \tag{2-6}$$

在 MATLAB 中，无法直接实现单位冲激信号，但可以把它看作宽度为 Δ（趋向无穷小，用 dt 表示）、幅度为$\frac{1}{\Delta}$的矩形脉冲。

【例 2-40】 用 MATLAB 编程实现单位冲激信号。

解 MATLAB程序如下：

```
t0 = -2;tf = 2;t1 = 0;dt = 0.01;      % 输入已知条件
t = t0:dt:tf;                         % 建立信号的时间序列
N = length(t);                        % t 的采样点个数
n1 = floor((t1 - t0)/dt);             % t1 对应的样本序号
x1 = zeros(1, N);                     % 把全部信号初始化为 0
x1(n1) = 1/dt;                        % 产生单位冲激信号
stairs(t,x1);                         % 画图
axis([-2 2 0 1.1/dt]);                % 限制坐标轴的范围
grid on
title('单位冲激信号');
xlabel('t');ylabel('\delta(t)');
```

运行结果如图 2-24 所示。

(6) 周期脉冲信号

在 MATLAB 中，利用 square 函数可以产生周期脉冲信号，其调用格式如下：

y=square(2 * pi * f * t,duty)

该函数可产生一个频率为 f、占空比为 duty、幅值在$-1\sim1$之间的周期脉冲信号。

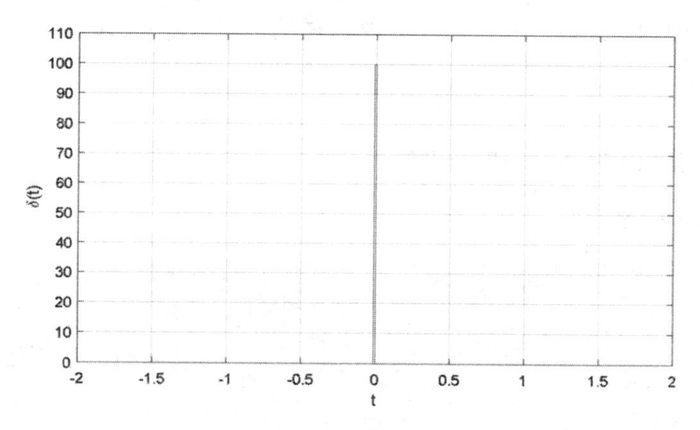

图 2-24　单位冲激信号

【例 2-41】 用 MATLAB 编程产生频率为 50 Hz、占空比为 20%的周期脉冲信号。

解　MATLAB 程序如下：

```
t=0:0.01:0.1;                              %建立信号的时间序列
y= square(2*pi*50*t,20);                   %产生周期脉冲信号
plot(t,y);                                 %画图
axis([0 0.1 -1.2 1.2]);                    %限制坐标轴的范围
grid on
title('周期脉冲信号');
xlabel('t');ylabel('y(t)');
```

运行结果如图 2-25 所示。

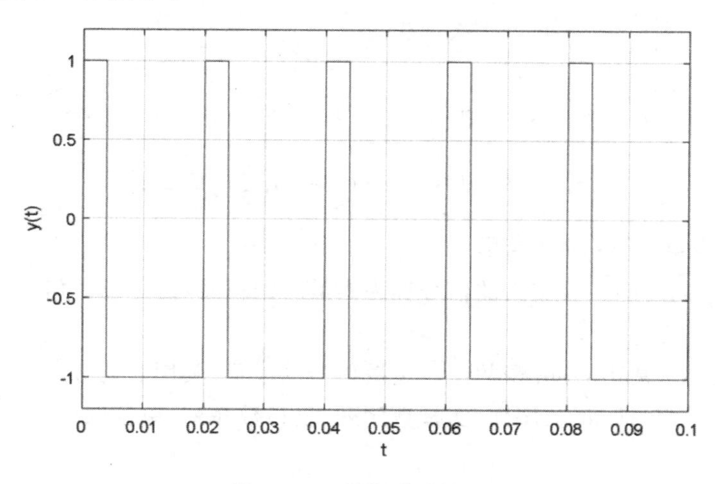

图 2-25　周期脉冲信号

（7）抽样信号

抽样信号的表达式为

$$\mathrm{Sa}(t)=\frac{\sin t}{t} \tag{2-7}$$

在 MATLAB 中，利用 sinc 函数可以实现抽样信号，需要注意的是，sinc(t)函数表示的是$\frac{\sin \pi t}{\pi t}$。

【例 2-42】 用 MATLAB 编程画出抽样信号 $f(t)=\mathrm{Sa}\left(\frac{\pi}{3}t\right)(-50<t<50)$的波形。

解 MATLAB 程序如下：

```
t = -50:0.01:50;                       %建立信号的时间序列
ft = sinc(t/3);                        %产生抽样信号
plot(t,ft);                            %画图
axis([-50 50 -0.3 1.1]);               %限制坐标轴的范围
grid on
title('抽样信号');
xlabel('t');ylabel('f(t)');
```

运行结果如图 2-26 所示。

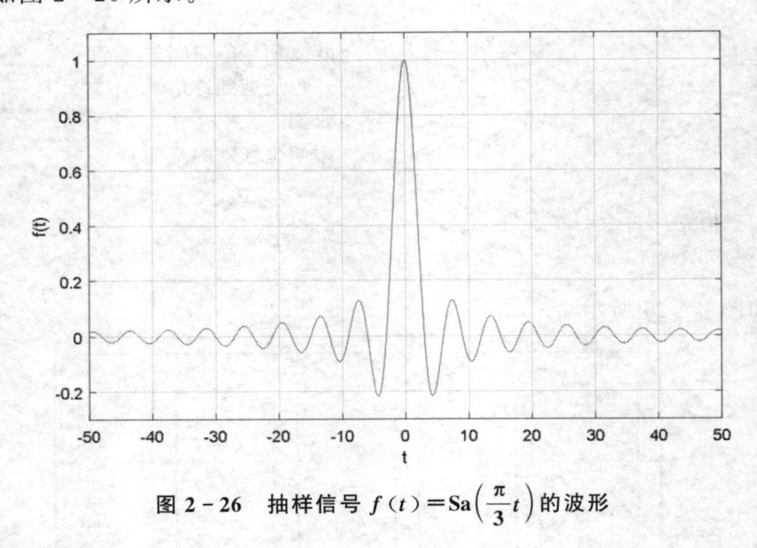

图 2-26 抽样信号 $f(t)=\mathrm{Sa}\left(\frac{\pi}{3}t\right)$的波形

2. 离散信号及其 MATLAB 表示

仅在一些离散的瞬间才有定义的信号称为离散时间信号，简称离散信号，也称序列。通常用 $f(k)$表示，k 为整数。

在 MATLAB 中，常用 stem 函数绘制离散信号的波形，其用法与 plot 命令基本一致。

常用的离散信号包括：正弦序列、实指数序列、复指数序列、单位取样序列及单位阶跃序列等基本信号。

(1) 正弦序列

正弦序列的基本表达式为

$$f(k)=A\sin(\omega k+\theta) \tag{2-8}$$

式中，A 表示正弦序列的振幅，ω 表示角频率，θ 表示相位，k 取整数。可以证明，只有当 $2\pi/\omega$ 为有理数时，正弦序列才具有周期性。

在 MATLAB 中，仍用 sin 函数表示正弦序列。

【例 2-43】 用 MATLAB 绘制正弦序列 $f(k)=3\sin\left(\frac{\pi}{6}k+\frac{\pi}{4}\right)$ 的波形。

解　MATLAB 程序如下：

```
k = -10:10;                          % 离散信号的采样间隔默认为 1
fk = 3 * sin (pi/6 * k + pi/4);      % 产生正弦序列
stem(k,fk,'filled');                 % 画图
grid on
title(' 正弦序列 ');
xlabel('k');ylabel('f (k)');
```

运行结果如图 2-27 所示。

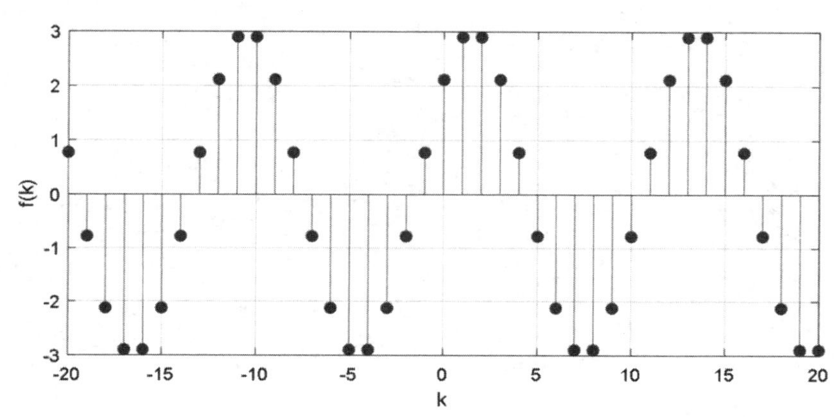

图 2-27　正弦序列 $f(k)=3\sin\left(\frac{\pi}{6}k+\frac{\pi}{4}\right)$ 的波形

(2) 实指数序列

实指数序列的基本表达式为

$$f(k)=Aa^k \quad (A、a \text{ 为实数}) \tag{2-9}$$

当 $|a|>1$ 时，$f(k)$ 随 k 的增加按指数规律增加，为发散序列；当 $|a|=1$ 时，$f(k)$ 为常数序列；当 $|a|<1$ 时，$f(k)$ 随 k 的增加按指数规律衰减，为收敛序列。

在 MATLAB 中，用运算符号“.^”表示指数运算。

【例 2-44】 用 MATLAB 绘制实指数序列 $f_1(k)=0.6^k$、$f_2(k)=1^k$、$f_3(k)=1.2^k$、$f_4(k)=(-0.6)^k$、$f_5(k)=(-1)^k$、$f_6(k)=(-1.2)^k$ 的波形，并观察它们的波形特点。

解　MATLAB 程序如下：

```
k = -10:10;
f1 = 0.6.^k;                  % 产生实指数序列 f1(k)
f2 = 1.^k;                    % 产生实指数序列 f2(k)
f3 = 1.2.^k;                  % 产生实指数序列 f3(k)
f4 = (-0.6).^k;               % 产生实指数序列 f4(k)
f5 = (-1).^k;                 % 产生实指数序列 f5(k)
f6 = (-1.2).^k;               % 产生实指数序列 f6(k)
subplot(231)
stem(k,f1,'filled'), grid on
```

```
title('f_1(k) = 0.6^k');
xlabel('k');
subplot(232)
stem(k,f2,'filled'), grid on
title('f_2(k) = 1^k');
xlabel('k');
subplot(233)
stem(k,f3,'filled'), grid on
title('f_3(k) = 1.2^k');
xlabel('k');
subplot(234)
stem(k,f4,'filled'), grid on
title('f_4(k) = ( - 0.6)^k');
xlabel('k');
subplot(235)
stem(k,f5,'filled'), grid on
title('f_5(k) = ( - 1)^k');
xlabel('k');
subplot(236)
stem(k,f6,'filled'), grid on
title('f_6(k) = ( - 1.2)^k');
xlabel('k');
```

运行结果如图 2-28 所示。

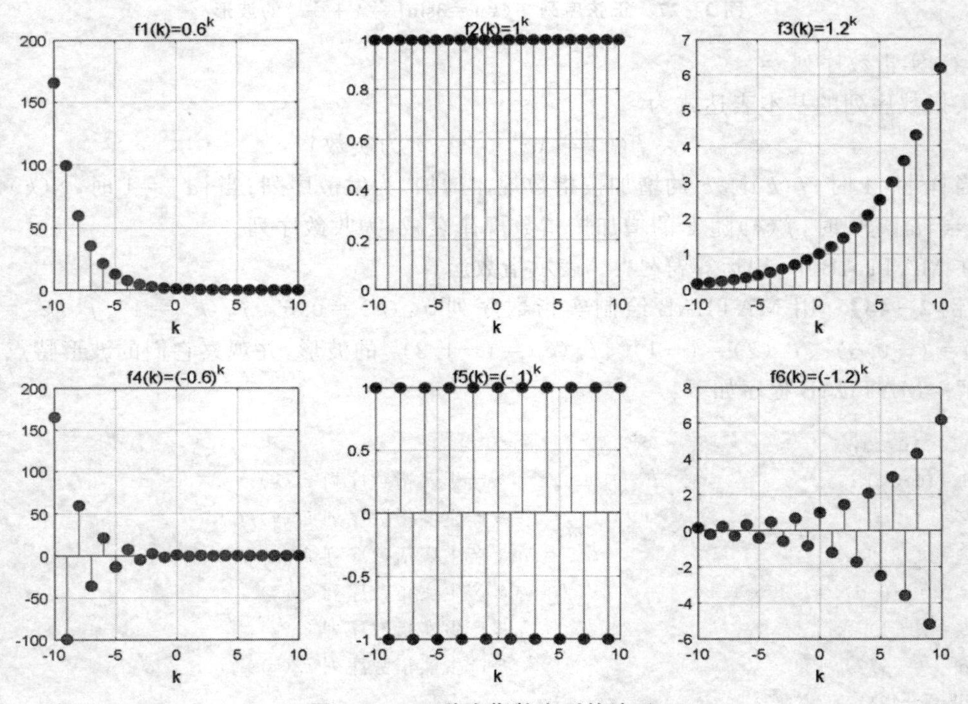

图 2-28　6 种实指数序列的波形

从图2-28可以看出，当$a>0$时，$f(k)$值均为正值，且若$a>1$，则为单调增长的实指数序列；若$a=1$，则为常数序列；若$a<1$，则为单调衰减的实指数序列。当$a<0$时，$f(k)$值正负交替变化，且按指数规律增长或衰减。

(3) 复指数序列

复指数序列的基本表达式为

$$f(k)=e^{(\sigma+j\omega)k} \tag{2-10}$$

利用欧拉公式，复指数序列还可以表示为$f(k)=e^{(\sigma+j\omega)k}=e^{\sigma k}[\cos(k\omega)+j\sin(k\omega)]$。

与连续复指数信号类似，复指数序列可按其实部与虚部分开进行讨论，从而得出以下结论：

①当$\sigma>0$时，复指数序列的实部和虚部均表现为按指数规律增长的正弦序列；

②当$\sigma=0$时，复指数序列的实部和虚部均表现为等幅的正弦序列；

③当$\sigma<0$时，复指数序列的实部和虚部均表现为按指数规律衰减的正弦序列。

在MATLAB中，仍用函数exp表示复指数运算。

【例2-45】 用MATLAB绘制复指数序列$f(k)=3e^{(-0.2+j5)k}$的实部、虚部、模及相角。

解 MATLAB程序如下：

```
k = -10:10;
fk = 3 * exp( ( -0.2 + j * 5) * k);              % 产生复指数序列 f(k)
subplot(221)
stem(k,real(fk),'filled'), grid on               % 绘出 f(k)的实部
title('实部');
xlabel('k');
subplot(222)
stem(k,imag(fk),'filled'), grid on               % 绘出 f(k)的虚部
title('虚部');
xlabel('k');
subplot(223)
stem(k,abs(fk),'filled'), grid on                % 绘出 f(k)的模
title('模');
xlabel('k');
subplot(224)
stem(k,angle(fk),'filled'), grid on              % 绘出 f(k)的相角
title('相角');
xlabel('k');
```

运行结果如图2-29所示。

(4) 单位取样序列

单位取样序列$\delta(k)$，也称为单位样值序列或单位冲激序列，是离散系统分析中最简单且至关重要的序列之一。在离散时间系统中，其作用与在连续时间系统中的冲激函数$\delta(t)$类似。然而，作为连续信号的$\delta(t)$，可理解为脉宽趋近于零，幅度趋近于无限大的信号。离散信号$\delta(k)$的幅值在$k=0$时为有限值，其值为1。$\delta(k)$的表达式为

$$\delta(k)=\begin{cases}1, & k=0\\0, & k\neq 0\end{cases} \tag{2-11}$$

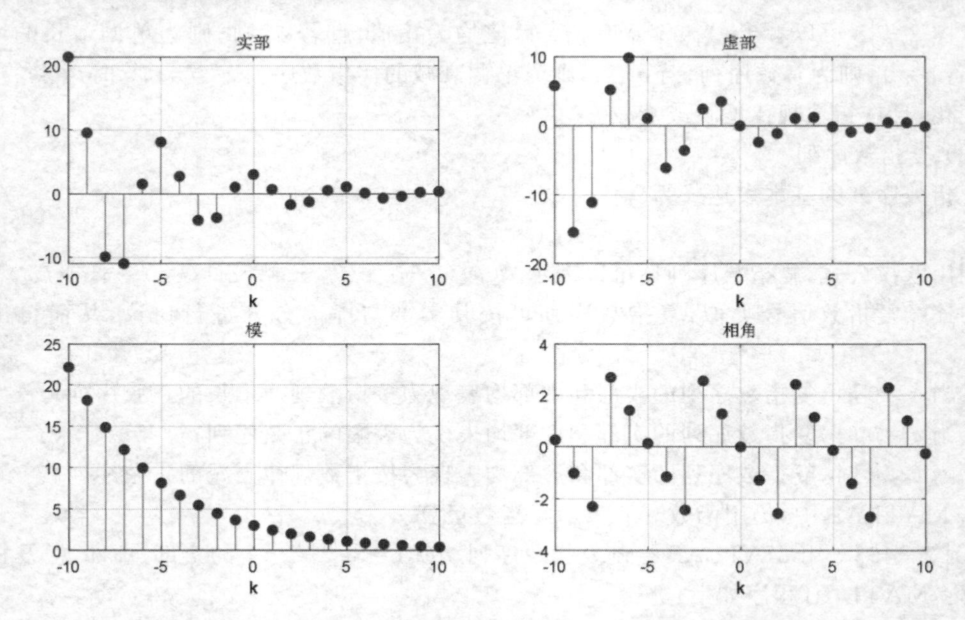

图 2-29　复指数序列 $f(k)=3e^{(-0.2+j5)k}$ 的实部、虚部、模及相角

在 MATLAB 中，没有直接产生单位取样序列的函数。为了实现这一功能，我们可以通过编写一个名为 delta_k.m 的文件，以便在表示 $\delta(k)$ 函数时，能够直接调用 delta_k 函数，如下所示：

```
function y = delta_k(k)
y = (k = = 0);                    % 当 k = 0 时值为 1,否则为 0
```

【例 2-46】　利用 delta_k 函数绘出 $\delta(k-4)$ 的波形。

解　MATLAB 程序如下：

```
k = 0:10;
fk =  delta_k(k - 4);                          % 产生 δ(k - 4)信号
stem(k,fk,'filled'), grid on                   % 绘出波形
title(' 单位取样序列 ');
xlabel('k'); ylabel('\delta(k - 4)');
```

运行结果如图 2-30 所示。

(5) 单位阶跃序列

单位阶跃序列 $\varepsilon(k)$ 的表达式为

$$\varepsilon(k)=\begin{cases}1, & k\geqslant 0\\ 0, & k<0\end{cases} \tag{2-12}$$

$\varepsilon(k)$ 与连续信号 $\varepsilon(t)$ 类似，但与其不同的是，$\varepsilon(k)$ 在 $k=0$ 时刻取确定值 1。

在 MATLAB 中，也没有直接产生单位阶跃序列的函数，但我们可以通过编写一个 u_k.m 文件来实现。如下所示：

```
function y = u_k(k)
y = (k> = 0);                              % 当 k≥0 时值为 1,否则为 0
```

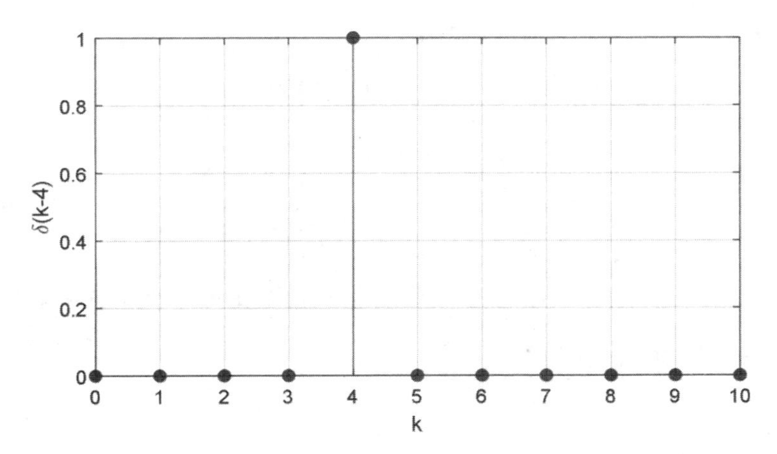

图 2-30 单位取样序列

【例 2-47】 利用 u_k 函数绘出单位阶跃序列的波形。

解 MATLAB 程序如下：

```
k = -2:6;
fk = u_k(k);                                  % 产生单位阶跃序列信号
stem(k,fk,'filled'), grid on                  % 绘出波形
title('单位阶跃序列');
xlabel('k'); ylabel('\epsilon(k)');
```

运行结果如图 2-31 所示。

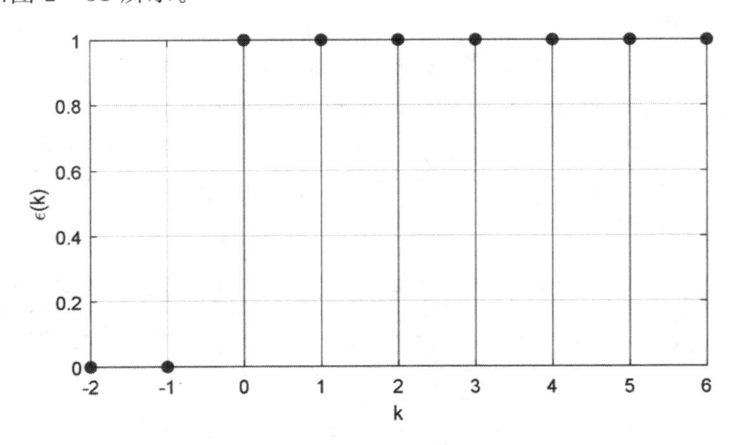

图 2-31 单位阶跃序列

(三) 思考题

1. 利用 MATLAB 编程实现下列连续信号和离散信号的波形。

(1) $f(t)=(2-3e^{-t})\varepsilon(t-1)$；

(2) $f(t)=4\mathrm{Sa}\left[\frac{\pi}{4}(t-3)\right]\varepsilon(t)$；

(3) $f(k)=3^k[\varepsilon(2-k)-\varepsilon(-k)]$；

(4) $f(k)=-1.2e^{-j\frac{\pi}{4}k}+e^{j\frac{2\pi}{3}k}$。

2. 利用 MATLAB 绘出下列信号的波形。

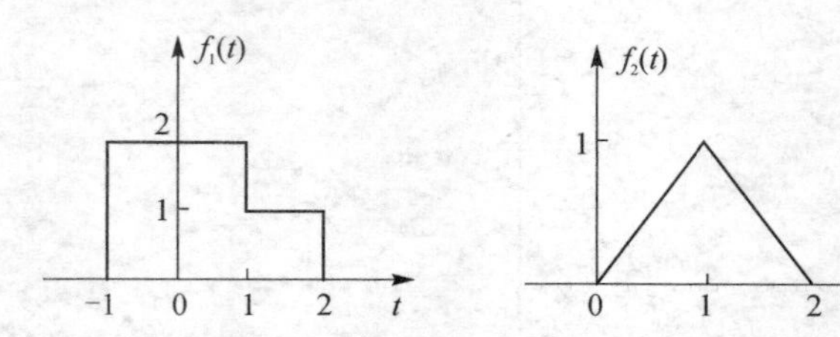

3. 利用 MATLAB 产生一个幅度为 4、周期为 2、占空比为 25%的连续周期脉冲信号。

二、信号的基本运算

(一) 实验目的

1. 掌握连续信号和离散信号的基本运算；
2. 学会运用 MATLAB 函数对连续信号和离散信号进行运算。

(二) 实验原理及实例分析

1. 信号的相加(减)和相乘

信号的相加(减)和相乘是信号最基本的运算。所谓信号 $f_1(\cdot)$与 $f_2(\cdot)$之和(差)，是指同一时刻两信号函数值相加(减)；信号之积是指同一时刻两信号函数值相乘。信号类型既可以是连续信号又可以是离散信号。它们的数学表达式可以表示如下：

相加(减)： $$f(\cdot)=f_1(\cdot)+f_2(\cdot)$$

相乘： $$f(\cdot)=f_1(\cdot)f_2(\cdot)$$

在 MATLAB 中，对信号做相加、相减、相乘运算时，分别用“+”、“-”和“*”运算符实现。需要注意的是，这些信号所对应的时间原点和元素个数应相同。

【例 2-48】 用 MATLAB 分别绘制 $\sin(\pi t)$和 $\sin(15\pi t)$的波形，计算 $y_1(t)=\sin(\pi t)+\sin(15\pi t)$和 $y_2(t)=\sin(\pi t)\sin(15\pi t)$，并分别绘出 $y_1(t)$和 $y_2(t)$的波形。

解 MATLAB 程序如下：

```
t = 0:0.01:4;                 % 定义从 0 到 2 s、采样间隔为 0.01 s 的时间向量
f1 = sin(pi * t);             % 定义信号 f1
f2 = sin(15 * pi * t);        % 定义信号 f2
y1 = f1 + f2;                 % 信号相加
y2 = f1. * f2;                % 信号相乘
subplot(221);                 % 画第一个子图。
                              % subplot(n m p):显示 n * m 幅图,n 行 m 列,绘制于第 p 幅图
plot(t,f1);                   % 画信号 f1 的波形
title('sin(\pit)');           % 图头标记 sin(πt)
subplot(222);                 % 画第二个子图
plot(t,f2);                   % 画信号 f2 的波形
title('sin(15\pit)');         % 图头标记 sin(15πt)
subplot(223);                 % 画第三个子图
```

```
plot(t,y1);                              % 画信号 y1 的波形
title('sin(\pit) + sin(15\pit)');        % 图头标记 sin(πt) + sin(15πt)
subplot(224);                            % 画第四个子图
plot(t,y2);                              % 画信号 y2 的波形
title('sin(\pit) * sin(15\pit)');        % 图头标记 sin(πt) * sin(15πt)
```

运行结果如图 2－32 所示。

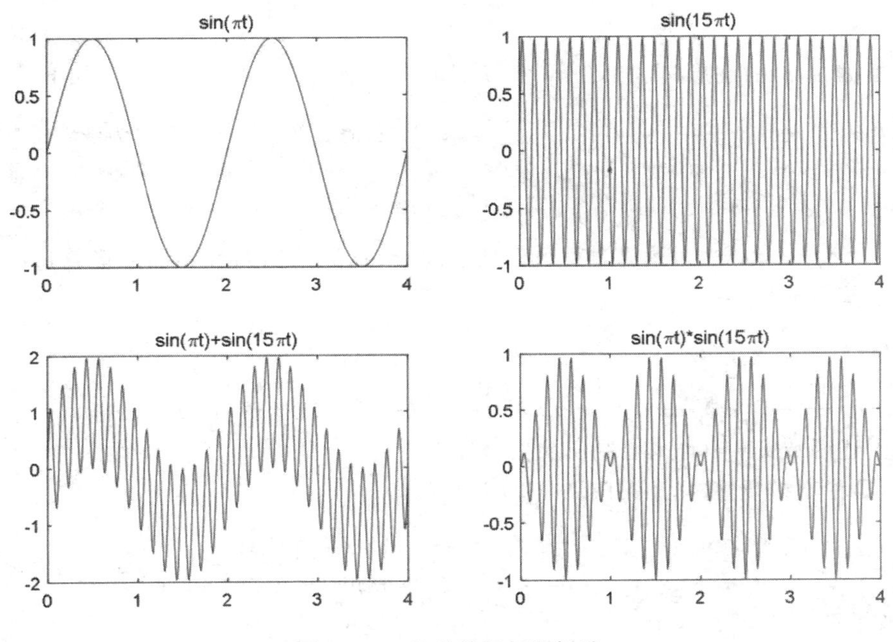

图 2－32　信号的相加和相乘

2. 信号的平移、反折和尺度变换

信号的平移是指将信号进行移动，如 $f(t)\to f(t-t_0)$ 或 $f(k)\to f(k-k_0)$，这相当于在 t 轴或 k 轴上对信号的波形进行平移。若 $t_0>0$（或 $k_0>0$），则波形右移；若 $t_0<0$（或 $k_0<0$），则波形左移。

信号的反折是指将信号进行反转，如 $f(t)\to f(-t)$ 或 $f(k)\to f(-k)$，这相当于信号的波形以纵轴为中心进行对折。

信号的尺度变换是指将信号进行展缩，如 $f(t)\to f(at)$，若 $a>1$，则 $f(t)$ 的波形在 t 轴上压缩 a 倍；若 $0<a<1$，则 $f(t)$ 的波形在 t 轴上扩展 a 倍。对于离散信号，由于 $f(ak)$ 仅在为 ak 为整数时才有意义，进行尺度变换时可能会使部分信号丢失，因此一般不作波形的尺度变换。

在进行信号混合运算时，不仅有尺度变换，而且有反折和平移，此时运算顺序可以灵活组合，但应注意：①混合运算时三种运算的次序可任意，但一切变换都是相对于 t 而言的。②对于正向运算，先平移，后展缩和反转不易出错；做反向运算时则相反。

利用 MATLAB 可以方便直观地观察和分析信号的平移、反折和尺度变换对波形的影响。

【例 2-49】 通过 MATLAB 编程实现信号 $f(t)$ 的操作，并绘制信号 $f(-2t-4)$ 的波形，要求体现变换过程。

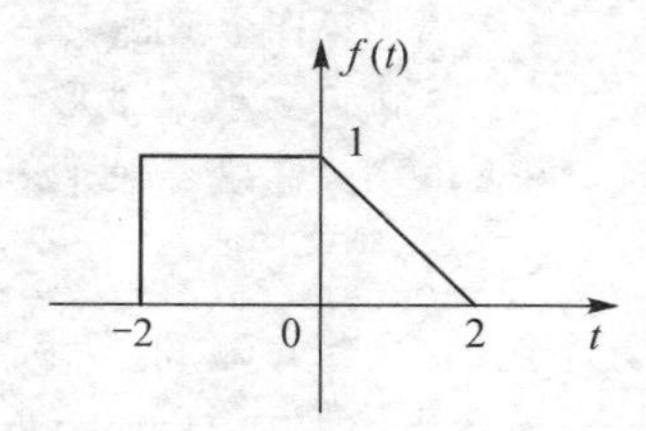

解 根据 $f(t)$ 的波形，自定义 my_f(t)，即 $f(t)$ 函数。MATLAB 程序如下：

```
function y = my_f(t)                               % 写自己的函数 y = f(t), my_f 为函数名
y = u(t+2) - u(t) + (-1/2*t+1).*(u(t) - u(t-2));   % 用 ε(t)函数表示 f(t),u 函数为例 2-38 中
                                                   % 自定义的 ε(t)函数
```

从 $f(t) \rightarrow f(-2t-4)$，运算过程可以任意组合，这里采用两种不同的运算过程来验证信号做混合运算时的规律：

(1) $f(t) \xrightarrow{\text{右移 4}} f(t-4) \xrightarrow{\text{压缩}} f[2t-4] \xrightarrow{\text{反转}} f(-2t-4)$；

(2) $f(t) \xrightarrow{\text{压缩}} f(2t) \xrightarrow{\text{反转}} f(-2t) \xrightarrow{\text{左移 2}} f(-2t-4)$。

调用上述函数 my_f(t)来绘制所求信号波形。

按第(1)种变换顺序时，MATLAB 程序如下：

```
t = -4:0.01:8;                        % 定义时间向量
f1 = my_f(t);                         % 调用自定义函数,即 f(t)
f2 = my_f(2t);                        % 定义信号 f(2t)
f3 = my_f(2*t-4);                     % 定义信号 f(2t-4)
f4 = my_f(-2*t-4);                    % 定义信号 f(-2t-4)
subplot(221);
plot(t,f1); grid on                   % 画信号 f(t)的波形
axis([-4 8 -0.5 1.5]);
title('f(t)');
subplot(222);
plot(t,f2); grid on                   % 画信号 f(t-4)的波形
title('f(t-4)');
axis([-4 8 -0.5 1.5]);
subplot(223);
plot(t,f3); grid on                   % 画信号 f(2t-4)的波形
axis([-4 8 -0.5 1.5]);
title('f(2t-4)');
subplot(224);
plot(t,f4); grid on                   % 画信号 f(-2t-4)的波形
axis([-4 8 -0.5 1.5]);
title('f(-2t-4)');
```

运行结果如图 2-33 所示。

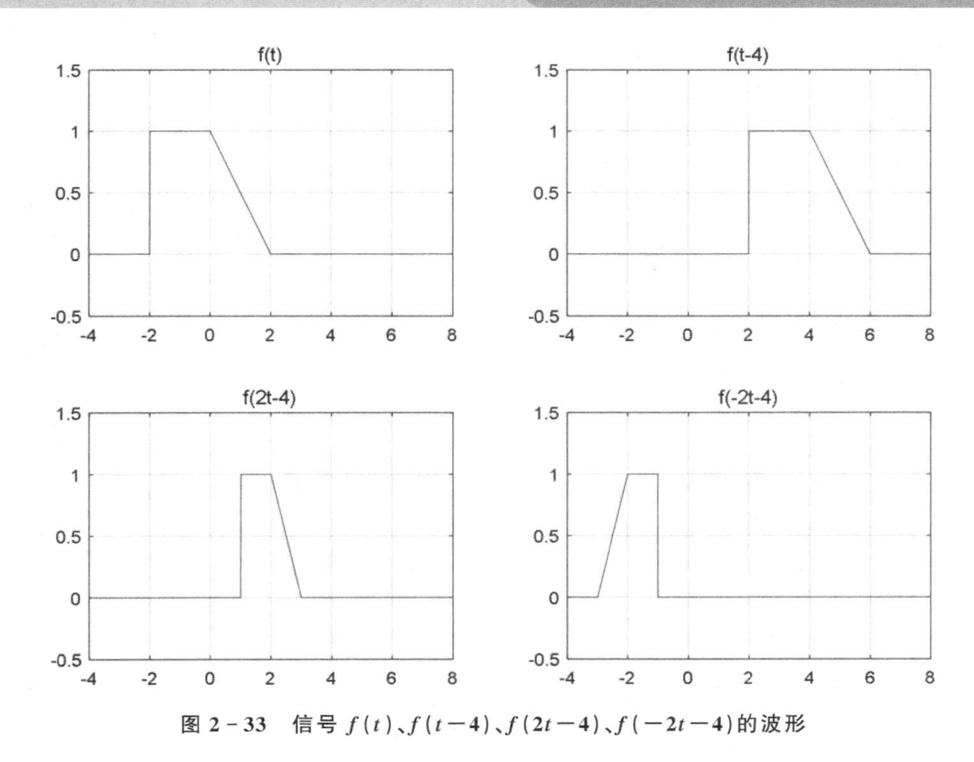

图 2-33 信号 $f(t)$、$f(t-4)$、$f(2t-4)$、$f(-2t-4)$的波形

按第(2)种变换顺序时,MATLAB 程序如下:

```
t = -4:0.01:8;                          % 定义时间向量
f1 = my_f(t);                           % 调用自定义函数,即 f(t)
f2 = my_f(2*t);                         % 定义信号 f(2t)
f3 =  my_f(-2*t);                       % 定义信号 f(-2t)
f4 =  my_f(-2*t-4);                     % 定义信号 f(-2t-4)
subplot(221);
plot(t,f1); grid on                     % 画信号 f(t)的波形
axis([-4 8 -0.5 1.5]);
title('f(t)');
subplot(222);
plot(t,f2); grid on                     % 画信号 f(2t)的波形
title('f(2t)');
axis([-4 8 -0.5 1.5]);
subplot(223);
plot(t,f3); grid on                     % 画信号 f(-2t)的波形
axis([-4 8 -0.5 1.5]);
title('f(-2t)');
subplot(224);
plot(t,f4); grid on                     % 画信号 f(-2t-4)的波形
axis([-4 8 -0.5 1.5]);
title('f(-2t-4)');
```

运行结果如图 2-34 所示。

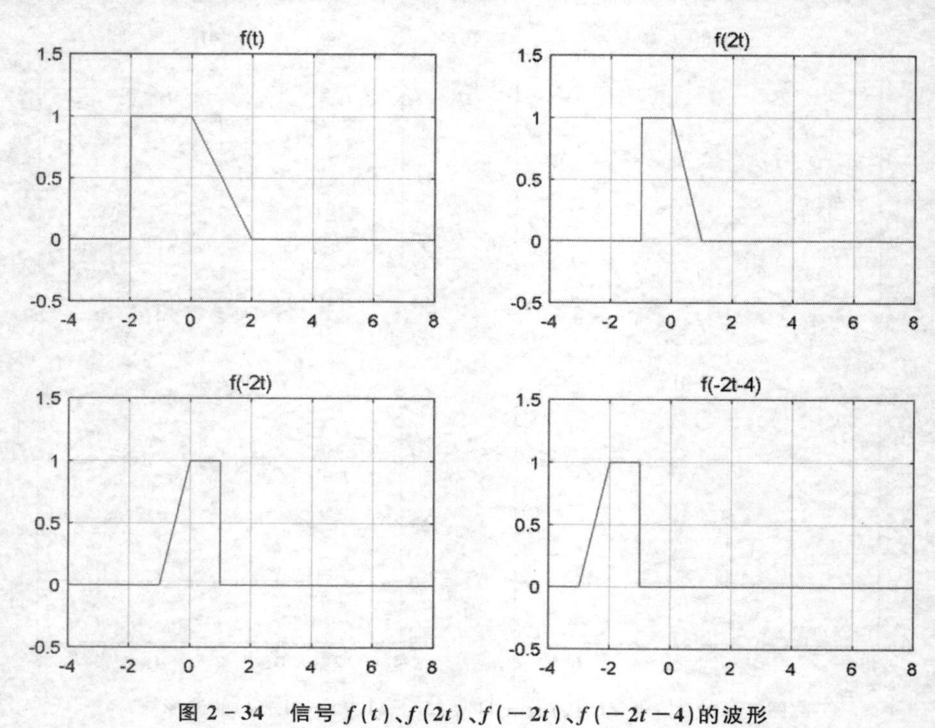

图 2-34 信号 $f(t)$、$f(2t)$、$f(-2t)$、$f(-2t-4)$的波形

【例 2-50】 利用 MATLAB 编程实现下列离散信号的波形。

(1) $f_1(k)=\varepsilon(k)-\varepsilon(k-3)$；　　(2) $f_2(k)=f_1(k+2)$；

(3) $f_3(k)=f_1(-k)$；　　(4) $f_4(k)=f_1(-k+2)$。

解 利用例 2-47 自定义的 u_k 函数来表示上述信号，MATLAB 程序如下：

```
k = -4:6;                                   %定义时间序列
f1 = u_k(k) - u_k(k-3);                     %定义信号 f1(k)
k1 = k;k2 = k-2; k3 = -k;k4 = 2-k;          %移位时间序列
subplot(221);
stem(k1,f1,'fill');grid on                  %画信号 f1(k)的波形
axis([-4 6 -0.2 1.2]);
xlabel('k'),title('f1(k)');
subplot(222);
stem(k2,f1,'fill');grid on                  %画信号 f2(k)的波形
xlabel('k'),title('f1(k+2)');
axis([-4 6 -0.2 1.2]);
subplot(223);
stem(k3,f1,'fill');grid on                  %画信号 f3(k)的波形
axis([-4 6 -0.2 1.2]);
xlabel('k'),title('f1(-k)');
subplot(224);
stem(k4,f1,'fill');grid on                  %画信号 f4(k)的波形
axis([-4 6 -0.2 1.2]);
xlabel('k'),title('f1(-k+2)');
```

运行结果如图2-35所示。

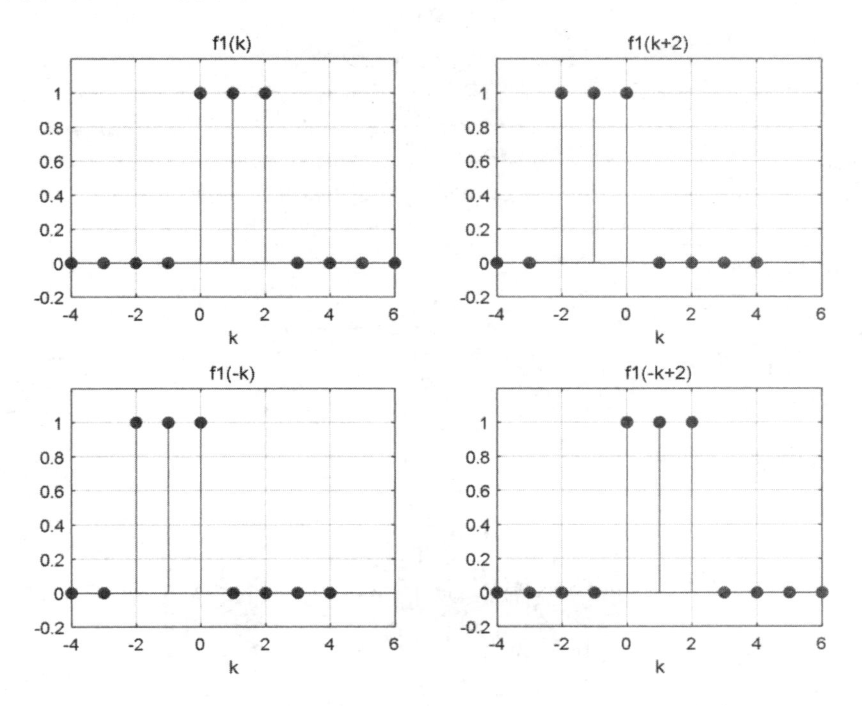

图2-35 信号 $f_1(k)$、$f_1(k+2)$、$f_1(-k)$、$f_1(-k+2)$的波形

3. 语音信号的基本变换

语音信号是一种连续变化的模拟信号，而计算机只能处理二进制的数字信号。因此，为了使计算机能够存储和处理，语音信号必须经过采样、量化和编码的过程，从而转换为二进制数据。计算机上的A/D转换器的作用就是将模拟声音信号转换为离散的经过量化的数字信号。语音信号输出过程中，量化后的数字信号经D/A转换器被还原为原始的模拟语音信号。wav格式作为Windows环境下通用的数字音频文件标准，其数据格式为二进制码，通常采用3个标准的采样频率：44.1 kHz，22.04 kHz，11.025 kHz，量化等级为8位和16位两种。

从指定文件中读取已有的语音信号，MATLAB中用函数audioread实现，其调用格式如下：

[y,fs]=audioread(file)

[y,fs]= audioread(file,[N1,N2])

其中，格式一采样值放在向量y中，fs表示采样频率(Hz)；格式二读取从N1点到N2点的采样值放在向量y中。

播放读取的语音信号用函数sound实现，其调用格式如下：

sound(y,fs)

【例2-51】 利用MATLAB编程实现语音信号的读取、相加、反转和尺度变换。

解 (1) 语音信号的读取

MATLAB程序如下：

```
[y1,fs] = audioread('F:\matlab program\信号与系统实验教程\sound.wav');
                                              % 从指定目录中读取 sound.wav 文件
sound (y1,fs);                                % 播放读取的文件
[y2,fs] = audioread('F:\matlab program\信号与系统实验教程\music.wav');
sound(y2,fs);                                 % 读取 music.wav 声音文件为 y2,并播放
y1_1 = y1(:,1);                               % 从 y1 双声道中取出单声道一维数组
y2_1 = y2(:,1);                               % 从 y2 双声道中取出单声道一维数组
subplot(211);
plot(y1_1);hold on;
title('声音信号');
subplot(212);
plot(y2_1); hold on;
title('音乐信号');
```

运行结果如图 2-36 所示。

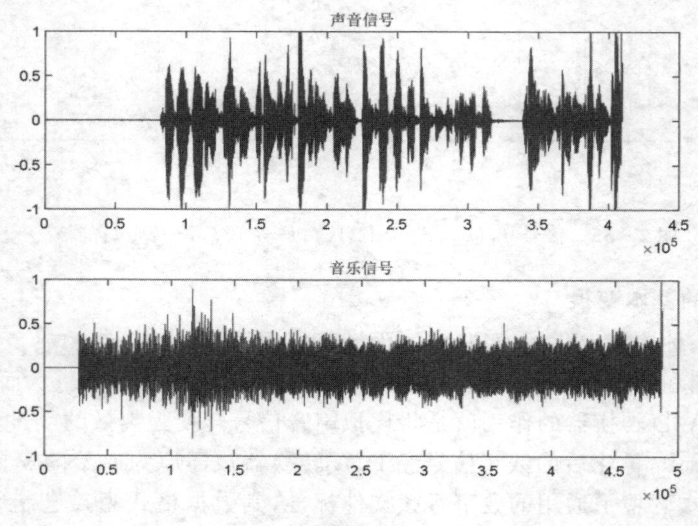

图 2-36　语音信号的波形

(2) 语音信号的相加

MATLAB 程序如下:

```
[y1,fs] = audioread('F:\matlab program\信号与系统实验教程\sound.wav');
[y2,fs] = audioread('F:\matlab program\信号与系统实验教程\music.wav');
[m1,n1] = size(y1);                          % 取矩阵 y1 的行列数
[m2,n2] = size(y2);                          % 取矩阵 y2 的行列数
x = zeros(abs(m1 - m2),n1);                  % 两矩阵行数差为零矩阵行数
if length(y1)<length(y2)
    y3 = [y1;x];
    y4 = y3 + y2;                            % 两个矩阵行数一样才能相加,所以要补零
else
```

```
    y3 = [y2;x];
  y4 = y3 + y1;                          % y1 和 y2 中长的那个不变,短的那个补零
  end
  sound(y4,fs);                          % 播放混音信号
  plot(y4);                              % 画混音信号时域波形
  title('两语音信号的相加')
```

运行结果如图 2-37 所示。

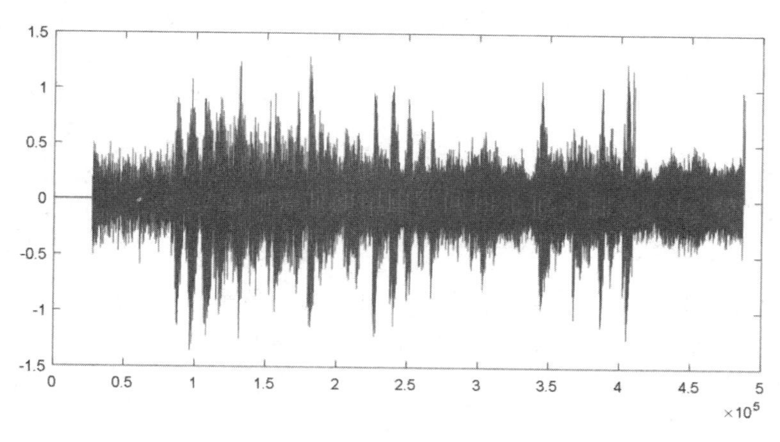

图 2-37 语音信号的相加

(3) 语音信号的反转

```
[y1,fs] = audioread('F:\matlab program\信号与系统实验教程\sound.wav');
y3 = flipud(y1);                         % 实现声音反转
wavplay(y3,fs);                          % 播放声音
plot(y3);                                % 绘制声音波形
```

运行结果如图 2-38 所示。

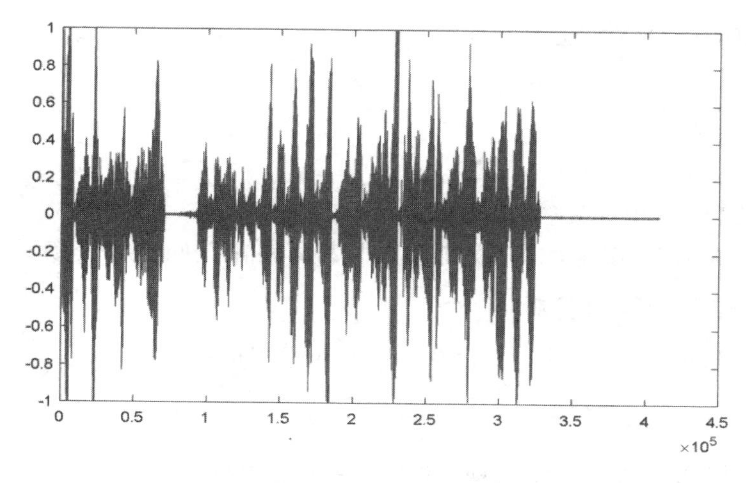

图 2-38 语音信号的反转

(4) 语音信号的尺度变换

```
[y1,fs] = audioread('F:\matlab program\信号与系统实验教程\sound.wav');
a = 2;
sound(y1,fs * a);                          % a>1,声音变快
a = 0.8;
sound(y1,fs * a);                          % 0<a<1,声音放慢
```

(三) 思考题

1. 已知信号 $f(t)$:

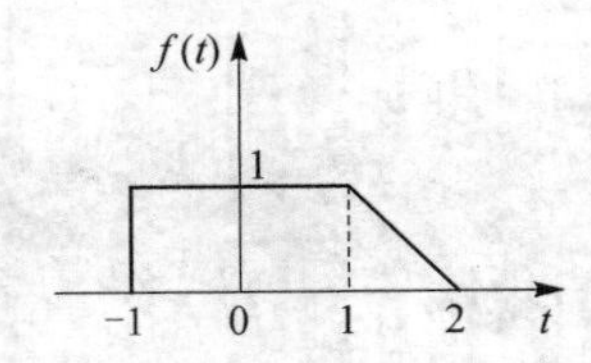

试利用 MATLAB 画出 $y(t)=f(5-2t)$ 的波形并体现信号变换过程。

2. 已知离散序列 $f(k)$:

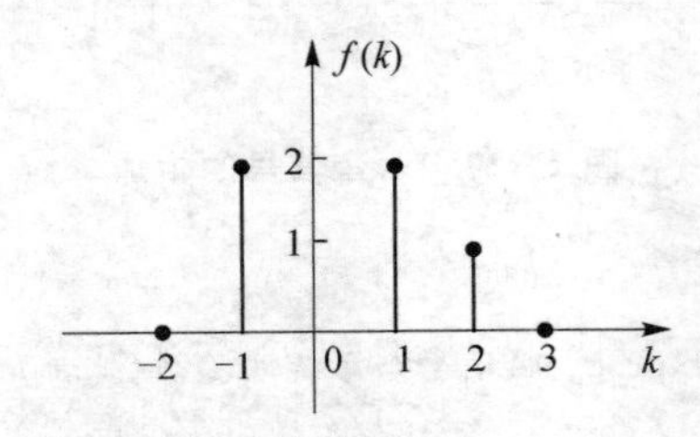

试利用 MATLAB 画出以下序列波形:

(1) $-f(-k-2)$　　(2) $f(k+3)-f(k-2)$

(3) $f(k+3)f(k-2)$　　(4) $f(-k+1)[f(k-3)-f(k+2)]$

三、卷积积分和卷积和

(一) 实验目的

1. 了解卷积的定义;
2. 掌握 MATLAB 中有关卷积函数的应用;
3. 学会运用 MATLAB 卷积函数对连续信号和离散信号执行卷积运算。

(二) 实验原理及实例分析

对于连续信号,如有两个函数 $f_1(t)$ 和 $f_2(t)$,则卷积积分为

$$f(t)=f_1(t)*f_2(t)=\int_{-\infty}^{\infty}f_1(\tau)f_2(t-\tau)\mathrm{d}\tau \tag{2-13}$$

对于离散信号,如有两个函数 $f_1(k)$ 和 $f_2(k)$,则卷积和为

$$f(k)=f_1(k)*f_2(k)=\sum_{i=-\infty}^{\infty}f_1(i)f_2(k-i) \tag{2-14}$$

在MATLAB中，用函数conv可实现两个序列的卷积运算。其调用格式如下：

y=conv(x,h)

其中，x和h为两个有限长的序列，y为二者的卷积。若$x(k)$和$h(k)$的长度分别为M和N，则y的长度为$M+N-1$，因此离散信号可应用函数conv进行卷积计算。

对于连续信号，积分可以近似看作由一系列间隔足够小、强度和接入时刻不同的窄脉冲所构成。设这些窄脉冲的间隔宽度为T，则有

$$f(nT)=\sum_{k=-\infty}^{\infty}\int_{kT}^{kT+T}f_1(\tau)f_2(t-\tau)\mathrm{d}\tau\approx T\sum_{k}f_1(kT)f_2(nT-kT) \qquad (2-15)$$

因此，以T为间隔对$f_1(t)$抽样得到序列，就可以应用conv函数对连续信号执行卷积计算。

【例2-52】 利用MATLAB编程求以下两函数的卷积，以及时间步进为1的两个序列的卷积和：

$$f_1(t)=\mathrm{e}^{-0.5t} \quad (0<t<20)$$

$$f_2(t)=t \quad (0<t<15)$$

解　MATLAB程序如下：

```
t1 = 0:20;                              %建立f1的时间向量
f1 = exp( - 0.5 * t1);                  %建立f1信号
subplot(3,2,1);stem(t1,f1);             %绘制f1离散曲线
title('f1(t)离散');                     %标注坐标轴名称
t2 = 0:15;                              %建立f2的时间向量
f2 = t2;                                %建立f2信号
subplot(3,2,3);stem(t2,f2);             %绘制f2离散曲线
title('f2(t)离散');                     %标注坐标轴名称
y = conv(f1,f2);                        %卷积积分
subplot(3,2,5);stem(y);                 %绘制卷积y的离散曲线
title('y(t)离散');                      %标注坐标轴名称
subplot(3,2,2);plot(t1,f1);             %绘制f1连续曲线
title('f1(t)连续');                     %标注坐标轴名称
subplot(3,2,4);plot(t2,f2);             %绘制f2连续曲线
title('f2(t)连续');                     %标注坐标轴名称
subplot(3,2,6);plot(y);                 %绘制卷积y的连续曲线
title('y(t)连续');                      %标注坐标轴名称
```

运行结果如图2-39所示。

在MATLAB中，conv函数默认假定两个信号的时间序列是从$k=0$开始。因此，若信号不是从$k=0$开始，则需要对信号进行一些处理。y=conv(x,h)可如下表示：

$$y(k)=\sum_{i}x(i)h(k-i) \qquad (2-16)$$

在进行连续信号的卷积运算时，设$x(k)$是函数$f_1(t)$从t_1（T的整数倍）时刻开始，并以T为间隔抽样的序列；设$h(k)$是函数$f_2(t)$从t_2（T的整数倍）时刻开始，并以T为间隔抽样的序列，则有

$$x\left(k-\frac{t_1}{T}\right)=f_1(kT) \qquad (2-17)$$

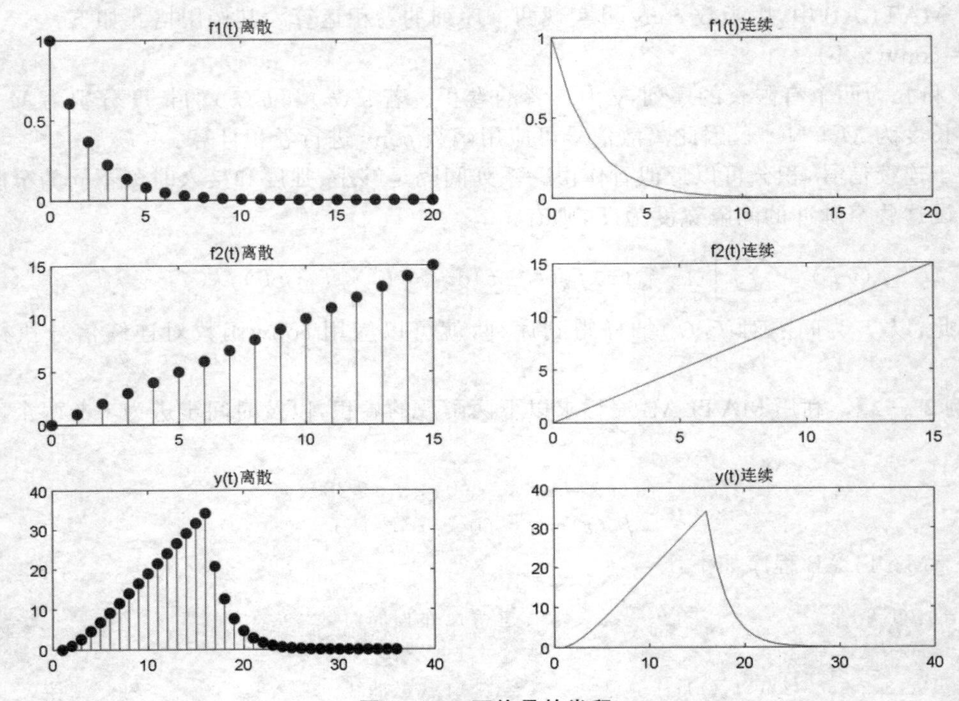

图 2-39 两信号的卷积

$$h\left(k-\frac{t_2}{T}\right)=f_2(kT) \tag{2-18}$$

将式(2-17)和式(2-18)代入式(2-16)中，则

$$f(nT)=T\sum_k x\left(k-\frac{t_1}{T}\right)h\left(n-k-\frac{t_2}{T}\right) \tag{2-19}$$

设 $i'=k-\frac{t_1}{T}$，$k'=n-\frac{t_1+t_2}{T}$，则式(2-19)可以改写为

$$f(nT)=T\sum_k x(i')h(k'-i') \tag{2-20}$$

即

$$f(nT)=Ty(k')=Ty\left(n-\frac{t_1+t_2}{T}\right) \tag{2-21}$$

因此，$f(nT)$仍然可以使用 conv 函数进行计算，其初始时刻需要从 t_1+t_2 开始。

【例 2-53】 利用 MATLAB 编程求以下两函数的卷积：

$$f_1(t)=e^{-0.5t} \quad (-5<t<5)$$

$$f_2(t)=\sin t \quad (-3<t<3)$$

解 MATLAB 程序如下：

```
dt = 0.1;                              % 确定采样间隔
t1 = - 5:dt:5;                         % 建立 f1 的时间向量
f1 = exp( - 0.5 * t1);                 % 建立 f1 信号
subplot(2,2,1);plot(t1,f1);            % 绘制 f1 曲线
```

```
title('f1(t)');                          % 标注坐标轴名称
t2 = -3:dt:3;                            % 建立 f2 的时间向量
f2 = sin(t2);                            % 建立 f2 信号
subplot(2,2,2);plot(t2,f2);              % 绘制 f2 曲线
title('f2(t)');                          % 标注坐标轴名称
y = conv(f1,f2);                         % 卷积积分
leng = length(y);                        % 确定卷积向量的长度
t12 = t1(1) + t2(1) + (0:leng-1) * dt;   % 建立卷积的时间向量
subplot(2,1,2);plot(t12,y);              % 绘制卷积曲线
title('y(t)');                           % 标注坐标轴名称
```

运行结果如图 2-40 所示。

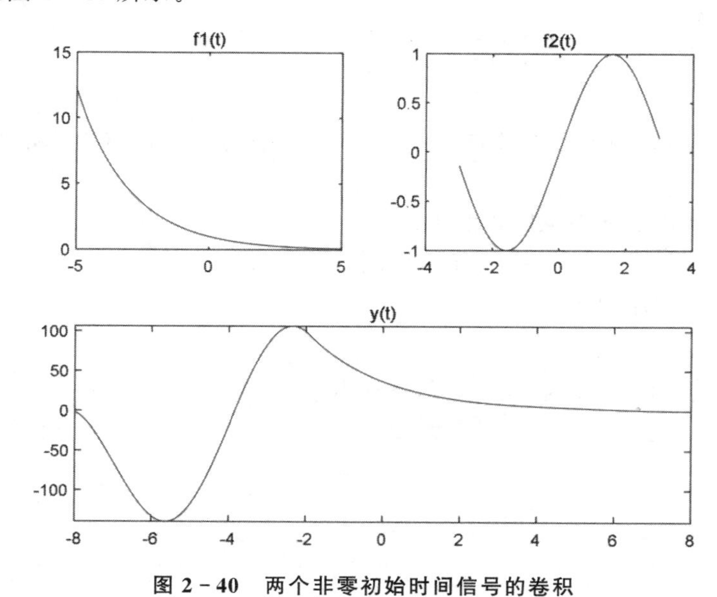

图 2-40　两个非零初始时间信号的卷积

(三) 思考题

1. 利用 MATLAB 编程求以下两函数的卷积,并绘制曲线。

(1) $f_1(t)=0.7^{-3t}(-5<t<5)$;

(2) $f_2(t)=\cos 2t(-3<t<3)$。

2. 利用 MATLAB 编程,验证卷积的交换律和分配律。

(1) $f_1(t)=\sin 2t(-3<t<3)$;

(2) $f_2(t)=0.6t(-3<t<3)$;

(3) $f_3(t)=t^2(-3<t<3)$。

四、连续系统的时域分析

(一) 实验目的

1. 掌握利用 MATLAB 计算连续系统零输入响应和零状态响应的方法;

2. 掌握利用 MATLAB 计算连续系统阶跃响应和冲激响应的方法；

3. 掌握利用卷积计算连续系统的零状态响应的方法。

（二）实验原理及实例分析

1. 连续系统的 MATLAB 表示

连续系统通常可以用一元高阶微分方程来描述，设激励信号为 $f(t)$，系统响应为 $y(t)$，则该系统可以表示为

$$a_N y^{(N)}(t)+a_{N-1}y^{(N-1)}(t)+\cdots+a_0 y(t)=b_M f^{(M)}(t)+b_{M-1}f^{(M-1)}(t)+\cdots+b_0 f(t) \tag{2-22}$$

在 MATLAB 中可以利用 tf 函数建立系统模型，如下所示：

$$b=[b_M, b_{M-1}, \cdots, b_0];$$
$$a=[a_M, a_{M-1}, \cdots, a_0];$$
$$sys = tf(b, a);$$

其中，向量 a 和 b 的元素分别以系统响应和激励信号各阶导数的降幂次序排列，缺项部分用 0 补齐。

【例 2-54】 使用 MATLAB 描述以下系统：

$$2y''(t)+4y(t)=f(t)$$

解 MATLAB 程序如下：

```
a = [2,0,4];                          % 系统响应数值向量
b = [1];                              % 激励信号数值向量
sys = tf(b,a)                         % 建立系统模型
```

运行结果如下：

```
sys =

             1
    ------------
    2 s^2 + 4
```

2. 连续系统的零输入响应

零输入响应是指输入信号为 0 时，仅由系统的初始状态所引起的响应。在 MATLAB 中可以使用函数 dsolve 来求解系统的零输入响应。

【例 2-55】 已知连续系统的微分方程为 $y'''(t)+2y''(t)+2y'(t)=0$，试用 MATLAB 求解初始条件为 $y(0_-)=3, y'(0_-)=1, y''(0_-)=2$ 的零输入响应。

解 MATLAB 程序如下：

```
equation = 'D3y + 2 * D2y + 2 * Dy';                  % 各阶导数表达式
condition = 'y(0) = 3,Dy(0) = 1,D2y(0) = 2';          % 明确初始条件
y = dsolve(equation,condition);                       % 求解零输入响应函数表达式
ezplot(y);                                            % 绘制零输入响应曲线
grid on;                                              % 图中补充网格线
```

运行结果如图 2-41 所示。

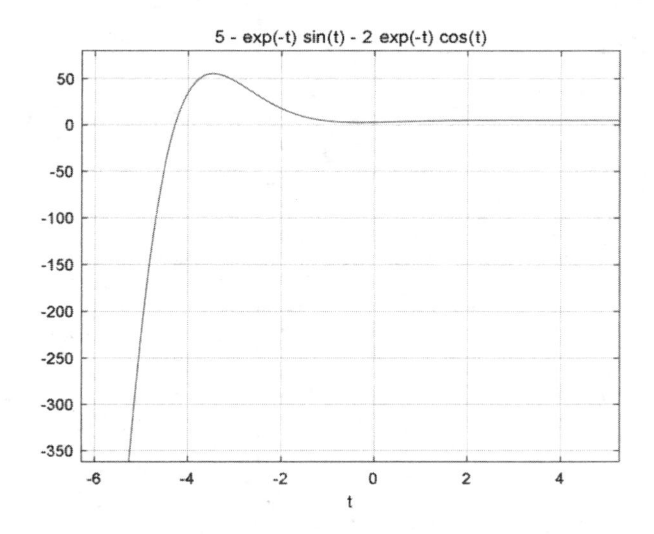

图 2-41　连续系统的零输入响应曲线

3. 连续系统的零状态响应

零状态响应是指系统的初始状态为零，仅由输入信号所引起的响应。在 MATLAB 中可以使用函数 lsim 来求解系统的零状态响应，调用函数 lism(sys,x,t)可绘制出响应曲线，其中 sys 为系统零状态响应的数值解，x 和 t 表示输入信号数值向量及其时间向量。

【例 2-56】 已知连续系统的微分方程为 $y''(t)+2y'(t)+2y(t)=3f(t)$，试用 MATLAB 求解输入为 $x(t)=e^{-t}$ 时的零状态响应。

解　MATLAB 程序如下：

```
a = [1,2,2];                              % 系统响应各阶导数元素
b = [3];                                  % 激励信号各阶导数元素
sys = tf(b,a);                            % 利用 tf 函数建立系统模型
t = 0:0.01:8;                             % 建立时间向量
x = exp( - t);                            % 建立输入信号向量
subplot(1,2,1); plot(t,x);                % 绘制激励曲线
xlabel('t/s'); ylabel('x(t)');            % 修改坐标轴名称
title('激励信号与零状态响应');            % 图形名称
y = lsim(sys,x,t);                        % 将零状态响应的数值解赋给 y
subplot(1,2,2);plot(t,y);                 % 绘制零状态响应曲线
axis([0,8,0,1]);                          % 设定坐标轴范围
xlabel('t/s');ylabel('y(t)');             % 修改坐标轴名称
title('零状态响应');                      % 图形名称
```

运行结果如图 2-42 所示。

4. 连续系统的阶跃响应和冲激响应

对于零状态响应函数 lsim 来说，如果激励信号为阶跃信号或冲激信号，就可以得到连续系统的阶跃响应和冲激响应。但是由于这两种响应在分析问题时经常用到，为了方便操作，MATLAB 中还专门提供了 impulse 和 step 函数用于直接产生连续系统的阶跃响应和冲激响应。

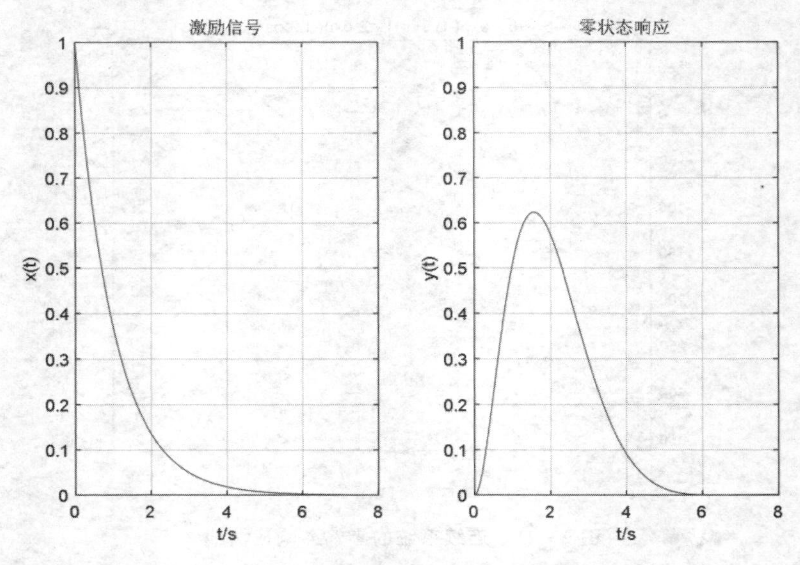

图 2-42　连续系统的零状态响应曲线

step 函数可求出指定时间范围内，由模型 sys 描述的连续系统的单位阶跃响应，其调用格式如下：

① step(sys)：绘制默认时间范围内的阶跃响应；

② step(sys, T)：绘制 0 到 T 时间范围内的阶跃响应；

③ step(sys, ts:td:te)：绘制 ts 与 te 范围内且以 td 为时间间隔取样的阶跃响应；

④ y=step(…)：返回阶跃响应的数值向量，但不绘制阶跃响应波形。

impulse 函数可求出指定时间范围内，由模型 sys 描述的连续系统的单位冲激响应，其调用格式如下：

① impulse(sys)：绘制默认时间范围内的冲激响应；

② impulse(sys, T)：绘制 0 到 T 时间范围内的冲激响应；

③ impulse(sys, ts:td:te)：绘制 ts 与 te 范围内且以 td 为时间间隔取样的冲激响应；

④ y=impulse(…)：返回冲激响应的数值向量，但不绘制冲激响应波形。

【例 2-57】　已知描述低通滤波器的微分方程为 $y''(t)+\sqrt{2}\,y'(t)+y(t)=f(t)$，试用 MATLAB 求解该系统的阶跃响应和冲激响应。

解　MATLAB 程序如下：

```
dt = 0.01;                          % 确定时间间隔
t = 0:dt:8;                         % 建立时间向量
a = [1,sqrt(2),1];                  % 系统响应数值向量
b = [1];                            % 激励信号数值向量
sys = tf(b,a) ;                     % 建立系统模型
g = step(sys,t);                    % 阶跃响应
h = impulse(sys,t);                 % 冲激响应
subplot(1,2,1);
plot(t,g);grid on                   % 绘制阶跃响应曲线
```

```
xlabel('t/s');ylabel('g(t)');          % 修改坐标轴名称
title('阶跃响应');                      % 图形名称
subplot(1,2,2);
plot(t,h);grid on                      % 绘制冲激响应曲线
xlabel('t/s');ylabel('h(t)');          % 修改坐标轴名称
title('冲激响应');                      % 图形名称
```

运行结果如图 2－43 所示。

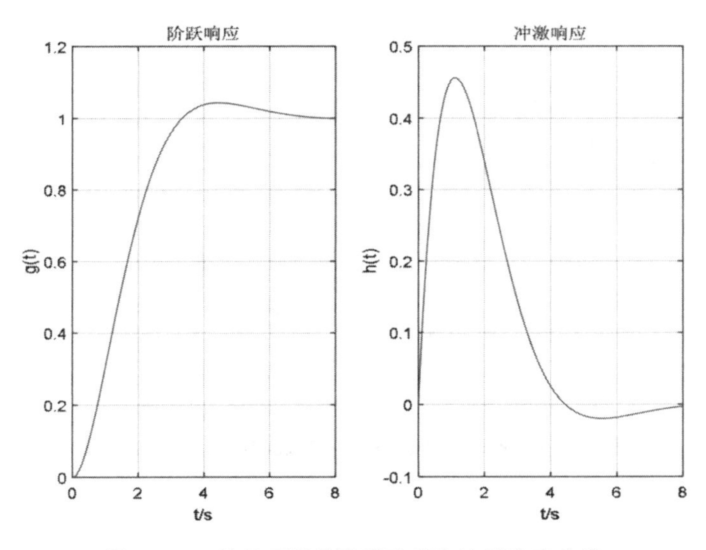

图 2－43　连续系统的阶跃响应和冲激响应曲线

5. 利用卷积计算连续系统的零状态响应

对于连续系统，其零输入响应也可以由输入信号和系统的单位冲激响应进行卷积计算得到，这里与“3. 连续系统的零状态响应”中的例 2－56 进行对比验证。

【例 2－58】 已知连续系统的微分方程为 $y''(t)+2y'(t)+2y(t)=3f(t)$，试用卷积分的方法，求解输入为 $x(t)=e^{-t}$ 时的零状态响应。

解　MATLAB 程序如下：

```
a = [1,2,2];                           % 系统响应各阶导数元素
b = [3];                               % 激励信号各阶导数元素
sys = tf(b,a);                         % 利用 tf 函数建立系统模型
dt = 0.01;                             % 确定时间间隔
t = 0:dt:8;                            % 建立时间向量
y1 = impulse(sys,t);                   % 求系统单位冲击响应
y2 = exp(-t);                          % 建立输入信号向量
y = conv(y1,y2) * dt;                  % 利用卷积求零状态响应
n = length(y);tt = (0:n-1) * dt;       % 确定卷积对应的时间向量
plot(tt,y);                            % 绘制卷积曲线,即零状态响应曲线
grid on                                % 图形加网格线
```

```
axis([0,16,-0.1,1]);                  %将纵坐标调整到1,与例2-56保持一致
xlabel('t/s');ylabel('y(t)');         %坐标轴名称
title('卷积求零状态响应');              %图形名称
```

运行结果如图 2-44 所示,可以看出图中的响应曲线与例 2-56 中求得的零状态响应曲线是一致的,从而也验证了利用卷积计算连续系统零状态响应的正确性。

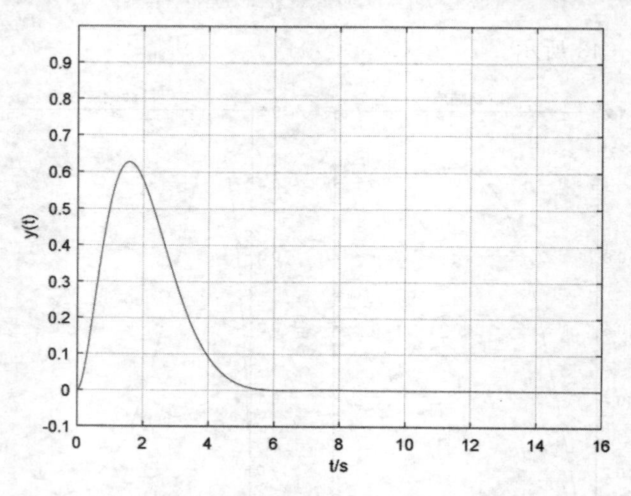

图 2-44　利用卷积计算连续系统的零状态响应曲线

(三) 思考题

1. 已知连续系统的微分方程为 $3y''(t)+2y'(t)+y(t)=0$,试用 MATLAB 求解起始条件为 $y(0_-)=3, y'(0_-)=1$ 的零输入响应。

2. 已知描述高通、带通和带阻滤波器的微分方程如下:

$$y''(t)+\sqrt{2}y'(t)+y(t)=f''(t)$$

$$y''(t)+y'(t)+y(t)=f'(t)$$

$$y''(t)+y'(t)+y(t)=f''(t)+f'(t)$$

试用 MATLAB 求解各系统的阶跃响应和冲激响应。

3. 已知连续系统的微分方程为 $y''(t)+2y'(t)+y(t)=2f(t)$,试利用 MATLAB 中的函数 lsim 和卷积运算,分别求解输入为 $f(t)=e^{-2t}$ 时的零状态响应。

五、周期信号的傅里叶级数

(一) 实验目的

1. 掌握周期信号傅里叶级数展开的方法;
2. 学会利用 MATLAB 计算傅里叶级数。

(二) 实验原理及实例分析

根据周期信号的定义,其在 $(-\infty,+\infty)$ 内每隔一定的时间 T,会按相同的规律重复变化,可以表示为

$$f(t)=f(t+mT)$$

其中,m 为任意整数,T 为该信号的周期。

周期信号可以在(t,$t+T$)内展开成在完备正交信号空间中的无穷级数。如果周期信号满足 Dirichlet 条件,那么完备的正交函数集就可以由三角函数集或指数函数集构成。此时,展开的无穷级数分别称为"三角型傅里叶级数"或"指数型傅里叶级数",它们统称为傅里叶级数。

根据傅里叶级数理论,对于满足 Dirichlet 条件的周期信号,若以三角函数展开,其表达式可以表示为

$$\begin{aligned} f(t)&=\frac{a_0}{2}+a_1\cos(\omega_0 t)+b_1\sin(\omega_0 t)+a_2\cos(2\omega_0 t)+b_2\sin(2\omega_0 t)+\cdots \\ &=\frac{a_0}{2}+\sum_{n=1}^{\infty}a_n\cos(n\omega_0 t)+\sum_{n=1}^{\infty}b_n\sin(n\omega_0 t) \end{aligned} \tag{2-22}$$

式中,ω_0 为周期信号的角频率。此时,展开式就称为三角型傅里叶级数,a_n、b_n 称为傅里叶系数,根据正、余弦函数的正交性,可得

$$a_n=\frac{2}{T}\int_{-\frac{T}{2}}^{\frac{T}{2}}f(t)\cos(n\omega_0 t)\mathrm{d}t,\quad n=0,1,2,\cdots \tag{2-23}$$

$$b_n=\frac{2}{T}\int_{-\frac{T}{2}}^{\frac{T}{2}}f(t)\sin(n\omega_0 t)\mathrm{d}t,\quad n=1,2,\cdots \tag{2-24}$$

如果将式(2-22)中同频率的正、余弦分量合并,则傅里叶级数可写成如下形式:

$$\begin{aligned} f(t)&=\frac{A_0}{2}+A_1\cos(\omega_0 t+\varphi_1)+A_2\cos(2\omega_0 t+\varphi_2)+\cdots \\ &=\frac{A_0}{2}+\sum_{n=1}^{\infty}A_n\cos(n\omega_0 t+\varphi_n) \end{aligned} \tag{2-25}$$

式中,

$$A_0=a_0=A_0 \tag{2-26a}$$

$$A_n=\sqrt{a_n^2+b_n^2},\quad a_n=A_n\cos\varphi_n,\quad n=1,2,\cdots \tag{2-26b}$$

$$\varphi_n=-\arctan\left(\frac{b_n}{a_n}\right),\quad b_n=-A_n\sin\varphi_n,\quad n=1,2,\cdots \tag{2-26c}$$

由式(2-25)可知,周期信号 $f(t)$ 可以分解为直流和许多余弦(或正弦)分量。其中第一项$\frac{A_0}{2}$是常数项,它是周期信号 $f(t)$ 中所包含的直流分量;第二项 $A_1\cos(\omega_0 t+\varphi_1)$ 称为基波或一次谐波,其角频率与原周期信号相同,A_1 是基波振幅,φ_1 是基波初相角;第三项 $A_2\cos(2\omega_0 t+\varphi_2)$ 称为二次谐波,其角频率是基波频率的二倍,A_2 是二次谐波振幅,φ_2 是二次谐波初相角;以此类推,$A_n\cos(n\omega_0 t+\varphi_n)$ 称为 n 次谐波,其角频率是基波频率的 n 倍,A_n 是 n 次谐波振幅,φ_n 是 n 次谐波初相角。因此,周期信号 $f(t)$ 可以分解为直流分量和各次谐波分量之和,且各次谐波分量的频率为基波频率的整数倍。

根据欧拉公式,周期信号 $f(t)$ 也可以由指数函数展开,称为指数型傅里叶级数,其可以表示为

$$f(t)=\frac{1}{2}\sum_{n=-\infty}^{\infty}F_n e^{jn\omega_0 t} \tag{2-27}$$

其中，$F_n=|F_n|e^{j\varphi_n}=\frac{1}{2}A_n e^{j\varphi_n}$，称其为傅里叶系数，根据欧拉公式以及式(2-23)、式(2-24)、式(2-26)，傅里叶系数 F_n 可以由下式求得

$$F_n=\frac{1}{T}\int_{-\frac{T}{2}}^{\frac{T}{2}}f(t)e^{-jn\omega_0 t}dt,\quad n=0,\pm1,\pm2,\cdots \tag{2-28}$$

借助 MATLAB 工具，我们可以更直观地观察和分析周期信号的分解及其合成，加深对傅里叶级数的理解。

【例 2-59】 图 2-45 所示为周期 2π 的方波信号，试利用 MATLAB 求其傅里叶系数和傅里叶展开式，绘制直流分量和各次谐波的曲线，并分别绘制 3、5、7、9 次谐波的叠加曲线。

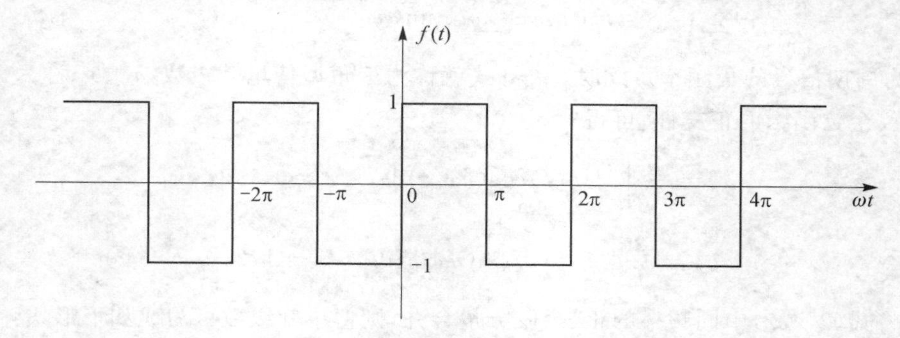

图 2-45　方波周期信号

MATLAB 程序如下：

```
n_max = 10;                                   % 设定最大谐波次数
TT = 2 * pi;                                  % 确定周期
w = 2 * pi/TT;                                % 确定角速度
dt = 0.001 * TT;                              % 确定时间间隔
t = dt/2:dt:(TT - dt/2);                      % 确定一个周波的时间向量
y = square(2 * pi * t/TT,50);                 % 建立一个方波的数值向量
a_n = 1:n_max;                                % 建立傅里叶系数 an 向量
b_n = 1:n_max;                                % 建立傅里叶系数 bn 向量
size = length(t);                             % 确定时间向量长度
a_0 = 0;                                      % 初始化直流分量
for j = 1:size
a_0 = a_0 + y(j) * dt;                        % 计算直流分量
end
a_0 = a_0 * (2/TT);                           % 计算直流分量
for k = 1:n_max                               % 计算傅里叶系数
a_n(k) = 0;                                   % 初始化傅里叶系数 an
b_n(k) = 0;                                   % 初始化傅里叶系数 bn
for j = 1:size                                % 计算傅里叶系数
a_n(k) = a_n(k) + y(j) * cos(k * w * t(j)) * dt;   % 计算傅里叶系数 an
```

```
b_n(k) = b_n(k) + y(j) * sin(k * w * t(j)) * dt;                    % 计算傅里叶系数 bn
end
a_n(k) = a_n(k) * (2/TT);                                           % 计算傅里叶系数 an
b_n(k) = b_n(k) * (2/TT);                                           % 计算傅里叶系数 bn
end
figure(1);                                                          % 呈现傅里叶系数 an
subplot(2,1,1);                                                     % 呈现傅里叶系数 an
stem(1:n_max,a_n);                                                  % 呈现傅里叶系数 an
hold on;
stem(0,a_0);                                                        % 呈现直流分量
xlabel('傅里叶系数 an 次数');ylabel('傅里叶系数 an 幅值');           % 坐标轴名称
axis([0,11,-0.1,0.1]);                                              % 设定坐标范围
title('傅里叶系数 an');                                              % 图形名称
subplot(2,1,2);                                                     % 呈现傅里叶系数 bn
stem(1:n_max,b_n);                                                  % 呈现傅里叶系数 bn
xlabel('傅里叶系数 bn 次数');ylabel('傅里叶系数 bn 幅值');           % 坐标轴名称
axis([0,11,-0.2,1.5]);                                              % 设定坐标范围
title('傅里叶系数 bn');                                              % 图形名称

%傅里叶级数展开式呈现
descrip1 = '傅里叶级数展开式为:';
descrip_temp = '';                                                  % 傅里叶级数展开式初始化
if(a_0>0.00001)                                                     % 确定直流分量表达式
descrip2 = num2str(a_0/2);
else
descrip2 = '0';
end
for k = 1:n_max                                                     % 傅里叶各级数描述
if(a_n(k)>0.00001)                                                  % 傅里叶各级数 cos 部分的描述
descrip_temp = ['+',num2str(a_n(k)),'cos(',num2str(w * k),'t)'];
descrip2 = [descrip2,descrip_temp];                                 % 展开式衔接
end
if(b_n(k)>0.00001)                                                  % 傅里叶各级数 sin 部分的描述
descrip_temp = ['+',num2str(b_n(k)),'sin(',num2str(w * k),'t)'];
descrip2 = [descrip2,descrip_temp];                                 % 展开式衔接
end
end
figure(2);
t = -TT:dt:TT;                                                      % 确定两个周波的时间向量
y = square(2 * pi * t/TT,50);                                       % 建立两个方波的数值向量
plot(t,y);                                                          % 绘制两个方波
xlabel('t');ylabel('幅值');                                          % 坐标轴名称
axis([-7,7,-1.5,1.5]);                                              % 设定坐标范围
title('周期信号原有波形');                                           % 图形名称
```

```
text( - 7,1.4,descrip1);                                    % 傅里叶级数展开式呈现
text( - 6.8,1.2,descrip2);                                  % 傅里叶级数展开式呈现

% 直流分量和各次谐波呈现
figure(3);
size = length(t);                                           % 确定两周波时间向量的长度
xiebo = zeros(n_max,size);                                  % 各次谐波数值向量
zhiliu = a_0/2 * ones(1,size);                              % 直流分量数值向量
plot(t,zhiliu);                                             % 绘制直流分量曲线
xlabel('t');ylabel(' 幅值 ');                               % 坐标轴名称
title(' 直流分量 ');                                        % 图形名称
for k = 1:n_max
% 建立各次谐波数值向量
xiebo(k,:) = a_n(k) * cos(t. * k * w) + b_n(k) * sin(t. * k * w);
figure(3 + k);
plot(t,y);                                                  % 绘制周期信号曲线做对比
hold on;
plot(t,xiebo(k,:));                                         % 绘制各次谐波曲线
axis([ - 7,7, - 1.5,1.5]);                                  % 设定坐标范围
xlabel('t');ylabel(' 幅值 ');                               % 坐标轴名称
title([num2str(k),' 次谐波 ']);                             % 图形名称
end

% 谐波叠加
xiebo_cnt = [3,5,7,9];                                      % 确定谐波叠加次数
cnt_temp = 1;                                               % 初始化
hecheng = zhiliu;                                           % 叠加数值初始化为直流分量
for k = 1:n_max
hecheng = hecheng + xiebo(k,:);                             % 叠加各次谐波
if(k = = xiebo_cnt(cnt_temp))                               % 判断是否为所求叠加结果
cnt_temp = cnt_temp + 1;                                    % 计数器加 1
figure;
plot(t,y);                                                  % 周期信号曲线做对比
hold on;
plot(t,hecheng);                                            % 绘制叠加曲线
axis([ - 7,7, - 1.5,1.5]);                                  % 设定坐标范围
xlabel('t');ylabel(' 幅值 ');                               % 坐标轴名称
title([num2str(k),' 次谐波叠加 ']);                         % 图形名称
end
end
```

傅里叶系数结果如图 2 - 46 所示。

由傅里叶级数理论可知，以上周期方波信号为奇函数，所以傅里叶系数 $a_n=0$、系数 b_n 的表达式如下：

$$b_n=\begin{cases}0, & n=2,4,6,\cdots \\ \dfrac{4}{n\pi}, & n=2,4,6,\cdots\end{cases}$$

可以看出,理论推导得到的傅里叶系数与 MATLAB 计算的傅里叶系数在数值上是一致的。

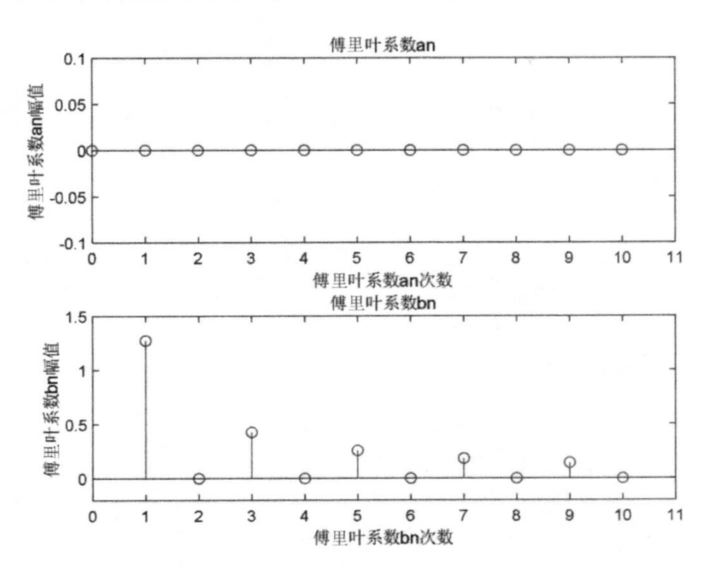

图 2-46 傅里叶系数结果

周期信号的傅里叶级数展开式如图 2-47 所示。

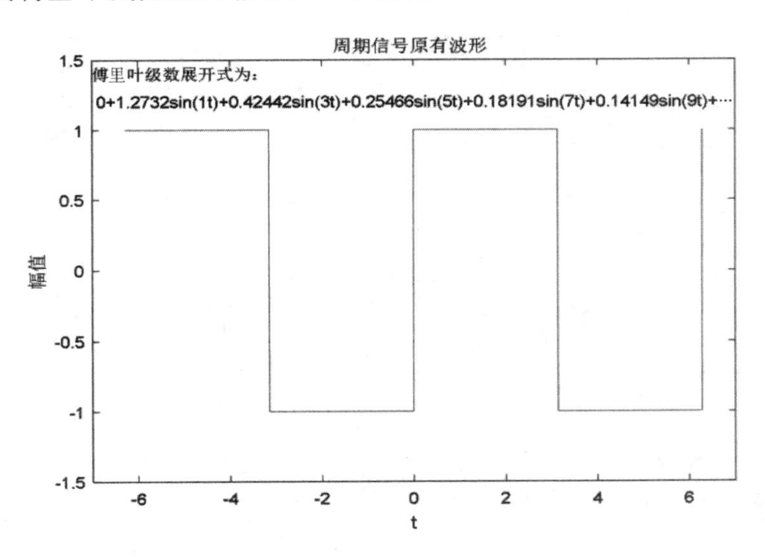

图 2-47 周期信号的傅里叶级数展开式

周期信号的各谐波分量如图 2-48 所示。

各谐波分量的叠加结果如图 2-49 所示。

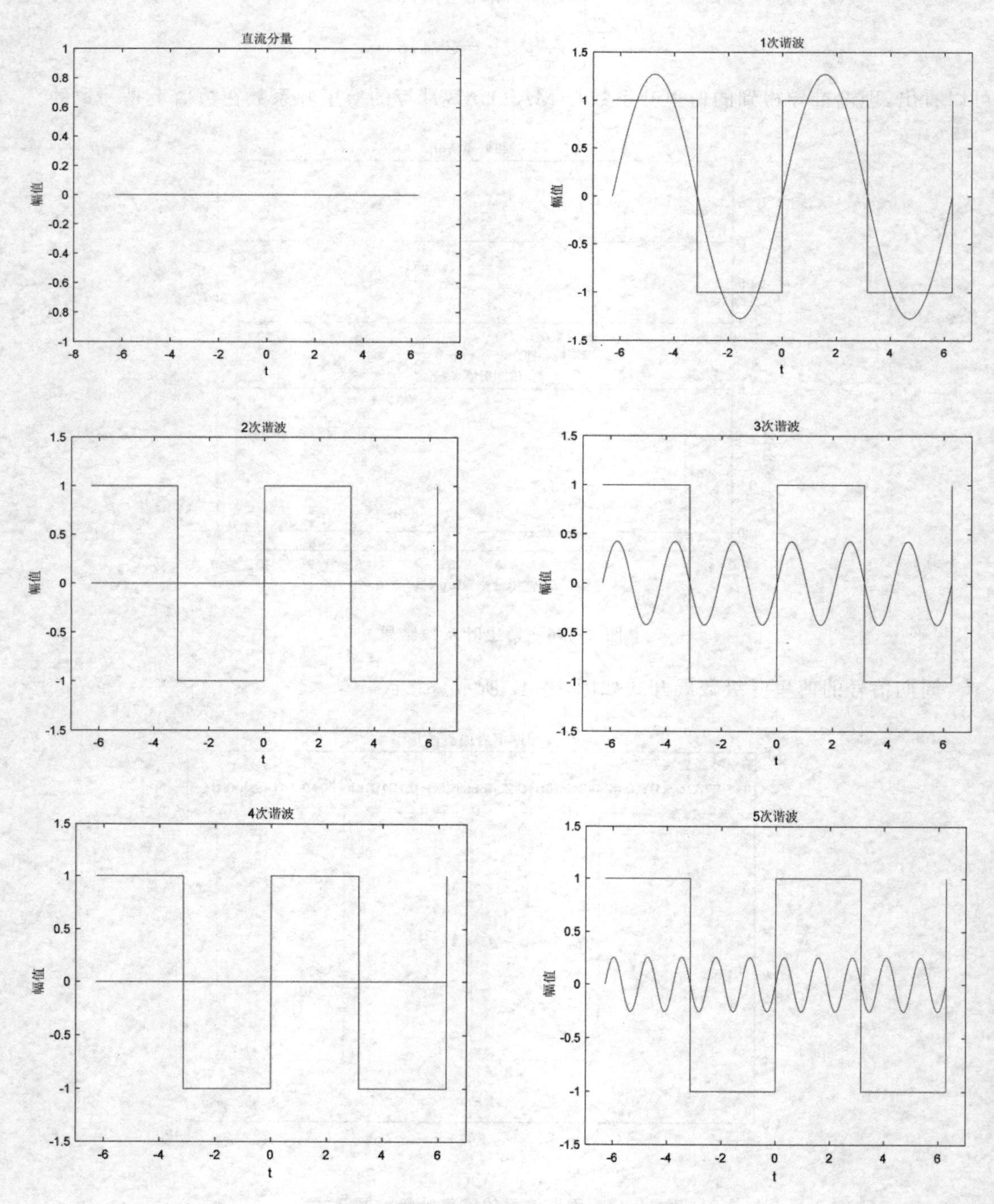

图 2－48　周期信号的各谐波分量

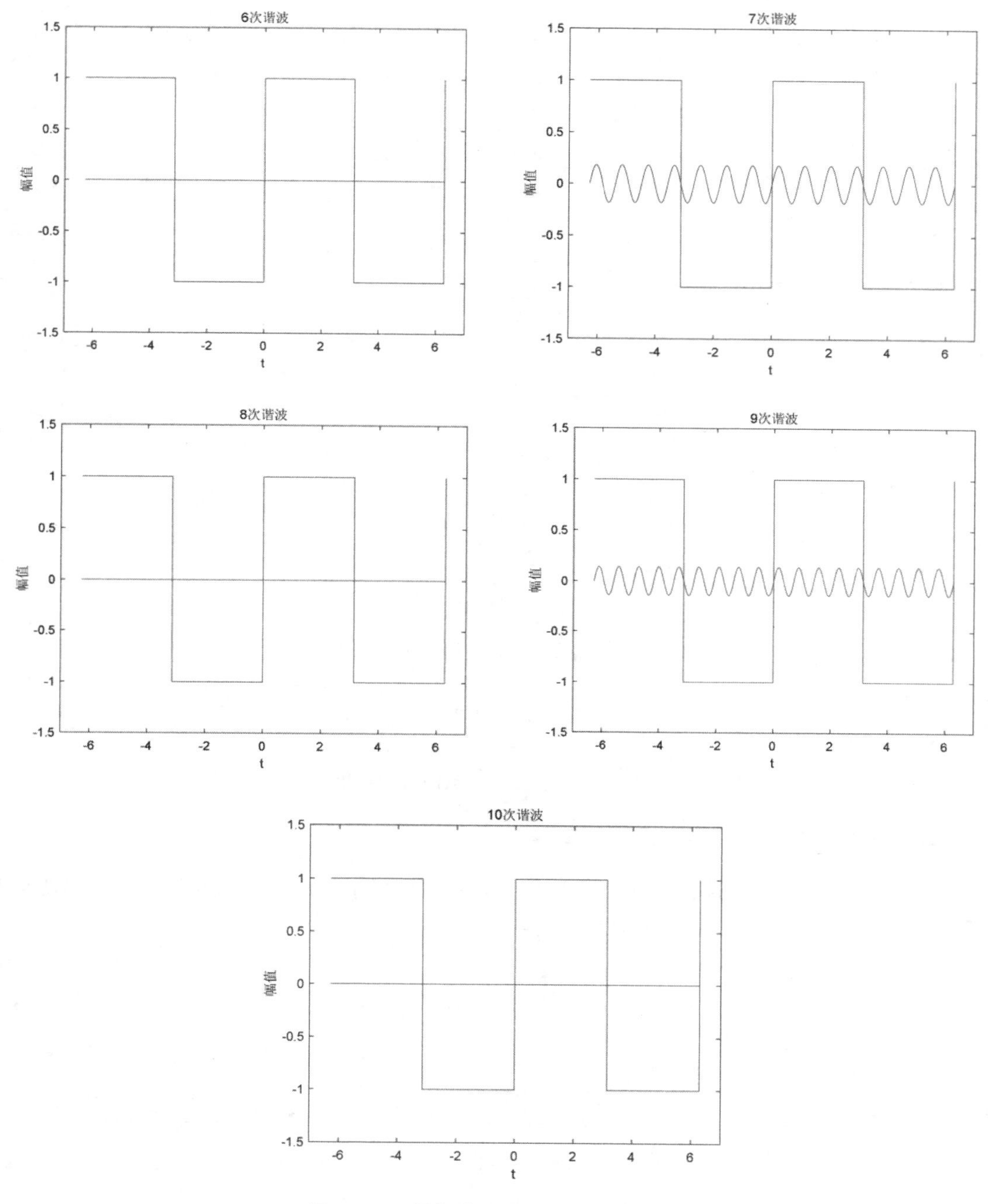

图 2-48　周期信号的各谐波分量(续)

由图 2-49 可以看出，随着傅里叶级数项数的增加，叠加合成的波形与原来的方波信号越来越接近，尖峰也越靠近间断点。但是尖峰幅度并未明显减小，即使合成波形所含的谐波次数趋近于无穷大，在间断点处仍有一定的偏差，这种现象称为吉布斯(Gibbs)现象。

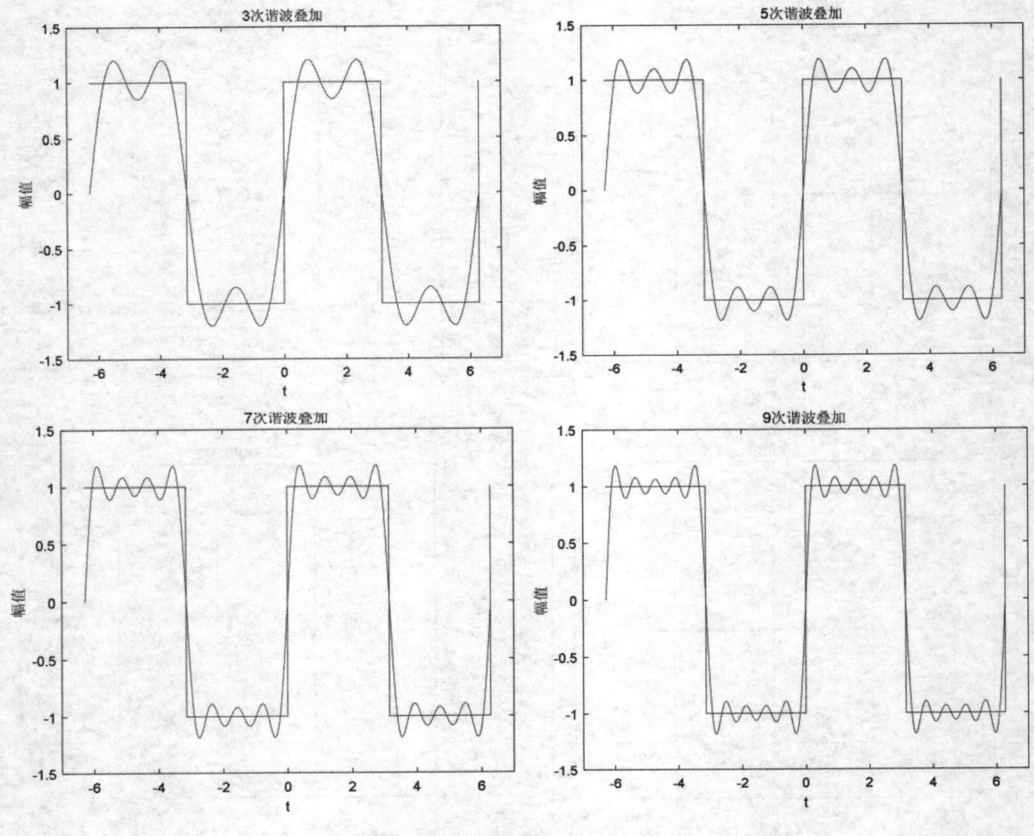

图 2-49　各谐波分量的叠加结果

(三) 思考题

1. 图 2-50 所示为周期 2π 的三角波信号，试利用 MATLAB 求其傅里叶系数和傅里叶展开式，并绘制 3、9 次谐波的叠加曲线。

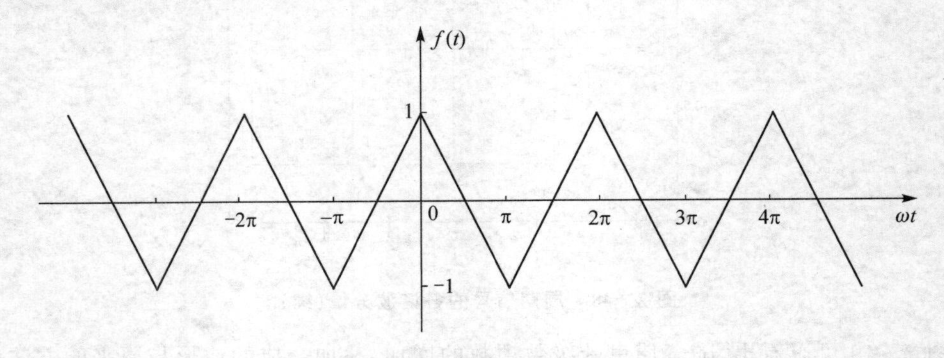

图 2-50　三角波周期信号

2. 图 2-51 所示为周期 2π 的全波余弦信号，试利用 MATLAB 求其傅里叶系数和傅里叶展开式，并绘制 3、9 次谐波的叠加曲线。

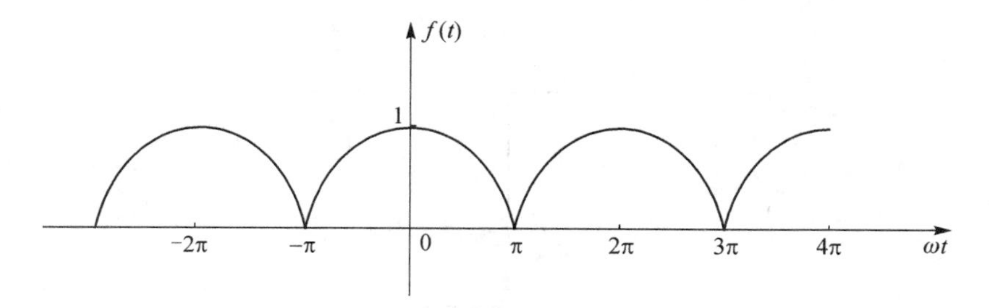

图 2-51 全波余弦周期信号

六、周期信号的频谱分析

(一) 实验目的

1. 会运用 MATLAB 分析周期信号的频谱特性；
2. 会运用 MATLAB 分析信号的时域波形变化对频谱结构的影响。

(二) 实验原理及实例分析

周期信号可以分解为一系列三角函数信号或虚指数信号之和，即

$$f(t)=\frac{A_0}{2}+\sum_{n=1}^{\infty}A_n\cos(n\Omega t+\varphi_n) \tag{2-29a}$$

或

$$f(t)=\sum_{n=-\infty}^{\infty}F_n\mathrm{e}^{\mathrm{j}n\Omega t}\quad\left(F_n=\frac{1}{2}A_n\mathrm{e}^{\mathrm{j}\varphi_n}\right) \tag{2-29b}$$

由周期信号的傅里叶级数展开式，可以知道一个周期信号所包含的各种谐波分量及其相应的大小、相位，但这种表示方法并不直观。为了能更直观地表示出一个周期信号包含哪些频率分量，以及各分量所占的比重，引入了一种新的分析方法——频谱分析。

以周期信号所含各谐波分量的振幅（A_n 或 $|F_n|$）为纵坐标，以角频率 $\omega=n\Omega$ 为横坐标，画出 $A_n-\omega$ 或 $|F_n|-\omega$ 的线图，称为幅度频谱，简称幅度谱，它反映的是周期信号各频率分量的幅度随频率的变化关系与规律。同样，可画出各谐波初相角 φ_n 与角频率 ω 的线图（$\varphi_n-\omega$）称为相位频谱，简称相位谱。幅度谱和相位谱统称为信号的频谱图。

由于三角函数傅里级数中 n 取 1 到无穷大，所以频谱只出现在 ω 的正半轴上，称为单边频谱图。而指数傅里级数中 n 取负无穷到正无穷，所以频谱出现在整个 ω 轴上，称为双边频谱图。不难证明，幅度谱为偶对称函数，相位谱为奇对称函数。

信号的频谱是信号的另一种表示形式，它提供了从另一个角度来观察和分析信号的途径。利用 MATLAB 命令可对周期信号的频谱及其特点进行观察验证分析。

【例 2-60】 周期矩形脉冲信号 $f(t)$ 如图 2-52 所示，脉冲幅值 $A=1$，脉冲宽度为 τ，周期为 T。试用 MATLAB 将其展开成复指数形式的傅里叶级数，并分析周期 T 和脉冲宽度 τ 发生变化时，其频谱如何变化。

解 首先得将其展开为傅里叶级数，可求得其指数傅里叶系数：

$$F_n=\frac{1}{T}\int_{-T/2}^{T/2}f(t)\mathrm{e}^{-\mathrm{j}n\Omega t}\mathrm{d}t=\frac{1}{T}\int_{-\tau/2}^{\tau/2}A\mathrm{e}^{-\mathrm{j}n\Omega t}\mathrm{d}t$$

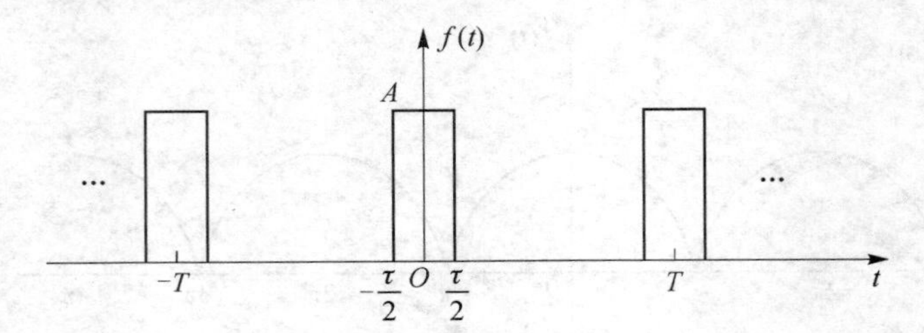

图 2-52 周期矩形脉冲信号

$$=\frac{A}{T}\frac{e^{-jn\Omega t}}{-jn\Omega}\bigg|_{-\tau/2}^{\tau/2}=A\ \frac{\tau}{T}\frac{\sin(n\Omega\tau/2)}{n\Omega\tau/2},\quad n=0,\pm1,\pm2,\cdots$$

定义为 $\mathrm{Sa}(x)=\frac{\sin x}{x}$，考虑到 $\Omega=\frac{2\pi}{T}$，有

$$F_n=A\ \frac{\tau}{T}\mathrm{Sa}\left(\frac{n\Omega\tau}{2}\right)=A\ \frac{\tau}{T}\mathrm{Sa}\left(\frac{n\pi\tau}{T}\right),\quad n=0,\pm1,\pm2,\cdots$$

代入所给参数，可得

$$F_n=\frac{\tau}{T}\mathrm{Sa}\left(\frac{n\pi\tau}{T}\right)=\tau\,\mathrm{sinc}\left(\frac{n\tau}{T}\right),\quad n=0,\pm1,\pm2,\cdots$$

MATLAB 程序如下：

```
n = -30:30;tao = 1;T = 5;w2 = 2 * pi/T;
x = n * tao/T;fn = tao * sinc(x);
m = round(30 * w1/w2);
n1 = -m:m;
fn = fn(30 - m + 1:30 + m + 1);
subplot(221)
stem(n1 * w2,fn),grid on
title('\tau = 1,T = 5')

tao = 1;T = 10;w1 = 2 * pi/T;
x = n * tao/T;fn = tao * sinc(x);
subplot(222)
stem(n * w1,fn),grid on
title('\tau = 1,T = 10')

tao = 1;T = 20;w3 = 2 * pi/T;
x = n * tao/T;fn = tao * sinc(x);
subplot(223)
stem(n * w3,fn),grid on
title('\tau = 1,T = 20')

tao = 4;T = 20;w3 = 2 * pi/T;
x = n * tao/T;fn = tao * sinc(x);
subplot(224)
stem(n * w3,fn),grid on
title('\tau = 4,T = 20')
```

程序运行结果如图 2－53 所示。

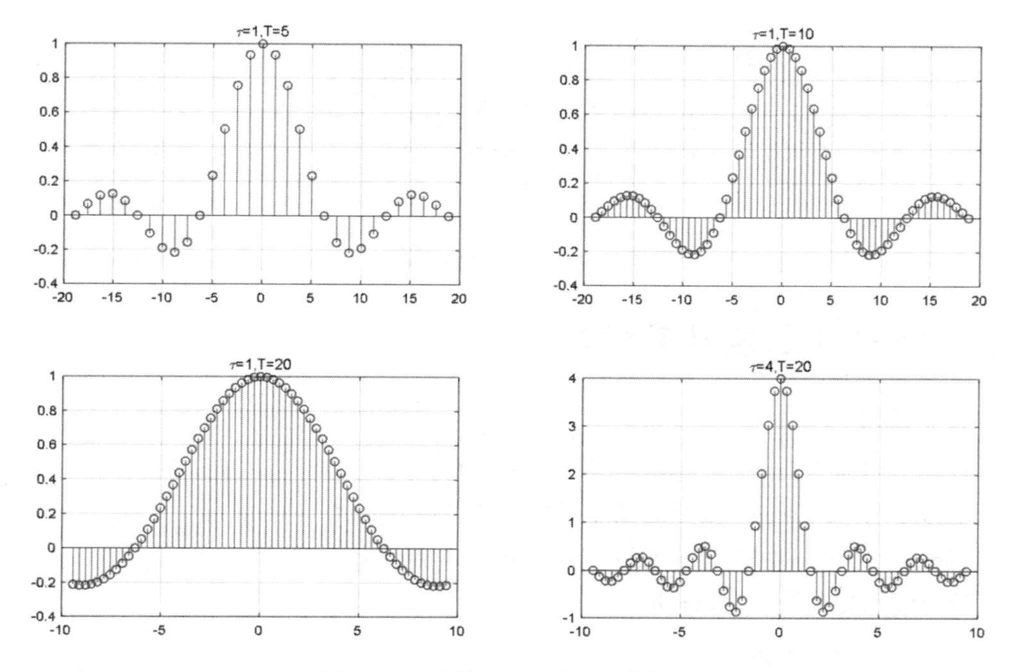

图 2－53　周期矩形脉冲信号的频谱

从图 2－53 中可以看出，改变周期脉冲信号的周期和脉冲宽度时，其频谱会发生变化。

若脉冲宽度不变，周期改变：

① 脉宽不变，信号频谱的过零点不变，即信号带宽相同。

② 周期增长时，谱线间隔减小，频谱变密。若周期无限增长，谱线间隔将趋近于零，周期信号的离散频谱就过渡到非周期信号的连续频谱。

③ 随着周期增大，频谱幅度相应减小，当周期趋于无穷大时，频谱幅度趋于零。

若周期不变，脉冲宽度改变：

① 谱线间隔 $\Omega=\dfrac{2\pi}{T}$ 不变，即谱线密度保持一致。

② 脉宽改变，信号频谱的过零点 $\omega=\dfrac{2m\pi}{\tau}$ 发生改变，相应的信号带宽 $B=\dfrac{1}{\tau}$ 也发生变化。

③ 随着脉宽减小，频谱幅度相应减小。

（三）思考题

已知三角波脉冲信号如图 2－54 所示，试用 MATLAB 分析周期 T 和脉冲宽度 τ 发生变化时，其频谱变化的规律。

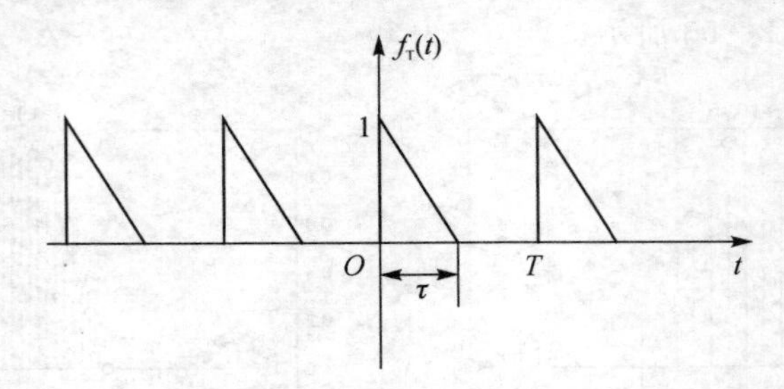

图 2-54　三角波脉冲信号

七、傅里叶变换及其性质

(一) 实验目的

1. 能够运用 MATLAB 求连续信号的傅里叶变换；
2. 能够运用 MATLAB 绘制连续非周期信号的频谱图；
3. 能够运用 MATLAB 对连续信号的傅里叶变换性质进行分析。

(二) 实验原理及实例分析

1. 连续信号的傅里叶变换

为有效分析非周期信号的频谱,引入了傅里叶变换的概念。信号 $f(t)$的傅里叶变换定义为

$$F(\mathrm{j}\omega)=F[f(t)]=\int_{-\infty}^{\infty} f(t)\,\mathrm{e}^{-\mathrm{j}\omega t}\,\mathrm{d}t \tag{2-30}$$

傅里叶反变换定义为

$$f(t)=F^{-1}[F(\mathrm{j}\omega)]=\frac{1}{2\pi}\int_{-\infty}^{\infty} F(\mathrm{j}\omega)\,\mathrm{e}^{\mathrm{j}\omega t}\,\mathrm{d}\omega \tag{2-31}$$

傅里叶正、反变换称为傅里叶变换对,简记为 $f(t)\leftrightarrow F(\mathrm{j}\omega)$。

MATLAB 求解信号的傅里叶变换主要包括符号运算法和数值分析法两种,下面分别说明。运用这两种方法也可以绘制连续信号的频谱图和相位图。

(1) MATLAB 符号运算法

MATLAB 符号工具箱提供了求解傅里叶变换的函数 fourier 以及求解傅里叶反变换的函数 ifourier,其调用格式如下：

F=fourier(f)：对默认独立变量为 t 的符号表达式 $f(t)$求傅里叶变换,F 默认为角频率 ω 的函数。

F=fourier(f, v)：对 $f(t)$求傅里叶变换,返回函数 F 是以 v 为自变量的函数,即 $F(v)=\int_{-\infty}^{\infty} f(t)\,\mathrm{e}^{-\mathrm{j}vt}\,\mathrm{d}t$。

F=fourier(f, u,v)：对 $f(u)$求傅里叶变换,返回函数 F 是以 v 为自变量的函数,即 $F(v)=\int_{-\infty}^{\infty} f(u)\,\mathrm{e}^{-\mathrm{j}vu}\,\mathrm{d}u$。

f =ifourier(F)：对默认变量为 ω 的符号表达式 $F(\mathrm{j}\omega)$求傅里叶反变换得到 $f(t)$。

f =ifourier(F, u)：对默认变量为 ω 的符号表达式 $F(j\omega)$ 求傅里叶反变换得到 $f(u)$。

f =ifourier(F, u,v)：对变量为 v 的符号表达式 $F(jv)$ 求傅里叶反变换得到 $f(u)$。

在调用函数 fourier 和 ifourier 之前，要用 str2sym 函数或者 syms 函数定义的符号变量或符号表达式。

【例 2-61】 利用 MATLAB 求解信号 $f(t)=e^{-2|t|}$ 的傅里叶变换。

解　MATLAB 程序如下：

```
syms ft t                              % 定义符号变量 ft 和 t
ft = exp( - 2 * abs(t));               % 信号 f(t)的表达式
Fw = fourier(ft)                       % 求信号 f(t)的傅里叶变换
```

运行程序后的结果：

```
Fw =
        4/(w^2 + 4)
```

上述语句也可以用 str2sym 函数实现，MATLAB 语句如下：

```
ft = str2sym('exp( - 2 * abs(t))');
Fw = fourier(ft)
```

运行程序后的结果与上述相同。

【例 2-62】 利用 MATLAB 求解信号 $F(j\omega)=\mathrm{Sa}\left(\frac{\omega}{4}\pi\right)$ 的傅里叶反变换。

解　MATLAB 程序如下：

```
syms w Fw t                          % 定义符号变量 w、Fw、t
Fw  = sinc(w/4);                     % 信号 F(jw)的表达式
ft  = ifourier(Fw,t)                 % 求 F(jw)的傅里叶反变换 f(t)
```

运行程序后的结果：

```
ft =
-(2 * (pi * heaviside(t - pi/4) - pi * heaviside(t + pi/4)))/pi^2
```

(2) 非周期信号的频谱

由傅里叶变换的定义可知，$F(j\omega)$ 一般情况下为复数，因此可以表示为

$$F(j\omega)=|F(j\omega)|e^{j\varphi(\omega)} \tag{2-32}$$

其中，$|F(j\omega)|$ 反映了信号各频率分量的幅度随频率 ω 的变化情况，称为幅度谱；辐角 $\varphi(\omega)$ 反映了信号各频率分量的相位随频率 ω 的变化情况，称为相位谱。

利用函数 fourier 和 ifourier 可绘制信号的幅度谱和相位谱。需要注意的是，由函数 fourier 和 ifourier 得到的函数为符号表达式，故绘制图形时需用 ezplot 命令。

【例 2-63】 利用 MATLAB 绘制双边指数信号 $f(t)=e^{-2|t|}$ 的幅度谱和相位谱。

解　MATLAB 程序如下：

```
syms ft t                              % 定义符号变量 ft 和 t
ft = exp( - 2 * abs(t));               % 信号 f(t)的表达式
subplot(311)
```

```
ezplot(ft), grid on
title('原信号 f(t)')
Fw = fourier(ft)                                    % 求信号 f(t)的傅里叶变换
subplot(312)
ezplot(abs(Fw)), grid on
title('幅度谱')
phase = atan(imag(Fw)/real(Fw));
subplot(313)
ezplot(phase), grid on
title('相位谱')
```

程序运行结果如图 2 - 55 所示。

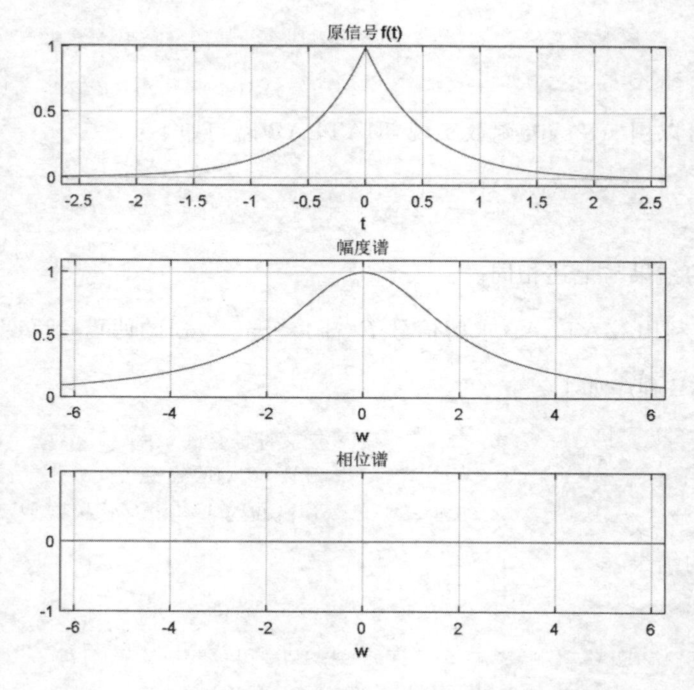

图 2 - 55　双边指数信号的幅度谱和相位谱

上述双边指数信号的求解也可以用以下 MATLAB 程序实现：

```
ft = str2sym('exp( - 2 * abs(t))');                 % 信号 f(t)的符号表达式
subplot(311)
ezplot(ft), grid on
title('原信号 f(t)')
Fw = simplify(fourier(ft));                         % 对信号 f(t)的傅里叶变换进行化简
subplot(312)
ezplot(abs(Fw)), grid on
title('幅度谱')
phase = angle(Fw);                                  % 求信号 f(t)傅里叶变换的相位
```

```
subplot(313)
ezplot(phase), grid on
title('相位谱')
```

程序运行结果同图 2-55。

【例 2-64】 利用 MATLAB 命令绘制门函数 $f(t)=g_2(t)$ 的幅度谱。

解 MATLAB 程序如下:

```
ft = str2sym('(heaviside(t+1) - heaviside(t-1))');
subplot(211)
ezplot(ft,[-2 2 -0.2 1.2]), grid on
title('原信号 f(t)')
Fw = simplify(fourier(ft));
subplot(212)
ezplot(abs(Fw),[-50 50 -0.2 2.2]), grid on
title('幅度谱')
```

程序运行结果如图 2-56 所示。

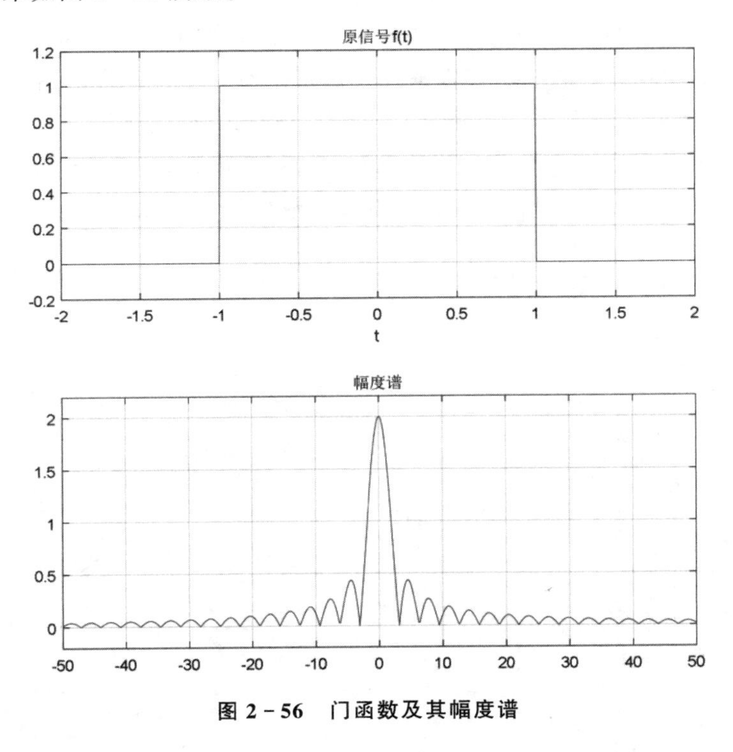

图 2-56 门函数及其幅度谱

(3) MATLAB 数值计算法

函数 fourier 和 ifourier 的一个局限性是,如果返回函数中有诸如狄拉克函数 $\delta(t)$ 等项,此时用 ezplot 命令无法画图。对某些信号求变换,其返回函数可能包含一些不能直接用符号表达的式子,有时会出现提示“未被定义的函数或变量”,也不能返回函数画图。另外,在实际应用中,经过抽样获得的信号是离散的数值量 $f(n)$,无法表示为符号表达式,因此这类信号也不能用 fourier 和 ifourier 函数进行分析,而只能用 MATLAB 数值计算法进行求解。

下面给出连续信号傅里叶变换的数值计算法的理论依据。

由傅里叶变换公式可得

$$F(\mathrm{j}\omega)=\int_{-\infty}^{\infty} f(t)\,\mathrm{e}^{-\mathrm{j}\omega t}\mathrm{d}t=\lim_{\tau\to 0}\sum_{n=-\infty}^{\infty} f(n\tau)\,\mathrm{e}^{-\mathrm{j}\omega n\tau}\tau \tag{2-33}$$

当 τ 足够小时,上式的近似情况可满足实际需要。对于时限信号或近似时限信号 $f(t)$,n 的取值是有限的。假如为因果信号,则有

$$F(\mathrm{j}\omega)=\tau\sum_{n=0}^{M} f(n\tau)\,\mathrm{e}^{-\mathrm{j}\omega n\tau},\quad 0\leqslant n\leqslant M \tag{2-34}$$

对上述式中的角频率 ω 进行离散化,假设离散后得到的样值个数为 N 个,即

$$\omega_k=\frac{2\pi}{N\tau}k,\quad 0\leqslant k\leqslant M \tag{2-35}$$

则有

$$F(k)=\tau\sum_{n=0}^{M} f(n\tau)\,\mathrm{e}^{-\mathrm{j}\omega_k n\tau},\quad 0\leqslant k\leqslant N-1 \tag{2-36}$$

以矩阵形式呈现如下:

$$[F(k)]^{\mathrm{T}}=\tau[f(n\tau)]^{\mathrm{T}}[\mathrm{e}^{-\mathrm{j}\omega_k n\tau}]^{\mathrm{T}} \tag{2-37}$$

通过将离散傅里叶变换 $F(k)$ 的各个样值连接成曲线,即可近似地表示 $F(\mathrm{j}\omega)$。

信号 $f(t)$ 的抽样间隔 τ 的确定要根据抽样定理。对非严格的带限信号 $f(t)$,可根据实际计算的精度要求来确定一个适当的频率 ω_{m} 作为信号的带宽。

【例 2-65】 用 MATLAB 数值计算法求解单边指数函数 $f(t)=\mathrm{e}^{-2t}\varepsilon(t)$ 的幅度谱。

分析:为了保证数值计算的精度,假设该单边指数信号的带宽为 $\omega_{\mathrm{m}}=100\pi$。根据抽样定理,可确定该信号的抽样间隔必须满足 $T_s\leqslant\dfrac{1}{2\omega_{\mathrm{m}}/2\pi}=0.01$。故取 $\tau=0.01$。

解 MATLAB 程序如下:

```
dt = 0.01;
t = -2:dt:2;
ft = exp(-2 * t). * heaviside(t);
N = 2000;
k = -N:N;
w = pi * k/(N * dt);
Fw = ft * exp(-j * t' * w) * dt;
Fw = abs(Fw);
subplot(211)
plot(t,ft),grid on
title('单边指数信号')
subplot(212)
plot(w,Fw), grid on
axis([-200 200 0 0.6])
title('幅度谱')
```

程序运行结果如图 2-57 所示。

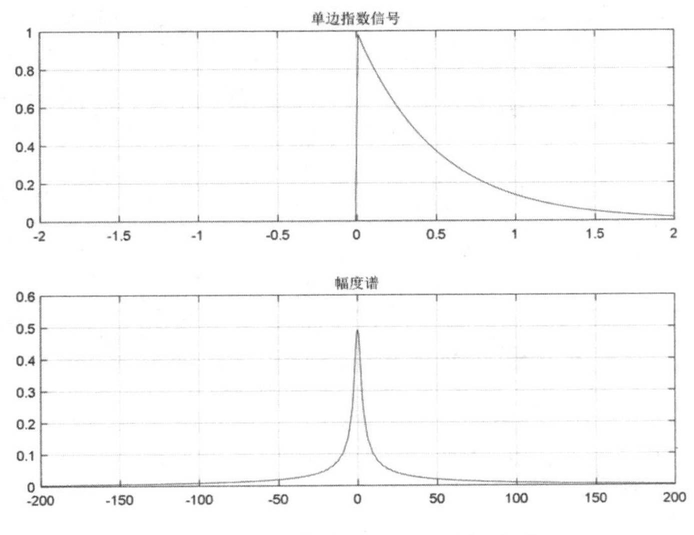

图 2-57　单边指数信号及其幅度谱

2. 傅里叶变换的性质

傅里叶变换的性质揭示了信号时域与频域之间的对应关系，熟悉并运用这些性质可以简化信号的傅里叶变换计算过程，并有助于理解其物理含义。傅里叶变换包含多种性质，下面将通过尺度变换、时移特性、频移特性等几个例子进行说明。

(1) 尺度变换

若 $f(t)\leftrightarrow F(\mathrm{j}\omega)$，则有 $f(at)\leftrightarrow \frac{1}{|a|}F\left(\mathrm{j}\,\frac{\omega}{a}\right)$，其中 a 为非零实常数。

信号的尺度变换特性表明，信号在时域中压缩(扩展)a 倍，对应于信号的带宽在频域中扩展(压缩)a 倍，即信号的时域宽度与频率带宽成反比。

【例 2-66】 已知门函数 $f(t)=g_2(t)$，利用 MATLAB 分别绘制出信号 $f(t)$、$f(2t)$ 和 $f(t/2)$ 的时域波形和频谱图，并进行比较。

解　MATLAB 程序如下：

```
ft = str2sym('heaviside(t+1) - heaviside(t-1) ');          % 门函数 f(t) = g2(t)的符号表达式
subplot(321)
ezplot(ft,[-1.5 1.5]), grid on                             % 绘制信号 f(t)
title('原信号 f(t)')
Fw = simplify(fourier(ft));                                % 求取信号 f(t)的傅里叶变换
subplot(322)
ezplot(abs(Fw),[-5*pi 5*pi -0.1 2.1]), grid on             % 绘制信号 f(t)的幅度谱
title('f(t)的幅度谱')

ft1 = str2sym('heaviside(2*t+1) - heaviside(2*t-1)');      % 门函数 f(2t)的符号表达式
subplot(323)
ezplot(ft1,[-1.5 1.5]), grid on                            % 绘制信号 f(2t)
title('信号 f(2t)')
Fw1 = simplify(fourier(ft1));                              % 求取信号 f(2t)的傅里叶变换
subplot(324)
```

```
ezplot(abs(Fw1),[-5*pi 5*pi -0.1 1.2]), grid on          % 绘制信号 f(2t)的幅度谱
title('f(2t)的幅度谱')

ft2 = str2sym('heaviside(t*1/2+1) - heaviside(t*1/2-1)');   % 门函数 f(t/2)的符号表达式
subplot(325)
ezplot(ft2,[-2.5 2.5]), grid on                          % 绘制信号 f(t/2)
title('信号 f(1/2t)')
Fw2 = simplify(fourier(ft2));                            % 求取信号 f(t/2)的傅里叶变换
subplot(326)
ezplot(abs(Fw2),[-5*pi 5*pi -0.1 4.2]), grid on          % 绘制信号 f(t/2)的幅度谱
title('f(1/2t)的幅度谱')
```

程序运行结果如图 2-58 所示。

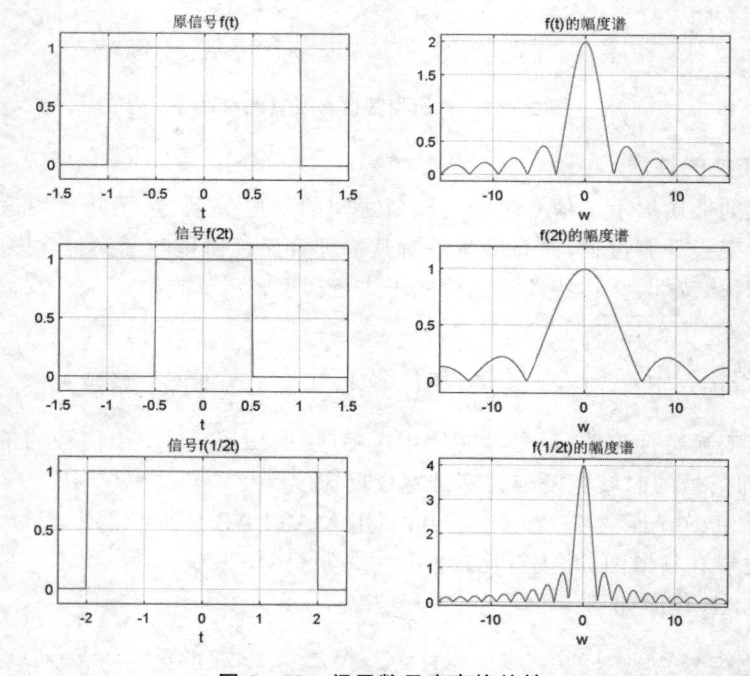

图 2-58 门函数尺度变换特性

由图 2-58 可知，当信号 $f(t)$在时域中压缩至一半时，其频谱在频域中拓宽了 1 倍，而频谱幅度降为原来的一半；当信号 $f(t)$在时域中拓宽 1 倍时，其频谱在频域中压缩至一半，而频谱幅度增长为原来的 1 倍。据此，可得出信号尺度变换的一般规律：

① $0<a<1$，时域扩展，频带压缩。即脉冲持续时间增加 a 倍，变化慢。信号在频域的频带压缩至$\frac{1}{a}$。高频分量减少，而幅度上升 a 倍。

② $a>1$，时域压缩，频域扩展。即信号在时域持续时间短，变化快。信号在频域的高频分量增加，频带展宽，而各分量的幅度下降至$\frac{1}{a}$。

③ $a=-1$，时域反转，频域也反转。

（2）时移特性

若 $f(t) \leftrightarrow F(\mathrm{j}\omega)$，且 t_0 为实常数，则有 $f(t-t_0) \longleftrightarrow F(\mathrm{j}\omega)\mathrm{e}^{-\mathrm{j}\omega t_0}$。时移特性表明，信号 $f(t)$ 在时域中沿时间轴右移（即延时）t_0，其在频域中所有频率"分量"相应落后相位 ωt_0，而其幅度保持不变。也就是说，信号的时移不影响幅度谱，只是相位谱产生附加变化 $-\omega t_0$。

【例 2-67】 已知 $f(t)=\mathrm{e}^{-2|t|}$，利用 MATLAB 分别绘制出信号 $f(t)$、$f(t-2)$ 的幅度谱和相位谱，并比较时域平移导致频域中相位的变化。

解 MATLAB 程序如下：

```
ft = str2sym('exp( - 2 * abs(t)) ');                    % 信号 f(t)的符号表达式
subplot(321)
ezplot(ft), grid on                                      % 绘制信号 f(t)
title('原信号 f(t)')
Fw = simplify(fourier(ft));                              % 求取信号 f(t)的傅里叶变换
subplot(323)
ezplot(abs(Fw)), grid on                                 % 绘制信号 f(t)的幅度谱
title('f(t)的幅度谱')
phase = angle(Fw);                                       % 求信号 f(t)傅里叶变换的相位
subplot(325)
ezplot(phase), grid on                                   % 绘制信号 f(t)的相位谱
title('f(t)的相位谱')

ft1 = str2sym('exp( - 2 * abs(t - 1)) ');                % 信号 f(t - 1)的符号表达式
subplot(322)
ezplot(ft1), grid on                                     % 绘制信号 f(t - 1)
title('信号 f(t - 1)')
Fw1 = simplify(fourier(ft1));                            % 求取信号 f(t - 1)的傅里叶变换
subplot(324)
ezplot(abs(Fw1)), grid on                                % 绘制信号 f(t - 1)的幅度谱
title('f(t - 1)的幅度谱')
phase1 = angle(Fw1);                                     % 求信号 f(t - 1)傅里叶变换的相位
subplot(326)
ezplot(phase1), grid on                                  % 绘制信号 f(t - 1)的相位谱
title('f(t - 1)的相位谱')
```

程序运行结果如图 2-59 所示。由图可以看出，信号 $f(t)$ 时移后，其幅度谱没有发生变化，只是相位谱产生了变化。

（3）频移特性

若 $f(t) \leftrightarrow F(\mathrm{j}\omega)$，且 ω_0 为实常数，则有 $f(t)\mathrm{e}^{\mathrm{j}\omega_0 t} \leftrightarrow F(\mathrm{j}(\omega-\omega_0))$。信号的频移特性表明，信号 $f(t)$ 在时域中乘以 $\mathrm{e}^{\mathrm{j}\omega_0 t}$（或 $\mathrm{e}^{-\mathrm{j}\omega_0 t}$）相当于 $f(t)$ 的频谱 $F(\mathrm{j}\omega)$ 沿频率轴向右（左）平移 ω_0。

频域技术在各类电子系统中应用广泛，如调幅、同步解调等都是在频谱搬移的基础上实现的。实现频谱搬移的原理就是将调制信号 $f(t)$ 乘以载频信号 $\cos(\omega_0 t)$ 或 $\sin(\omega_0 t)$，得到高频已调信号 $y(t)$，即

$$f(t)\cos\omega_0 t \leftrightarrow \frac{1}{2}[F(\mathrm{j}(\omega+\omega_0))+F(\mathrm{j}(\omega-\omega_0))] \tag{2-38}$$

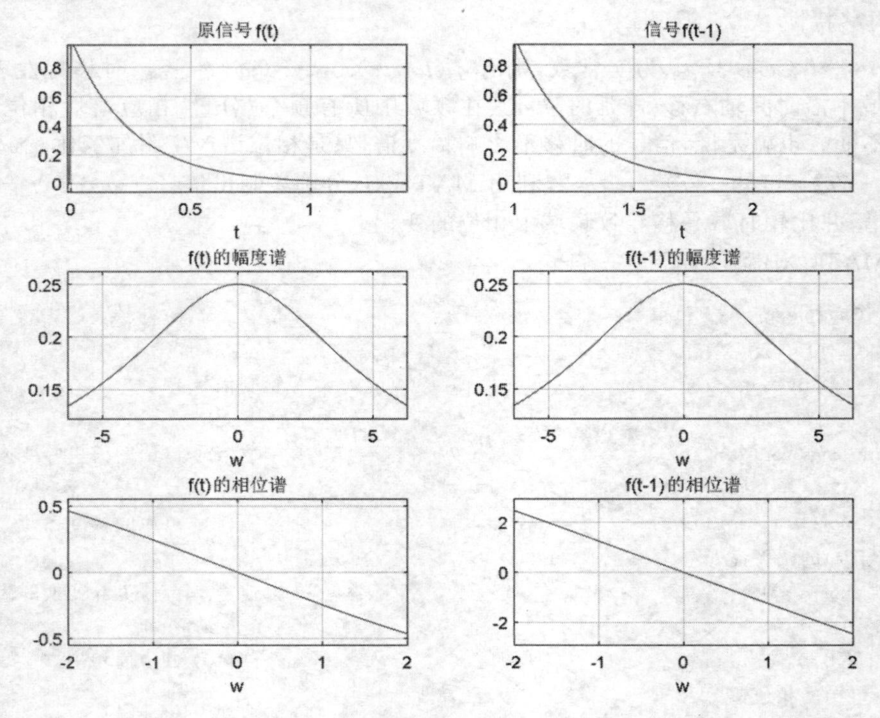

图 2-59 傅里叶变换的时移特性

$$f(t)\sin\omega_0 t \leftrightarrow \frac{\mathrm{j}}{2}[F(\mathrm{j}(\omega+\omega_0))-F(\mathrm{j}(\omega-\omega_0))] \tag{2-39}$$

上式说明,信号 $f(t)$乘以载频信号 $\cos(\omega_0 t)$或 $\sin(\omega_0 t)$,等效于 $f(t)$的频谱 $F(\mathrm{j}\omega)$一分为二,沿频率轴向左和向右平移 ω_0,这个过程称为调制,故频移性质也称为调制性质。下面以门函数为调制信号进行举例说明。

【例 2-68】 已知 $f(t)=g_2(t)$,利用载频信号 $\cos(5\pi t)$进行调制,得到调制信号 $y(t)=g_2\cos(5\pi t)$,利用 MATLAB 分别绘制出信号 $f(t)$、$y(t)$的频谱图,并观察傅里叶变换的频域特性。

解 MATLAB 程序如下:

```
ft = str2sym('heaviside(t + 1) - heaviside(t - 1)');
subplot(221)
ezplot(ft,[ - 1.5 1.5]), grid on
title(' 调制信号 f(t)')
Fw = simplify(fourier(ft));
subplot(222)
ezplot(abs(Fw),[ - 50 50 - 0.1 2.1]), grid on
title(' 调制信号 f(t)的频谱 ')
yt = str2sym('cos(10 * pi * t). * (heaviside(t + 1) - heaviside(t - 1))');
subplot(223)
ezplot(yt,[ - 1.5 1.5]), grid on
title(' 已调信号 y(t)')
```

```
Yw = simplify(fourier(yt));
subplot(224)
ezplot(abs(Yw),[-50 50 -0.1 2.1]), grid on
title('已调信号 y(t)的频谱')
```

程序运行结果如图 2-60 所示。由图可以看出，调制后的信号频谱发生了搬移。

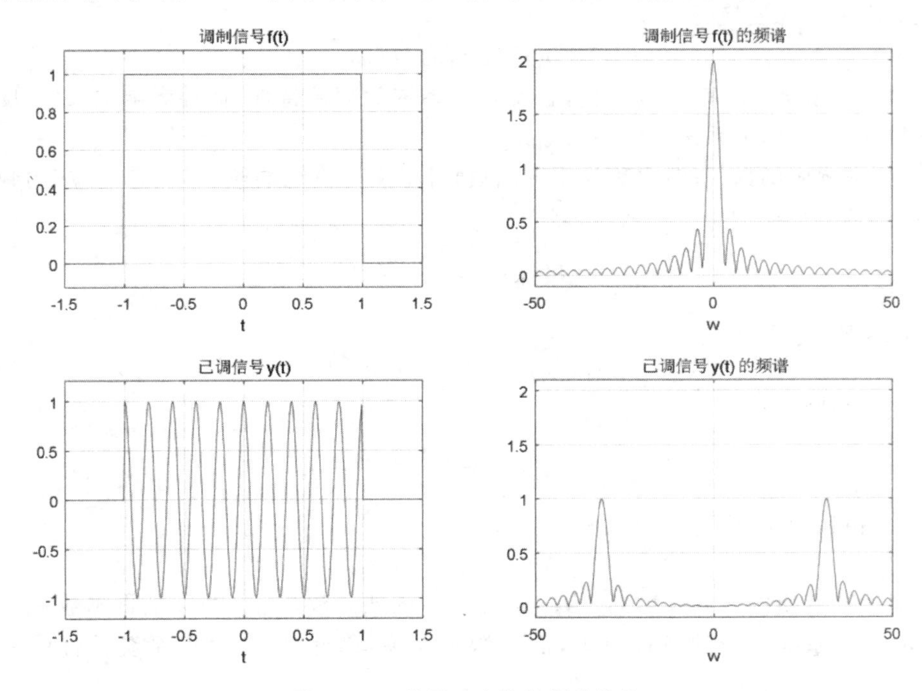

图 2-60　傅里叶变换的频移特性

(三) 思考题

1. 利用 MATLAB 求解下列信号的傅里叶变换，并绘制其频谱图。

(1) $f(t)=\dfrac{\sin[2\pi(t-2)]}{\pi(t-2)}$；　　(2) $f(t)=e^{-2t}\varepsilon(t+1)$。

2. 利用 MATLAB 求解下列信号的傅里叶反变换，并绘制其时域波形图。

(1) $F(j\omega)=[\varepsilon(\omega)-\varepsilon(\omega-2)]e^{-j\omega}$；　　(2) $F(j\omega)=\dfrac{5}{3+j\omega}+\dfrac{2}{5+j\omega}$。

3. 已知两个门函数的卷积为三角信号，利用 MATLAB 验证傅里叶变换的时域卷积定理。

八、连续系统的频域分析

(一) 实验目的

1. 掌握运用 MATLAB 分析连续 LTI 系统频率特性的方法；
2. 掌握运用 MATLAB 进行连续 LTI 系统的频域分析。

(二) 实验原理及实例分析

1. 连续 LTI 系统的频率特性

设连续 LTI 系统的冲激响应为 $h(t)$，当激励为 $f(t)$时，其零状态响应为

$$y(t)=f(t)*h(t) \tag{2-40}$$

对上式求傅里叶变换得

$$Y(\mathrm{j}\omega)=F(\mathrm{j}\omega)H(\mathrm{j}\omega) \tag{2-41}$$

$H(\mathrm{j}\omega)$称为系统的频率响应函数，它反映了系统的频域特性，而冲激响应 $h(t)$反映了系统的时域特性，二者的关系是一傅里叶变换对。

通常，频率响应函数(有时也称为系统函数)可定义为系统响应(零状态响应)的频谱函数 $Y(\mathrm{j}\omega)$与激励的频谱函数 $F(\mathrm{j}\omega)$之比，即

$$H(\mathrm{j}\omega)=\frac{Y(\mathrm{j}\omega)}{F(\mathrm{j}\omega)} \tag{2-42}$$

它是频率的复函数，可写为

$$H(\mathrm{j}\omega)=|H(\mathrm{j}\omega)|\mathrm{e}^{\mathrm{j}\varphi(\omega)} \tag{2-43}$$

其幅频特性(幅频响应)为

$$|H(\mathrm{j}\omega)|=\frac{|Y(\mathrm{j}\omega)|}{|F(\mathrm{j}\omega)|} \tag{2-44}$$

其相频特性(相频响应)为

$$\varphi(\omega)=\theta_y(\omega)-\theta_f(\omega) \tag{2-45}$$

根据傅里叶变换的奇偶性可知，$|H(\mathrm{j}\omega)|$是 ω 的偶函数，$\varphi(\omega)$是 ω 的奇函数。

$H(\mathrm{j}\omega)$只与系统本身的特性有关，而与激励无关，因此，它是表征系统特性的一个重要参数。

MATLAB 信号处理工具箱中提供了 freqs 函数来计算系统的频率响应的数值解，并可绘制出系统的幅频及相频响应曲线。其调用格式如下：

H=freqs(b,a,ω)

其中，输入参量 b 和 a 分别表示 $H(\mathrm{j}\omega)$的分子和分母多项式的系数向量；ω 为系统频率响应的频率范围，其一般形式为 ω_1:p:ω_2，其中 ω_1 为频率起始值，ω_2 为频率终止值，p 为频率的取样间隔；输出参数 H 为返回在 ω 所定义的频率点上频率响应的样值。

freqs(b,a)

其中，输入参量 b 和 a 与上述格式相同。该调用格式不返回系统频率响应的样值，而是做出系统的幅频特性和相频特性的波特图。

【例 2-69】 已知一个连续 LTI 系统的微分方程为

$$y'''(t)+4y''(t)+3y'(t)+5y(t)=8f'(t)+2f(t)$$

求该系统的频率响应，并用 MATLAB 绘制出其幅频特性和相频特性图。

解 对该系统的微分方程两边取傅里叶变换，得

$$Y(\mathrm{j}\omega)[(\mathrm{j}\omega)^3+4(\mathrm{j}\omega)^2+3(\mathrm{j}\omega)+5]=F(\mathrm{j}\omega)[8(\mathrm{j}\omega)+2]$$

因此，频率响应函数为

$$H(\mathrm{j}\omega)=\frac{Y(\mathrm{j}\omega)}{F(\mathrm{j}\omega)}=\frac{8(\mathrm{j}\omega)+2}{(\mathrm{j}\omega)^3+4(\mathrm{j}\omega)^2+3(\mathrm{j}\omega)+5}$$

MATLAB 程序如下：

```
w = -3*pi:0.01:3*pi;
b = [8,2];
a = [1,4,3,5];
H = freqs(b,a,w);
subplot(211)
plot(w,abs(H)),grid on
xlabel('\omega(rad/s)'),ylabel('|H(\omega)|')
title('H(jw)的幅频特性')
subplot(212)
plot(w,angle(H)),grid on
xlabel('\omega(rad/s)'),ylabel('phi(\omega)')
title('H(jw)的相频特性')
```

程序运行结果如图 2-61 所示。

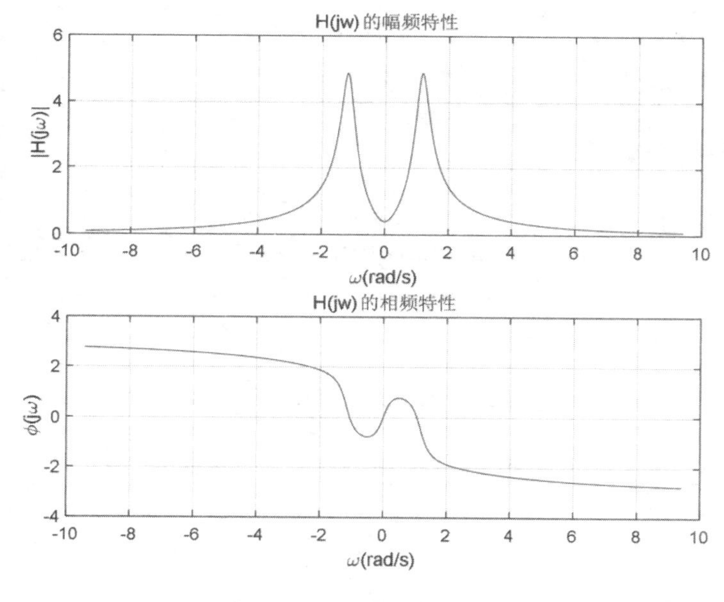

图 2-61 系统的频率响应

【例 2-70】 图 2-62 为 *RLC* 元件构成的低通滤波器，其中 $u_1(t)$、$u_2(t)$ 分别为输入、输出电压信号，$L=0.4$ H、$C=0.1$ F、$R=2$ Ω。试用 MATLAB 求其频率响应并绘制幅频特性和相频特性曲线。

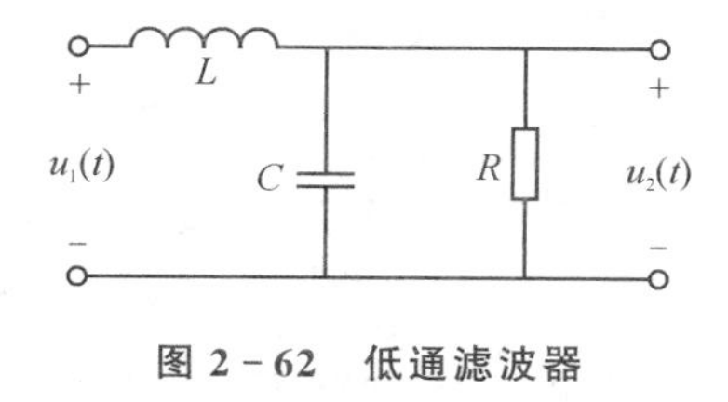

图 2-62 低通滤波器

解 低通滤波器的频率响应为

$$H(\mathrm{j}\omega)=\frac{U_2(\mathrm{j}\omega)}{U_1(\mathrm{j}\omega)}=\frac{\dfrac{1}{\dfrac{1}{R}+\mathrm{j}\omega C}}{\mathrm{j}\omega L+\dfrac{1}{\dfrac{1}{R}+\mathrm{j}\omega C}}=\frac{1}{1-\omega^2 LC+\mathrm{j}\omega\dfrac{L}{R}}=\frac{1}{0.04(\mathrm{j}\omega)^2+0.2\mathrm{j}\omega+1}$$

代入参数，低通滤波器的截止频率为

$$\omega_c=\frac{1}{\sqrt{LC}}=5\ \mathrm{rad/s}$$

MATLAB 程序如下：

```
w = -6 * pi:0.01:6 * pi;
b = [1];
a = [0.04,0.2,1];
H = freqs(b,a,w);
subplot(211)
plot(w,abs(H)),grid on
xlabel('\omega(rad/s)'),ylabel('|H(\omega)|')
title('低通滤波器的幅频特性')
subplot(212)
plot(w,angle(H)),grid on
xlabel('\omega(rad/s)'),ylabel('\phi(\omega)')
title('低通滤波器的相频特性')
```

程序运行结果如图 2-63 所示。

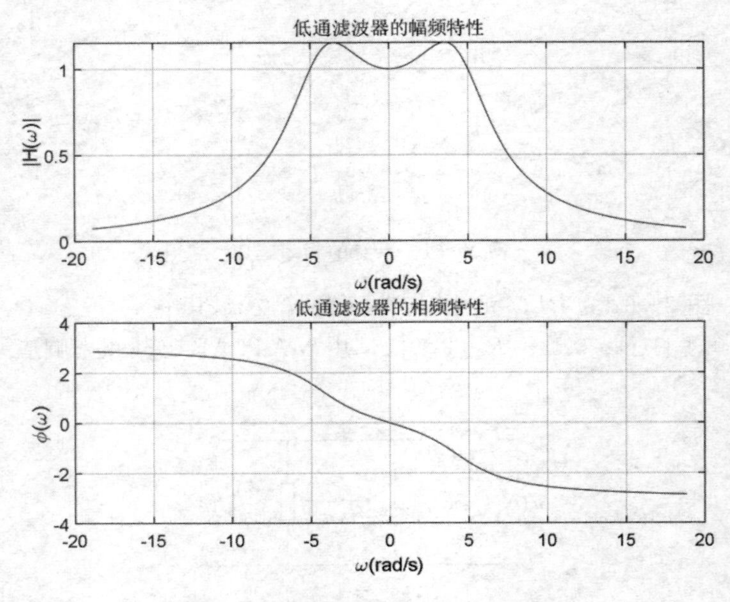

图 2-63　低通滤波器的频率响应

2. 连续 LTI 系统的频域分析

利用频域响应函数分析系统问题的方法称为频域分析法或傅里叶变换法。时域分析与频域分析的关系图如图 2－64 所示。

时域分析与频域分析是从不同的角度对 LTI 系统进行分析的两种方法。时域分析是在时间域内进行的，它可以比较直观地得出系统响应的波形，不需要对输入和输出进行变换域的转换，但是卷积的运算比较复杂，在实际应用中具有较大的局限性；频域分析是在频率域内进行的，它可以直观地看出系统对激励信号频谱的改造过程，得到系统响应的频谱结构，计算方便，其缺点是需要对输入和输出信号进行正、反傅里叶变换。

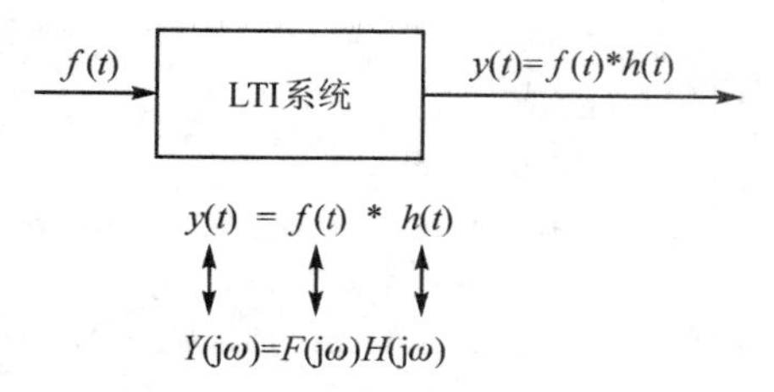

图 2－64 时域分析与频域分析的关系图

现实生活中所有的信号都呈现于时域之中，而最终的答案也必须是在时域。利用频域函数求系统的响应，首先要将时域输入转换到频域中的对等部分，问题本身是在频域解决，所得答案 $Y(\mathrm{j}\omega)$ 也在频域，最后将 $Y(\mathrm{j}\omega)$ 转换为 $y(t)$。

下面列出频域分析法求响应的步骤：

① 求输入信号 $f(t)$ 的频谱函数 $F(\mathrm{j}\omega)$；

② 求频率响应函数 $H(\mathrm{j}\omega)$；

③ 求系统响应的频谱函数 $Y(\mathrm{j}\omega)=F(\mathrm{j}\omega)H(\mathrm{j}\omega)$；

④ 取逆变换得时域响应 $y(t)=F^{-1}[Y(\mathrm{j}\omega)]$。

【例 2－71】 图 2－65 所示为 RC 低通滤波电路，在输入端加入矩形脉冲 $u_1(t)$，利用频域分析法求输出端电压 $u_2(t)$，其中 $R=2\ \mathrm{k}\Omega, C=1\ \mu\mathrm{F}, E=1, \tau=1$。

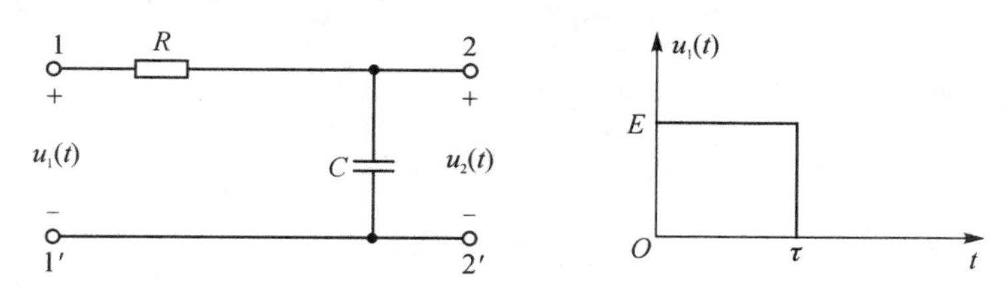

图 2－65 *RC* 低通滤波电路图

解 RC 低通滤波器的频率响应为

$$H(\mathrm{j}\omega)=\frac{U_1(\mathrm{j}\omega)}{U_2(\mathrm{j}\omega)}=\frac{\frac{1}{RC}}{\frac{1}{RC}+\mathrm{j}\omega}=\frac{5}{5+\mathrm{j}\omega}$$

输入信号的傅里叶变换为

$$U_1(\mathrm{j}\omega)=\frac{1-\mathrm{e}^{-\mathrm{j}\omega}}{\mathrm{j}\omega}$$

由此可得输出端电压的傅里叶变换为

$$U_2(\mathrm{j}\omega)=H(\mathrm{j}\omega)U_1(\mathrm{j}\omega)=\frac{5(1-\mathrm{e}^{-\mathrm{j}\omega})}{\mathrm{j}\omega(5+\mathrm{j}\omega)}=\frac{5(1-\mathrm{e}^{-\mathrm{j}\omega})}{(\mathrm{j}\omega)^2+5\mathrm{j}\omega}$$

MATLAB 程序如下：

```
w = -6 * pi:0.01:6 * pi;
b = [5];
a = [1,5];
H1 = freqs(b,a,w);
plot(w,abs(H1)),grid on
xlabel('\omega(rad/s)'),ylabel('|H(j\omega)|')
title('RC 低通滤波电路的幅频特性')
u1t = str2sym('heaviside(t) - heaviside(t - 1)');
U1w = simplify(fourier(u1t));
figure
subplot(221),ezplot(u1t,[-0.2 2]),grid on
title('矩形脉冲信号')
xlabel('t(s)'),ylabel('x(t)')
subplot(222),ezplot(abs(U1w),[-6 * pi 6 * pi]),grid on
title('矩形脉冲的频谱')
xlabel('\omega(rad/s)'),ylabel('U1(j\omega)')
U2w = str2sym('5 * (1 - exp(-i * w))/(5 * i * w - w^2)');
u2t = simplify(ifourier(U2w));
subplot(223),ezplot(u2t,[-0.2 2]),grid on
title('响应的时域波形')
xlabel('t(s)'),ylabel('y(t)')
subplot(224),ezplot(abs(U2w),[-6 * pi 6 * pi]),grid on
title('响应的频谱')
xlabel('\omega(rad/s)'),ylabel('U2(j\omega)')
```

程序运行结果如图 2-66 和图 2-67 所示。

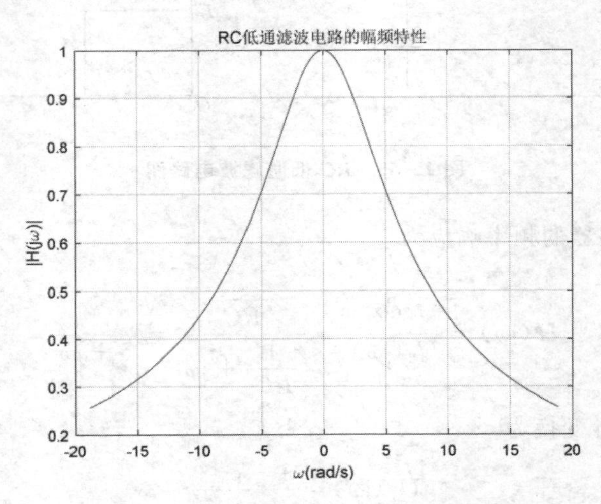

图 2-66　*RC* 低通滤波电路的幅频特性

由图 2-67 可知，时域的输入信号 $u_1(t)$ 与输出信号 $u_2(t)$ 相比，波形发生了失真，$u_2(t)$ 波形上升和下降部分比 $u_1(t)$ 波形平缓很多。从频域波形可知，输出信号的频谱 $U_2(j\omega)$ 跟输

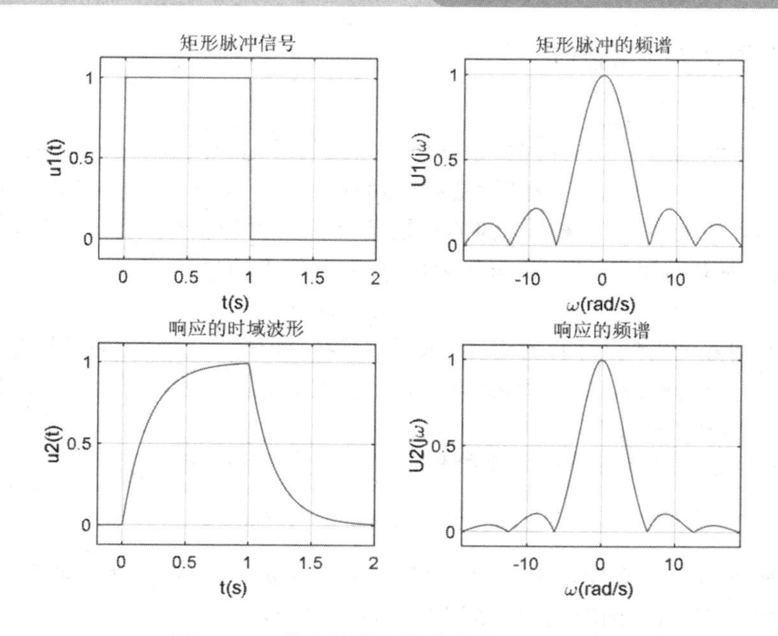

图 2-67　输入信号及其响应的波形与频谱

入信号的频谱 $U_1(\mathrm{j}\omega)$ 相比，高频分量衰减严重，这正体现了低通滤波电路具有将低频部分保留、高频部分滤除的作用。

（三）思考题

1. 已知一个连续 LTI 系统的微分方程为

$$y'''(t)+y''(t)+5y'(t)+3y(t)=-3f'(t)+f(t)$$

求该系统的频率响应，并用 MATLAB 绘制出其幅频特性和相频特性图。

2. 求例 2-71 中 1、2 端的输出电压 $u_3(t)$（见图 2-68），画出系统频率响应函数的幅度谱，以及输出电压的波形图。

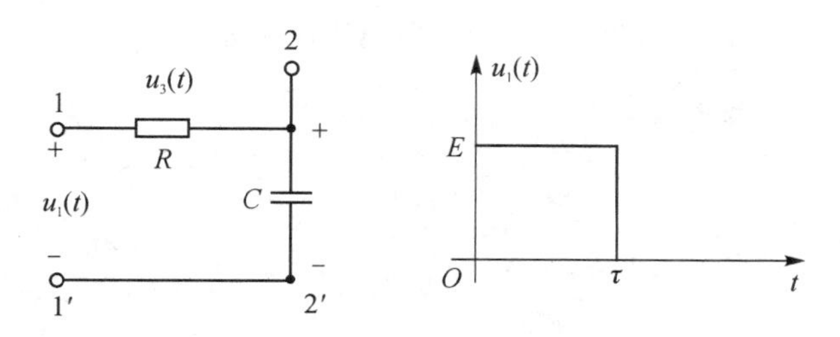

图 2-68　*RC* 电路图

九、信号的抽样与恢复

（一）实验目的

1. 运用 MATLAB 完成信号抽样并对抽样信号的频谱进行分析；
2. 运用 MATLAB 改变抽样间隔，观察抽样后信号的频谱变化；
3. 运用 MATLAB 对抽样后的信号进行恢复。

（二）实验原理及实例分析

1. 信号抽样

信号抽样是连续信号分析向离散信号分析，连续信号处理向数字信号处理的第一步，在实际系统中应用非常广泛。所谓“抽样”就是利用抽样脉冲序列 $s(t)$ 从连续信号 $f(t)$ 中“抽取”一系列的离散样本值的过程。这样得到的离散信号称为抽样信号，用 $f_s(t)$ 表示。从数学上讲，抽样过程就是抽样脉冲序列 $s(t)$ 与连续信号 $f(t)$ 相乘的过程，即

$$f_s(t)=f(t)s(t)$$

如果各脉冲间隔的时间相同，均为 T_s，则称为均匀抽样。T_s 称为抽样周期，$f_s=1/T_s$ 称为抽样频率，$\omega_s=2\pi f_s=2\pi/T_s$ 称为抽样角频率。因此，可以用傅里叶变换的频域卷积性质来求抽样信号 $f_s(t)$ 的频谱。

若 $f(t)\leftrightarrow F(\mathrm{j}\omega)$，$s(t)\leftrightarrow S(\mathrm{j}\omega)$，则抽样信号 $f_s(t)$ 的频谱函数为

$$F_s(\mathrm{j}\omega)=\frac{1}{2\pi}F(\mathrm{j}\omega)*S(\mathrm{j}\omega) \tag{2-46}$$

若抽样脉冲序列 $s(t)$ 是周期为 T_s 的冲激函数序列 $\delta_{T_s}(t)$，则称为冲激取样，也称为理想取样。冲激序列 $\delta_{T_s}(t)$ 的频谱函数也是周期冲激序列，即

$$S(\mathrm{j}\omega)=F[\delta_{T_s}(t)]=F\left[\sum_{n=-\infty}^{\infty}\delta(t-nT_s)\right]=\omega_s\sum_{n=-\infty}^{\infty}\delta(\omega-n\omega_s) \tag{2-47}$$

则抽样信号 $f_s(t)$ 的频谱为

$$F_s(\mathrm{j}\omega)=\frac{1}{2\pi}F(\mathrm{j}\omega)*S(\mathrm{j}\omega)=\frac{1}{T_s}\sum_{n=-\infty}^{\infty}F(\mathrm{j}\omega)*\delta(\omega-n\omega_s)=\frac{1}{T_s}\sum_{n=-\infty}^{\infty}F[\mathrm{j}(\omega-n\omega_s)] \tag{2-48}$$

由上式可以看出，信号在时域被抽样后，它的频谱是原连续信号的频谱以抽样角频率为间隔周期的延拓，即信号在时域抽样，对应于频域周期化。

【例 2-72】 已知信号 $f(t)=\mathrm{Sa}^2(5\pi t)$，试用 MATLAB 实现该信号经理想抽样后得到的抽样信号 $f_s(t)$ 及其频谱。

解 采用抽样间隔为 $T_s=0.05$ s 时，MATLAB 程序如下：

```
clear;
dt = 0.01;
t = -1:dt:1;
f = sinc(5 * t).^2;                          % 原始信号 f(t)
subplot(221);
plot(t,f);                                   % 绘制原始信号 f(t)波形
title('原始信号 f(t)');
dw = 0.01;
w = -100 * pi:dw:100 * pi;
F = f * exp(-j * t' * w) * dt;               % 傅里叶变换的数值计算
subplot(222);
plot(w,abs(F));                              % 绘制原始信号 f(t)的频谱
title('原始信号的频谱 F(jw)');

dt1 = 0.05;                                  % 抽样周期 0.05
```

```
t1 = -1:dt1:1;
f = sinc(5 * t1).^2;
subplot(223);
stem(t1,f);                                    % 绘制抽样后的信号 fs(t)波形
title('抽样信号 fs(t)');
dw = 0.01;
w = -100 * pi:dw:100 * pi;
F = f * exp(-j * t1' * w) * dt1;               % 傅里叶变换的数值计算
subplot(224);
plot(w,abs(F));                                % 绘制原始信号 fs(t)的频谱
title('抽样信号的频谱 Fs(jw)');
```

程序运行结果如图 2-69 所示。

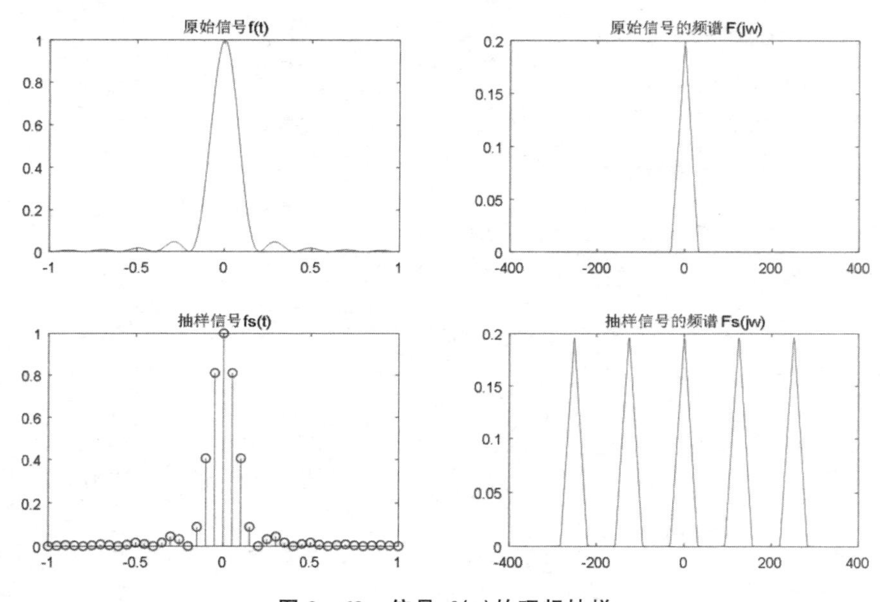

图 2-69　信号 $f(t)$ 的理想抽样

由图 2-69 可知，信号 $f(t)=\mathrm{Sa}^2(5\pi t)$ 的频谱在抽样后发生了周期延拓，频域上该周期为 $\omega_s=2\pi/T_s=40\pi$。

2. 时域抽样定理

若 $f(t)$ 是带限信号，带宽为 ω_m，则信号 $f(t)$ 可唯一地由其在均匀间隔 $T_s(T_s<1/2f_m)$ 上的样点值来唯一表示。

$f(t)$ 经抽样后的频谱 $F_s(j\omega)$ 就是将信号 $f(t)$ 的频谱 $F(j\omega)$ 在频率轴上以抽样频率 ω_s 为间隔进行周期延拓。因此，当 $\omega_s\geqslant 2\omega_m$，或者抽样间隔 $T_s\leqslant\pi/\omega_m(T_s=2\pi/\omega_s)$ 时，周期延拓后频谱 $F_s(j\omega)$ 不会产生频率混叠；当 $\omega_s<2\omega_m$ 时，周期延拓后频谱 $F_s(j\omega)$ 将会产生频率混叠。通常把满足抽样定理要求的最低抽样频率 $f_s=2f_m(f_s=\omega_s/2\pi、f_m=\omega_m/2\pi)$ 称为奈奎斯特频率，把最大允许的抽样间隔 $T_s=1/f_s=1/2f_m$ 称为奈奎斯特间隔。

【例 2-73】　用例 2-72 来验证抽样定理。

解　对例 2-72 中信号 $f(t)$ 进行分析，可以得到 $F(j\omega)=0.2\Delta(\omega/20\pi)$，其带宽为 5 Hz

(10π rad/s),可知其奈奎斯特采样频率应为带宽的 2 倍,即 10 Hz(20π rad/s)。

分别在 MATLAB 程序中选用:欠采样频率为 4 Hz,奈奎斯特采样频率为 10 Hz,过采样频率为 40 Hz。

MATLAB 程序如下:

```
clear;
dt = 0.01;
t = -1:dt:1;
f = sinc(5 * t).^2;                          % 原始信号 f(t)
subplot(421);
plot(t,f);                                   % 绘制原始信号 f(t)波形
title('原始信号 f(t)');
dw = 0.01;
w = -100 * pi:dw:100 * pi;
F = f * exp(-j * t' * w) * dt;               % 傅里叶变换的数值计算
subplot(422);
plot(w,abs(F));                              % 绘制原始信号 f(t)的频谱
title('原始信号的频谱 F(jw)');
dt1 = 0.025;                                 % 抽样周期 0.025
t1 = -1:dt1:1;
f = sinc(5 * t1).^2;
subplot(423);
stem(t1,f);                                  % 绘制抽样后的信号 fs(t)波形
title('抽样信号 fs(t),抽样频率 40Hz');
dw = 0.01;
w = -100 * pi:dw:100 * pi;
F = f * exp(-j * t1' * w) * dt1;             % 傅里叶变换的数值计算
subplot(424);
plot(w,abs(F));                              % 绘制原始信号 fs(t)的频谱
title('抽样信号的频谱 Fs(jw) ,抽样频率 40Hz ');
dt2 = 0.1;                                   % 奈奎斯特采样周期 0.1
t2 = -1:dt2:1;
f = sinc(5 * t2).^2;
subplot(425);
stem(t2,f);
title('采样信号 fs(t),抽样频率 10Hz');
dw = 0.01;
w = -100 * pi:dw:100 * pi;
F = f * exp(-j * t2' * w) * dt2;
subplot(426);
plot(w,abs(F));
title('抽样信号的频谱 Fs(jw),抽样频率 10Hz ');
dt3 = 0.25;                                  % 欠采样周期 0.25
t3 = -1:dt3:1;
f = sinc(5 * t3).^2;
```

```
subplot(427);
stem(t3,f);
title('采样信号 fs(t),抽样频率 4Hz');
dw = 0.01;
w = -100 * pi:dw:100 * pi;
F = f * exp(-j * t3' * w) * dt3;
subplot(428);
plot(w,abs(F));
title('抽样信号的频谱 Fs(jw),抽样频率 4Hz ');
```

程序运行结果如图 2-70 所示。

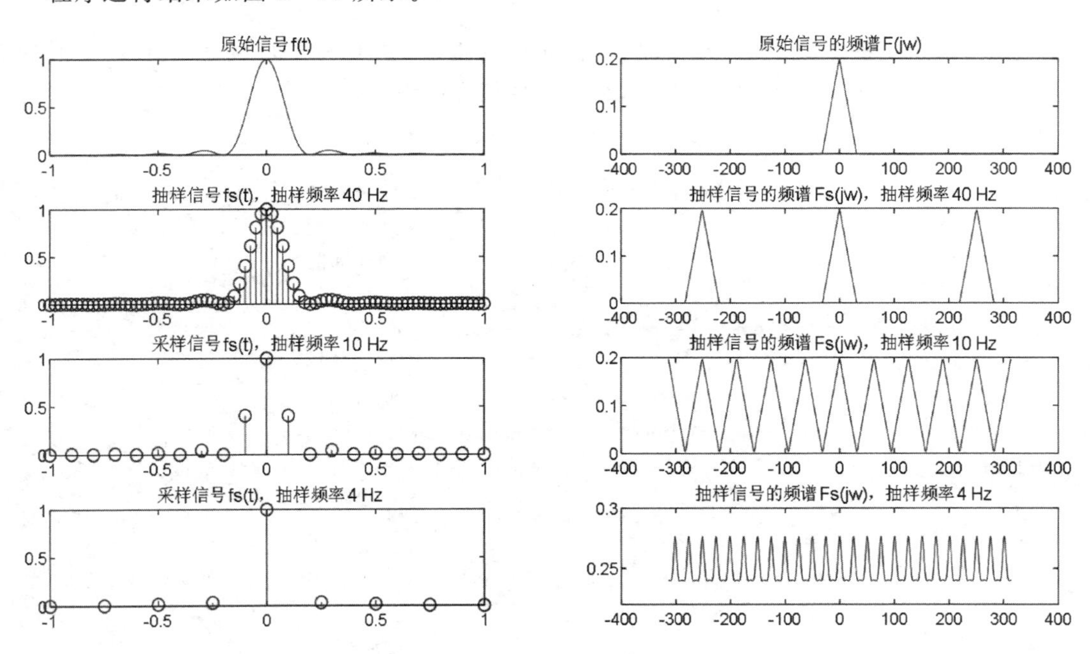

图 2-70　信号的过采样、临界采样和欠采样

由图 2-70 可知，当抽样频率 f_s 取低于奈奎斯特频率时，产生频谱混叠现象。把 $f_s<2f_m$ 的抽样，称为欠采样；把 $f_s=2f_m$ 的抽样，称为临界采样；把 $f_s>2f_m$ 的抽样，称为过采样。

3. 信号的恢复

抽样定理表明，当抽样间隔小于奈奎斯特间隔时，可用抽样信号 $f_s(t)$ 唯一地表示原信号 $f(t)$，即信号的恢复。为了从频谱中无失真地恢复原信号，可用截止频率为 $\omega_c \geqslant \omega_m$ 的理想低通滤波器，其频谱为

$$H(\mathrm{j}\omega)=\begin{cases} T_s, & |\omega|<\omega_m \\ 0, & |\omega| \geqslant \omega_m \end{cases} \tag{2-49}$$

设理想低通滤波器的冲激响应为 $h(t)$，即

$$f(t)=f_s(t) * h(t) \tag{2-50}$$

由于
$$f_s(t)=\sum_{n=-\infty}^{\infty} f(nT_s)\delta(t-nT_s) \tag{2-51}$$

$$h(t)=F^{-1}[H(j\omega)]=T_s\frac{\omega_c}{\pi}Sa(\omega_c t) \tag{2-52}$$

因此可得
$$f(t)=\frac{\omega_c T_s}{\pi}\sum_{n=-\infty}^{\infty} f(nT_s)Sa[\omega_c(t-nT_s)] \tag{2-53}$$

上式表明，连续信号 $f(t)$ 可展开为 Sa 函数的无穷级数，该级数的系数等于采样值 $f(nT_s)$。

【例 2-74】 信号 $f(t)=\frac{1}{2}(1+\cos t)(0\leqslant|t|\leqslant\pi)$，假设其截止频率为 $\omega_m=2$，抽样间隔为 $T_s=1$ s，采用截止频率 $\omega_c=1.2\omega_m$ 的低通滤波器对抽样信号进行恢复，计算恢复后的信号与原信号的绝对误差，试用 MATLAB 编程实现信号的恢复。

解 MATLAB 程序如下：

```
wm = 2;                                          %信号带宽
wc = 1.2 * wm;                                   %理想低通滤波器截止频率
Ts = 1;                                          %抽样间隔
t = -4:0.1:4;
ft = ((1 + cos(t))/2). * (heaviside(t + pi) - heaviside(t - pi));        %原信号
n = -100:100;                                    %时域计算点数
nTs = n * Ts;                                    %时域抽样点
fs = ((1 + cos(nTs))/2). * (heaviside(nTs + pi) - heaviside(nTs - pi));   %抽样信号
ft1 = fs * Ts * wc/pi * sinc((wc/pi) * (ones(length(nTs),1) * t - nTs' * ones(1,length(t))));
                                                 %信号恢复
subplot(221)
plot(t,ft)                                       %绘制原信号
xlabel('t'),ylabel('f(t)')
title('原信号 f(t)')
subplot(222)
plot(t,ft,':'),hold on                           %绘制包络线
stem(nTs,fs),grid on                             %绘制抽样信号
axis([-4 4 -0.1 1.1])
xlabel('nTs'),ylabel('f(nTs)')
title('抽样间隔 Ts = 1 时的抽样信号 f(nTs))')
subplot(223)
plot(t,ft1),grid on                              %绘制恢复信号
axis([-4 4 -0.1 1.1])
xlabel('t'),ylabel('f(t)')
title('由 f(nTs)信号恢复的信号 f(t)')
error = abs(ft1 - f1);                           %求取恢复信号与原信号的绝对误差
subplot(224)
plot(t,error),grid on                            %绘制恢复信号与原信号的绝对误差
xlabel('t'),ylabel('error(t)')
title('恢复信号与原信号的绝对误差')
```

程序运行结果如图 2－71 所示。由图可知，恢复后的信号与原信号的误差在 0.02 之内，这是因为当选取信号带宽为 2 rad/s 时，实际上已经将很少的高频分量忽略了。

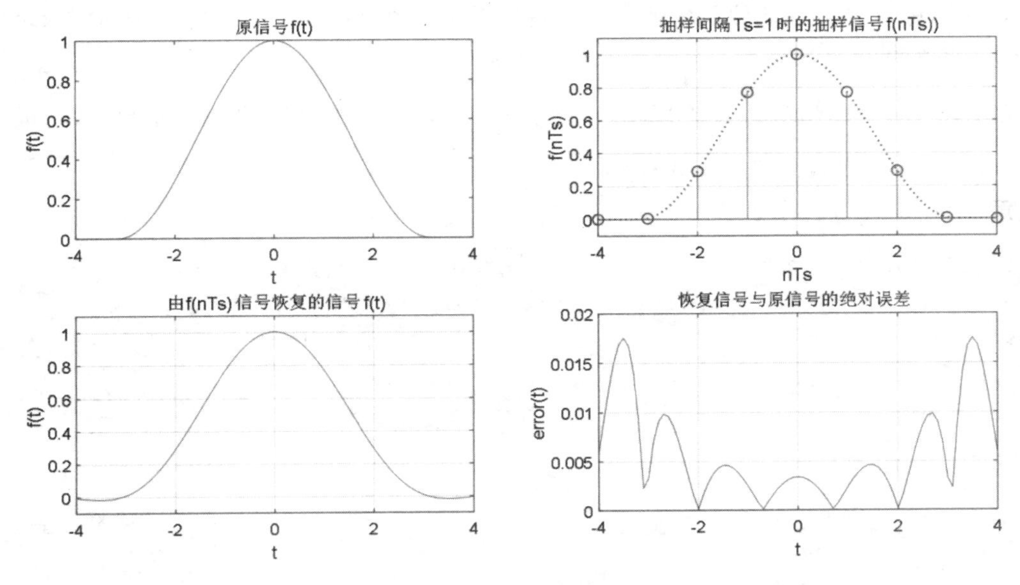

图 2－71　信号的恢复及误差分析

(三) 思考题

1. 已知信号 $f(t)=\mathrm{Sa}(200t)$，计算其奈奎斯特频率，并以不同抽样频率对该信号进行过采样、临界采样和欠采样，画出抽样前后信号的频谱，观察随着抽样频率的变化，信号频谱有何变化。

2. 已知信号 $f(t)=4-|t|\ (0\leqslant t\leqslant 4)$，试用 MATLAB 实现该信号经冲激抽样得到的抽样信号及其频谱，再利用低通滤波器恢复其信号，并求出与原信号的绝对误差。

十、连续系统的极点分布及时域特性

(一) 实验目的

1. 能够利用 MATLAB 分析连续系统的系统函数的零极点；
2. 掌握运用 MATLAB 分析系统函数的零极点分布与系统时域特性之间关系的方法；
3. 了解连续系统的零极点与系统稳定性的关系。

(二) 实验原理及实例分析

1. 系统的零极点分布

系统函数 $H(s)$ 表征系统自身的特性，因此可以通过系统函数 $H(s)$ 的零极点分布情况研究系统的性质。已知 $H(s)$ 的零点、极点，不仅可以得出系统的时域特性，而且可以用来研究系统的稳定性。

在 MATLAB 中，用于绘制系统函数零极点分布图的函数是 pzmap，其调用格式如下：

pzmap(sys)

其中，sys 为由 tf 函数描述的系统函数，使用该命令可绘制出系统函数的零极点分布图。

[p,z]= pzmap(sys)

其中，sys 为由 tf 函数描述的系统函数，p 为返回系统函数所在极点的向量，z 为返回系统函数所在零点的向量。使用该命令将不会绘制出系统的零极点分布图。

【例 2-75】 已知系统函数 $H(s)=\dfrac{s-1}{s^2+5s+6}$，试用 MATLAB 编程求出其零、极点的位置，并画出系统函数的零极点分布图。

解 MATLAB 程序如下：

```
b=[1,-1];                       %系统函数分子多项式的系数向量
a=[1,2,5];                      %系统函数分母多项式的系数向量
sys=tf(b,a);                    %表示 LTI 系统的模型
[p,z]=pzmap(sys)                %零极点向量显示
pzmap(sys)                      %画零极点分布图
```

运行结果如下：

```
p =
  -1.0000 + 2.0000i
  -1.0000 - 2.0000i
z =
  1
```

系统函数的零极点分布图如图 2-72 所示。

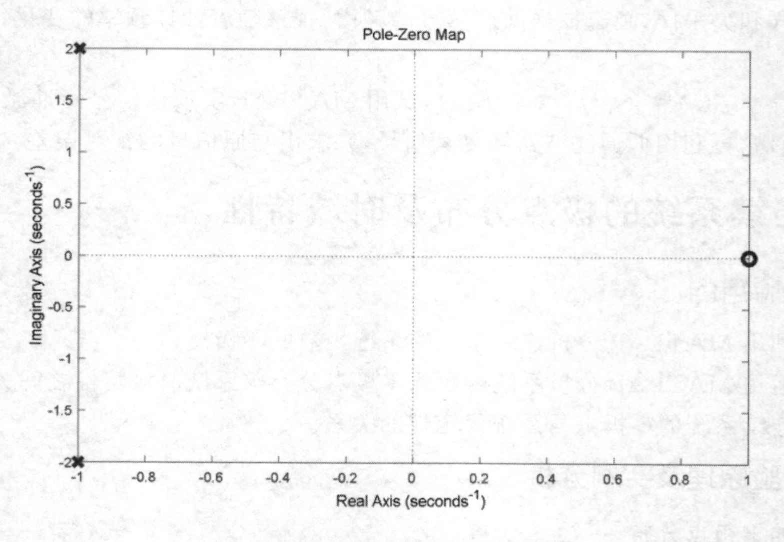

图 2-72 系统函数的零极点分布图

在 MATLAB 中，还提供了一种计算系统函数零极点向量的方法，利用 pole 函数和 zero 函数来实现。例如例 2-75 还可以如下编写程序：

```
b=[1,-1];                                %系统函数分子多项式的系数向量
a=[1,2,5];                               %系统函数分母多项式的系数向量
sys=tf(b,a);                             %表示 LTI 系统的模型
p=pole(sys)                              %显示极点向量
z=zero(sys)                              %显示零点向量
```

运行结果如下：

```
p =
  -1.0000 + 2.0000i
  -1.0000 - 2.0000i
z =
  1
```

所得结果和零极点分布与图 2-72 一致。

2. 系统的零极点分布与系统时域特性的关系

系统函数 $H(s)$是系统的冲激响应 $h(t)$的拉普拉斯变换，与激励信号无关，即 $h(t)=L^{-1}[H(s)]$，所以讨论系统函数 $H(s)$零极点分布规律就可以反映冲激函数 $h(t)$的特性。

已知系统函数 $H(s)$，系统冲激响应 $h(t)$的求解可利用函数 impulse 来实现。

【例 2-76】 已知系统函数：

① $H_1(s)=\frac{1}{s+4}$；　② $H_2(s)=\frac{1}{s-5}$；　③ $H_3(s)=\frac{1}{s^2+1}$；

④ $H_4(s)=\frac{2s}{(s^2+1)^2}$；　⑤ $H_5(s)=\frac{2}{s}$；　⑥ $H_6(s)=\frac{1}{s^2}$。

试用 MATLAB 分别绘制 6 个系统函数的零极点分布图及冲激响应 $h(t)$的波形图，并分析系统函数极点对时域波形的影响。

解　MATLAB 程序如下：

```
b1=[1]; a1=[1,4];                        %系统函数 H1(s)分子、分母多项式的系数向量
sys1=tf(b1,a1);                          %表示系统函数 H1(s)的模型
subplot(121)
pzmap(sys1)                              %绘制系统函数 H1(s)的零极点分布图
subplot(122)
impulse(sys1)                            %绘制系统函数 H1(s)的时域波形
grid on
figure
b2=[1]; a2=[1,-5];                       %系统函数 H2(s)分子、分母多项式的系数向量
sys2=tf(b2,a2);                          %表示系统函数 H2(s)的模型
subplot(121)
pzmap(sys2)                              %绘制系统函数 H2(s)的零极点分布图
subplot(122)
impulse(sys2)                            %绘制系统函数 H2(s)的时域波形
grid on
figure
```

```
b3 = [1]; a3 = [1,0,1];                    % 系统函数 H3(s)分子、分母多项式的系数向量
sys3 = tf(b3,a3);                          % 表示系统函数 H3(s)的模型
subplot(121)
pzmap(sys3)                                % 绘制系统函数 H3(s)的零极点分布图
subplot(122)
impulse(sys3)                              % 绘制系统函数 H3(s)的时域波形
axis([0 40 -2 2])
grid on
figure
b4 = [2,0]; a4 = [1,0,2,0,1];              % 系统函数 H4(s)分子、分母多项式的系数向量
sys4 = tf(b4,a4);                          % 表示系统函数 H4(s)的模型
subplot(121)
pzmap(sys4)                                % 绘制系统函数 H4(s)的零极点分布图
subplot(122)
impulse(sys4)                              % 绘制系统函数 H4(s)的时域波形
axis([0 40 -40 40])
grid on
figure
b5 = [2]; a5 = [1,0];                      % 系统函数 H5(s)分子、分母多项式的系数向量
sys5 = tf(b5,a5);                          % 表示系统函数 H5(s)的模型
subplot(121)
pzmap(sys5)                                % 绘制系统函数 H5(s)的零极点分布图
subplot(122)
impulse(sys5)                              % 绘制系统函数 H5(s)的时域波形
grid on
figure
b6 = [1]; a6 = [1,0,0];                    % 系统函数 H6(s)分子、分母多项式的系数向量
sys6 = tf(b6,a6);                          % 表示系统函数 H6(s)的模型
subplot(121)
pzmap(sys6)                                % 绘制系统函数 H6(s)的零极点分布图
subplot(122)
impulse(sys6)                              % 绘制系统函数 H6(s)的时域波形
axis([0 40 0 50])
grid on
```

系统函数零极点分布图与冲激响应时域波形如图 2-73 所示。

由图 2-73 可知，可以明确系统函数极点分布与时域特性之间的关系：

① 若 $H(s)$ 的极点全部落在 s 左半开平面，则 $h(t)$ 随时间的推移而衰减，表明系统是稳定的，如图 2-73(a)所示。

② 若 $H(s)$ 的极点全部落在 s 右半开平面，则 $h(t)$ 随时间的推移而增长，表明系统是不稳定的，如图 2-73(b)所示。

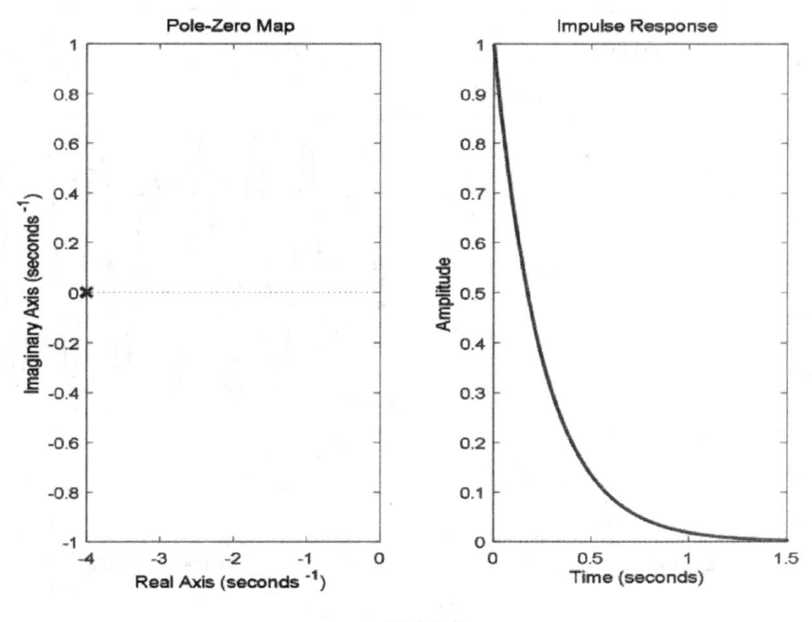

(a) 系统函数$H_1(s)$

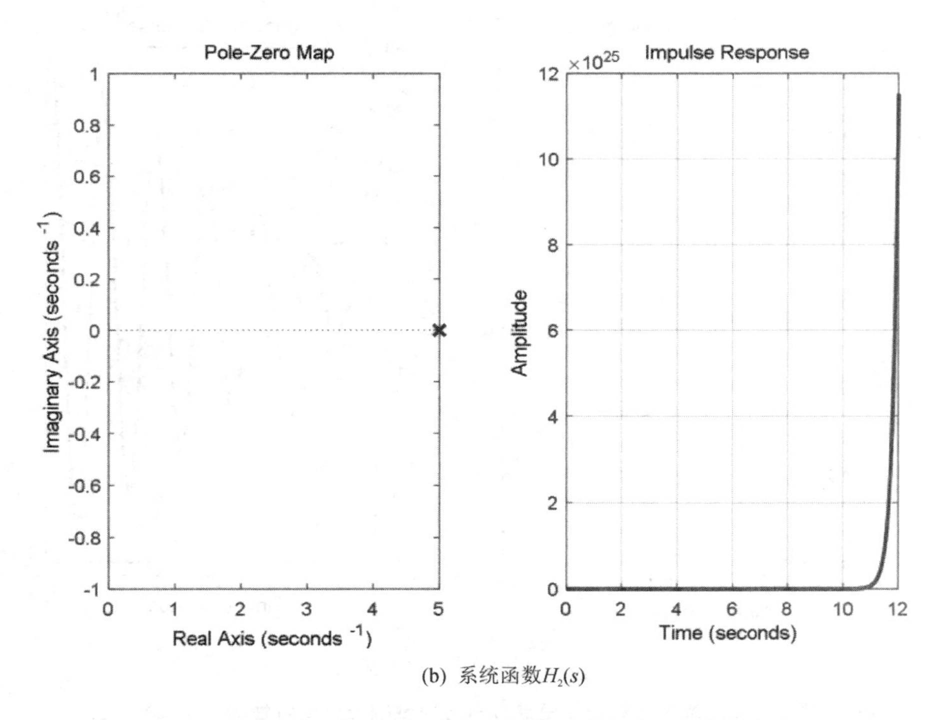

(b) 系统函数$H_2(s)$

图 2－73　系统函数的零极点分布与冲激响应时域特性的关系

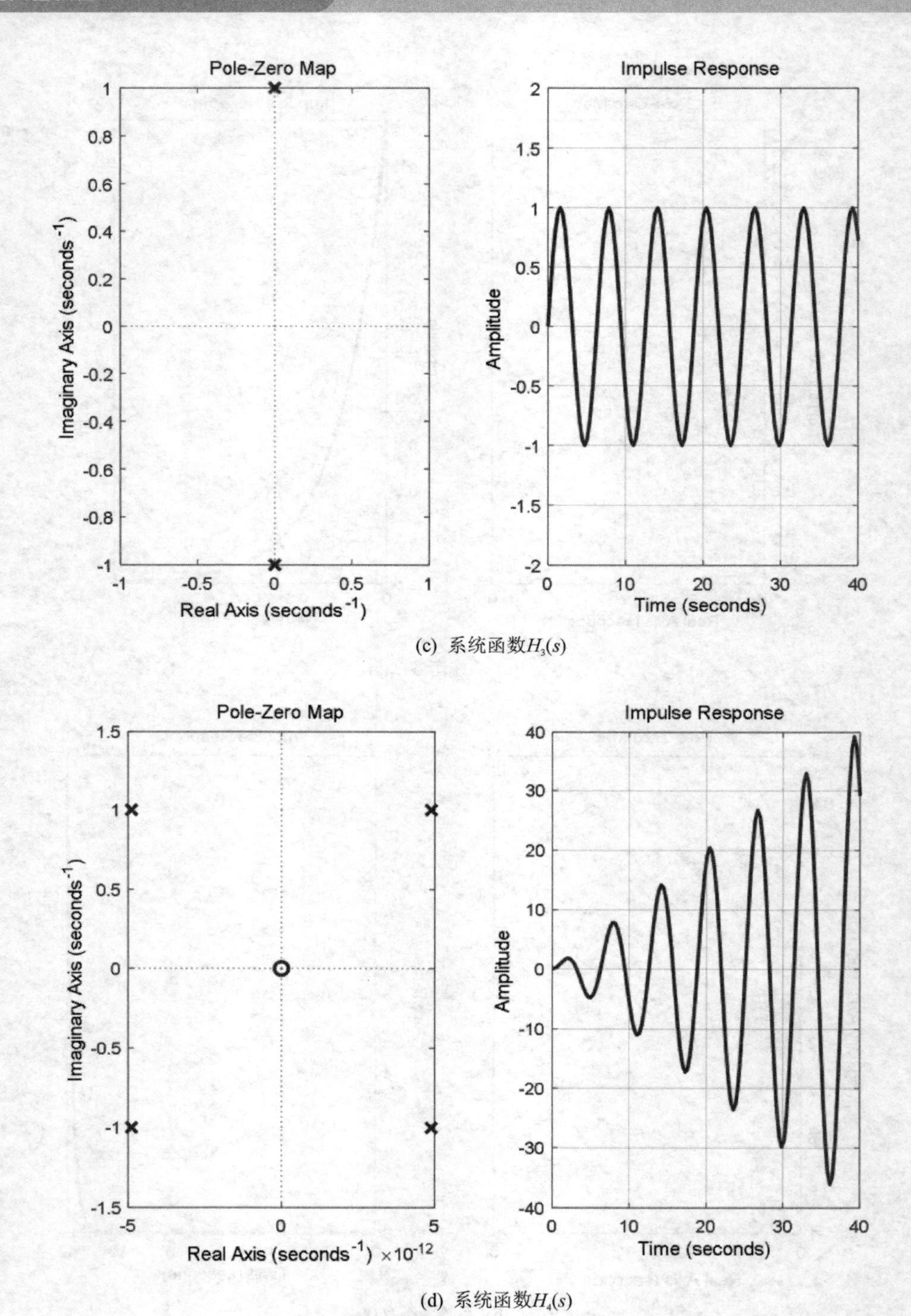

(c) 系统函数$H_3(s)$

(d) 系统函数$H_4(s)$

图 2－73　系统函数的零极点分布与冲激响应时域特性的关系(续)

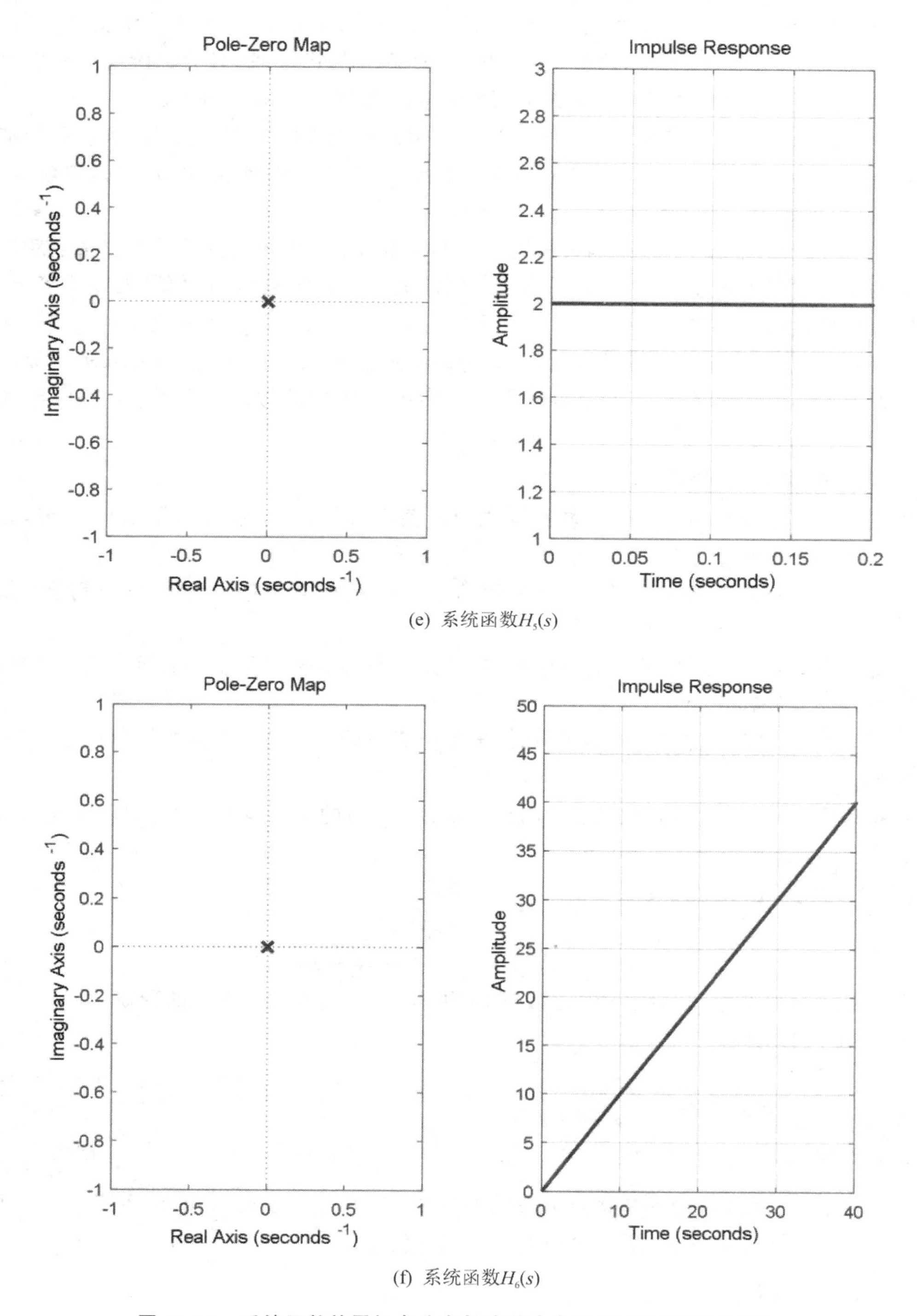

(e) 系统函数$H_5(s)$

(f) 系统函数$H_6(s)$

图 2－73　系统函数的零极点分布与冲激响应时域特性的关系(续)

③ 若 $H(s)$的极点位于 $j\omega$ 轴上，且为一阶共轭极点，则 $h(t)$表现为等幅正弦振荡，系统处于临界稳定状态，如图 2－73(c)所示；若 $H(s)$的极点位于 $j\omega$ 轴，且为二阶或二阶以上共轭极点，则 $h(t)$表现为增幅正弦振荡，表明系统不稳定，如图 2－73(d)所示。

④ 若 $H(s)$的极点位于坐标原点上，且为单阶极点，则 $h(t)$是阶跃信号，表明系统临界稳定，如图 2－73(e)所示；若 $H(s)$的极点位于坐标原点，且为二阶极点，则 $h(t)$是斜坡信号，表明系统不稳定，如图 2－73(f)所示。

图 2－73 直观地反映了系统函数零极点位置与冲激响应波形之间的关系。极点对冲激响应波形的影响主要表现在以下几点：一是冲激响应波形是指数衰减、指数增长或是等幅振荡，主要取决于极点位于 s 左半开平面、右半开平面还是虚轴上；二是冲激响应波形衰减或增长的快慢，主要取决于极点距离虚轴的远近；三是冲激响应波形振荡的快慢，主要取决于极点距离实轴的远近。而系统函数的零点分布只影响冲激响应函数的幅度和相位，对响应模式没有影响。

3. 系统的稳定性判断

由系统的零极点分布与系统时域特性之间的关系可知，对于连续因果 LTI 系统，系统函数 $H(s)$的极点分布可以给出系统稳定性的判定依据：

① 若 $H(s)$的所有极点全部位于 s 平面的左半开平面，且不包含虚轴，可以判定系统是稳定的；

② 若 $H(s)$在 s 平面虚轴上有一阶极点，其余所有极点全部位于 s 平面的左半开平面，可以判定系统是临界稳定的；

③ 若 $H(s)$含有 s 右半平面的极点，或虚轴上有二阶或二阶以上的极点，可以判定系统是不稳定的。

依据以上原则，通过 MATLAB 绘制系统函数 $H(s)$的零极点分布图，即可判定系统的稳定性。

【例 2－77】 已知系统函数

$$H(s)=\frac{s^2+4s+2}{s^3+3s^2+6s+2}$$

试用 MATLAB 绘制给定系统函数 $H(s)$的零极点分布图，并判断系统的稳定性。

解 MATLAB 程序如下：

```
b = [1,4,2]; a = [1,3,6,2];
sys = tf(b,a);
pzmap(sys)
```

程序运行后，系统函数的零极点分布图如图 2－74 所示。由图可知，该系统函数的极点全部位于 s 平面的左半开平面，因此可以判定系统是稳定的。

(三) 思考题

1. 已知系统函数：

(1) $H(s)=\dfrac{2s}{s^2+4s+8}$；　　(2) $H(s)=\dfrac{s+1}{(s+3)(s^2+2)}$。

试利用 MATLAB 画出上述系统函数的零极点分布图，以及所对应的时域冲激响应波形，并分

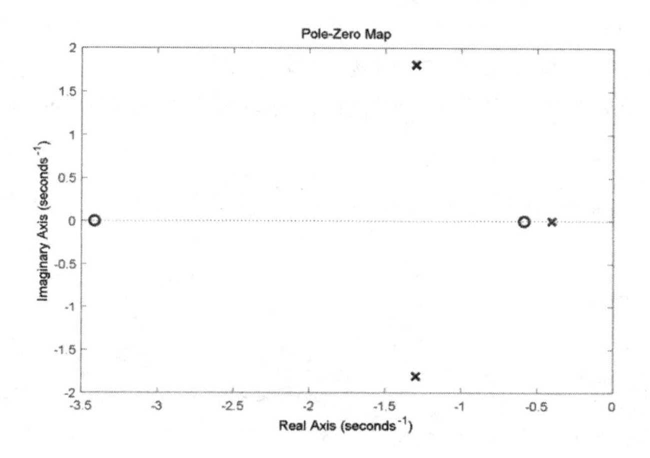

图 2-74 系统函数 $H(s)$ 的零极点分布图

析系统函数对时域波形的影响。

2. 已知系统函数：

(1) $H(s)=\dfrac{2s}{s^2+8}$； (2) $H(s)=\dfrac{s+1}{s^3-2s^2+4s}$。

试利用 MATLAB 画出上述系统函数的零极点分布图，并判断系统的稳定性。

十一、离散系统的极点分布及时域特性

(一) 实验目的

1. 能够利用 MATLAB 对离散系统的系统函数进行零极点分析；
2. 掌握运用 MATLAB 分析离散函数的零极点分布与系统时域特性之间关系的方法；
3. 能够利用 MATLAB 判断离散系统的因果稳定性。

(二) 实验原理及实例分析

1. 系统的零极点分布

与连续系统的情况类似，离散系统的零极点分布图反映了系统函数的零极点在 z 平面上的分布情况，它也是系统的一种表征形式。换言之，已知一个系统的零极点分布图及收敛域就可以画出该系统。

对于离散系统来说，其系统函数 $H(z)$ 可以表示为具有 z 的实系数的有理分式形式，也可以表示为零极点增益形式，如下所示：

$$H(z)=\frac{b_1z^m+b_2z^{m-1}+\cdots+b_mz+b_{m+1}}{a_1z^n+a_2z^{n-1}+\cdots+a_nz+a_{n+1}}=k\frac{(z-z_1)(z-z_2)\cdots(z-z_m)}{(z-p_1)(z-p_2)\cdots(z-p_m)} \tag{2-54}$$

在 MATLAB 中，用于绘制系统函数零极点分布图的函数是 zplane，其调用格式如下：

zplane (b,a)

其中，输入参量 b 为 $H(z)$ 分子多项式的系数向量；输入参量 a 为 $H(z)$ 分母多项式的系数向量。

若要获得系统函数的零极点，可利用函数 tf2zp 来实现，其调用格式如下：

[z,p,G]= tf2zp(b,a)

其中,输入参量 b 为 $H(z)$分子多项式的系数向量;输入参量 a 为 $H(z)$分母多项式的系数向量;输出参量 z 为系统函数零点位置的列向量;p 为系统函数极点位置的列向量;G 为系统函数的幅度因子。

【例 2-78】 已知系统函数 $H(z)=\dfrac{z-1}{z^2-1.6z+0.8}$,试用 MATLAB 命令求出其零、极点的位置。

解 MATLAB 程序如下:

```
b=[1,-1];                          %系统函数分子多项式的系数向量
a=[1,-1.6,0.8];                    %系统函数分母多项式的系数向量
[z,p,G]= tf2zp(b,a)
```

运行结果如下:

```
z =
    1
p =
  0.8000 + 0.4000i
  0.8000 - 0.4000i
G =
    1
```

【例 2-79】 已知系统函数 $H(z)=\dfrac{z^2-0.49}{z^2-1.52z+2.2}$,试用 MATLAB 绘制出其零极点分布图。

解 MATLAB 程序如下:

```
b=[1,0,-0.49];                     %系统函数分子多项式的系数向量
a=[1,-1.52,2.2];                   %系统函数分母多项式的系数向量
zplane(b,a)                        %绘制系统函数的零极点分布图
legend('零点','极点')              %标注零极点
title('零极点分布图')              %标注题目
```

运行结果如图 2-75 所示。

2. 系统的零极点分布与系统时域特性的关系

与拉普拉斯变换在连续系统中的作用类似,在离散系统中,z 变换建立了时域函数 $h(n)$与 z 域函数 $H(z)$之间的对应关系,即 $h(n)=L^{-1}[H(z)]$,所以反映系统时域特性的 $h(n)$与系统函数 $H(z)$的零极点分布之间存在着本质上的联系。

已知系统函数 $H(z)$,系统单位序列响应 $h(n)$的求解可利用函数 impz 来实现。

下面举例说明系统函数 $H(z)$的极点分布与系统时域特性 $h(n)$之间的关系。

【例 2-80】 试用 MATLAB 分别绘制下列系统函数的零极点分布图及单位序列响应 $h(n)$的波形图,并分析系统函数极点对时域波形的影响。

① $H_1(z)=\dfrac{z}{z-0.5}$; ② $H_2(z)=\dfrac{z}{z+0.5}$; ③ $H_3(z)=\dfrac{z}{z^2-z+0.25}$;

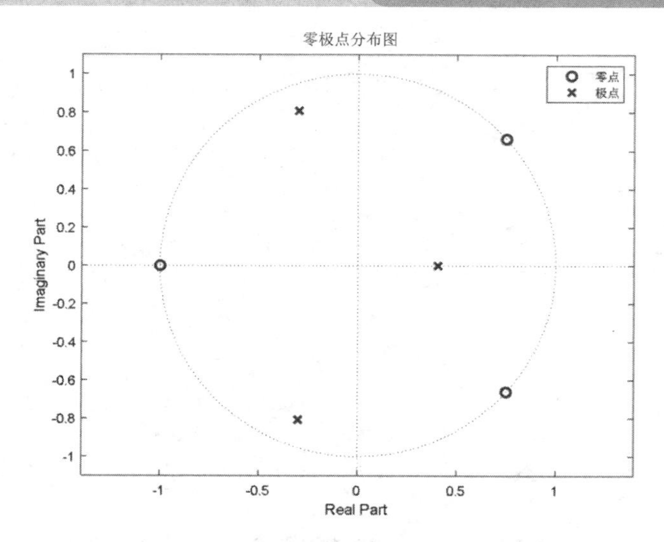

图 2－75　系统函数 $H(z)$的零极点分布图

④ $H_4(z)=\dfrac{z}{z^2-1.2z+0.6}$；　⑤ $H_5(z)=\dfrac{z}{z-1}$；　⑥ $H_6(z)=\dfrac{z}{z^2-1.6z+1}$；

⑦ $H_7(z)=\dfrac{z}{z-1.5}$；　⑧ $H_8(z)=\dfrac{z}{z+1.5}$；　⑨ $H_9(z)=\dfrac{z}{z^2-3z+2.4}$。

解　MATLAB 程序如下：

```
b1 = [1 0]; a1 = [1 - 0.5];                % 系统函数 H1(z)分子、分母多项式的系数向量
subplot(121)
zplane(b1,a1)                              % 绘制系统 H1(z)的零极点分布图
subplot(122)
impz(b1,a1)                                % 绘制系统 H1(z)的单位序列响应波形
grid on
figure
b2 = [1 0]; a2 = [1 0.5];                  % 系统函数 H2(z)分子、分母多项式的系数向量
subplot(121)
zplane(b2,a2)                              % 绘制系统 H2(z)的零极点分布图
subplot(122)
impz(b2,a2)                                % 绘制系统 H2(z)的单位序列响应波形
grid on
figure
b3 = [0 1 0]; a3 = [1 -1 0.25];            % 系统函数 H3(z)分子、分母多项式的系数向量
subplot(121)
zplane(b3,a3)                              % 绘制系统 H3(z)的零极点分布图
subplot(122)
impz(b3,a3)                                % 绘制系统 H3(z)的单位序列响应波形
grid on
figure
b4 = [0 1 0]; a4 = [1 -1.2 0.6];           % 系统函数 H4(z)分子、分母多项式的系数向量
```

```
subplot(121)
zplane(b4,a4)                        % 绘制系统 H4(z)的零极点分布图
subplot(122)
impz(b4,a4)                          % 绘制系统 H4(z)的单位序列响应波形
grid on
figure
b5 = [ 1 0]; a5 = [1 -1];            % 系统函数 H5(z)分子、分母多项式的系数向量
subplot(121)
zplane(b5,a5)                        % 绘制系统 H5(z)的零极点分布图
subplot(122)
impz(b5,a5)                          % 绘制系统 H5(z)的单位序列响应波形
figure
b6 = [0 1 0]; a6 = [1 -1.6 1];       % 系统函数 H6(z)分子、分母多项式的系数向量
subplot(121)
zplane(b6,a6)                        % 绘制系统 H6(z)的零极点分布图
subplot(122)
impz(b6,a6)                          % 绘制系统 H6(z)的单位序列响应波形
grid on
b7 = [1 0]; a7 = [1 -1.5];           % 系统函数 H7(z)分子、分母多项式的系数向量
subplot(121)
zplane(b7,a7)                        % 绘制系统 H7(z)的零极点分布图
subplot(122)
impz(b7,a7)                          % 绘制系统 H7(z)的单位序列响应波形
grid on
figure
b8 = [1 0]; a8 = [1 1.5];            % 系统函数 H8(z)分子、分母多项式的系数向量
subplot(121)
zplane(b8,a8)                        % 绘制系统 H8(z)的零极点分布图
subplot(122)
impz(b8,a8)                          % 绘制系统 H8(z)的单位序列响应波形
grid on
figure
b9 = [0 1 0]; a9 = [1 -3 2.4];       % 系统函数 H9(z)分子、分母多项式的系数向量
subplot(121)
zplane(b9,a9)                        % 绘制系统 H9(z)的零极点分布图
subplot(122)
impz(b9,a9)                          % 绘制系统 H9(z)的单位序列响应波形
grid on
```

程序运行结果如图 2－76 所示。

由图 2－76 可知，当极点位于单位圆内时，$h(n)$为衰减序列；当极点位于单位圆上时，$h(n)$为等幅序列；当极点位于单位圆外时，$h(n)$为增幅序列。若 $h(n)$有一阶实数极点，则 $h(n)$为指数序列；若 $h(n)$有一阶共轭极点，则 $h(n)$为指数振荡序列；若 $h(n)$的极点位于虚轴左边，则 $h(n)$按一正一负的规律交替变化。

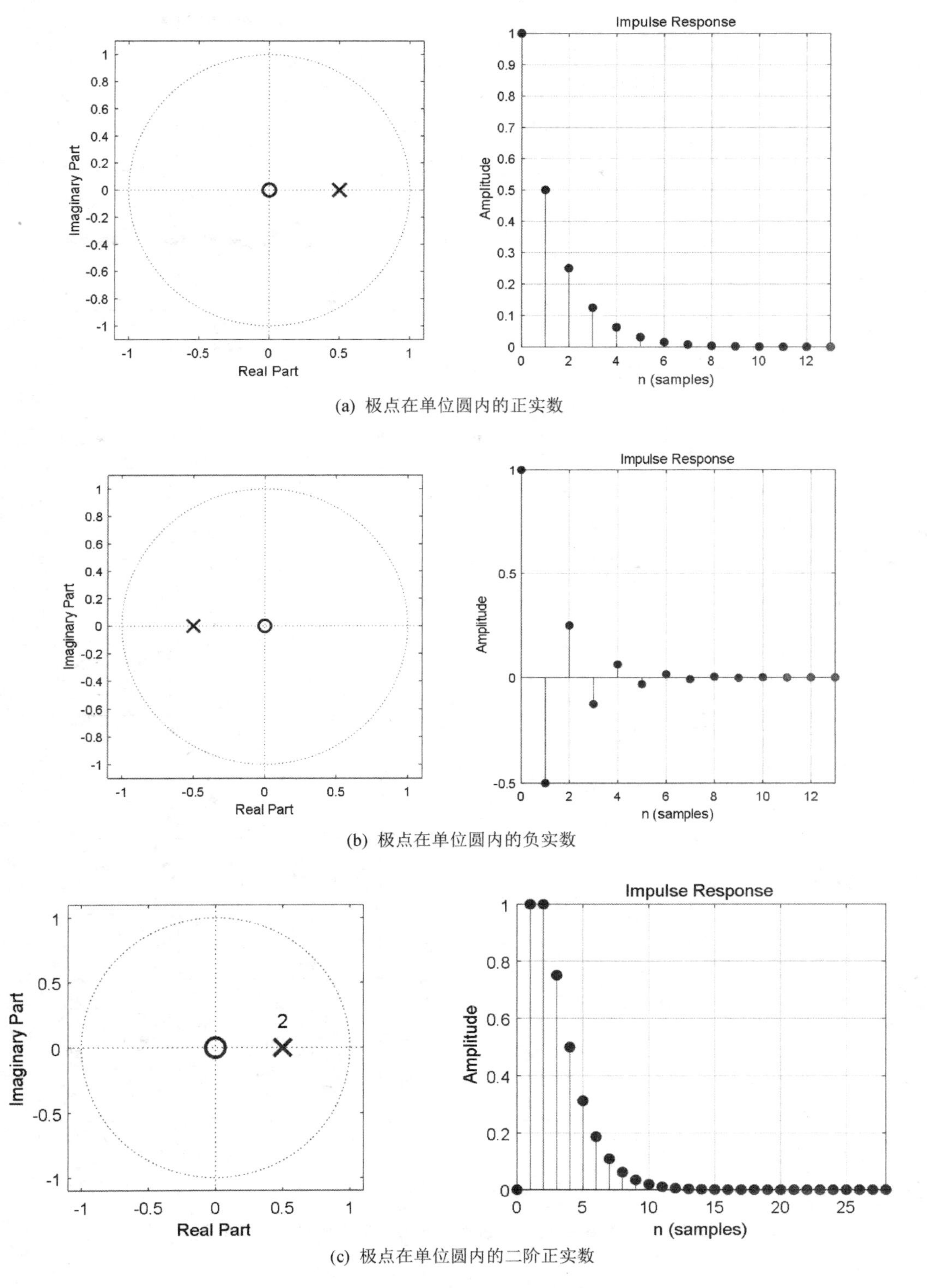

(a) 极点在单位圆内的正实数

(b) 极点在单位圆内的负实数

(c) 极点在单位圆内的二阶正实数

图 2－76　系统函数的零极点分布与其时域特性的关系

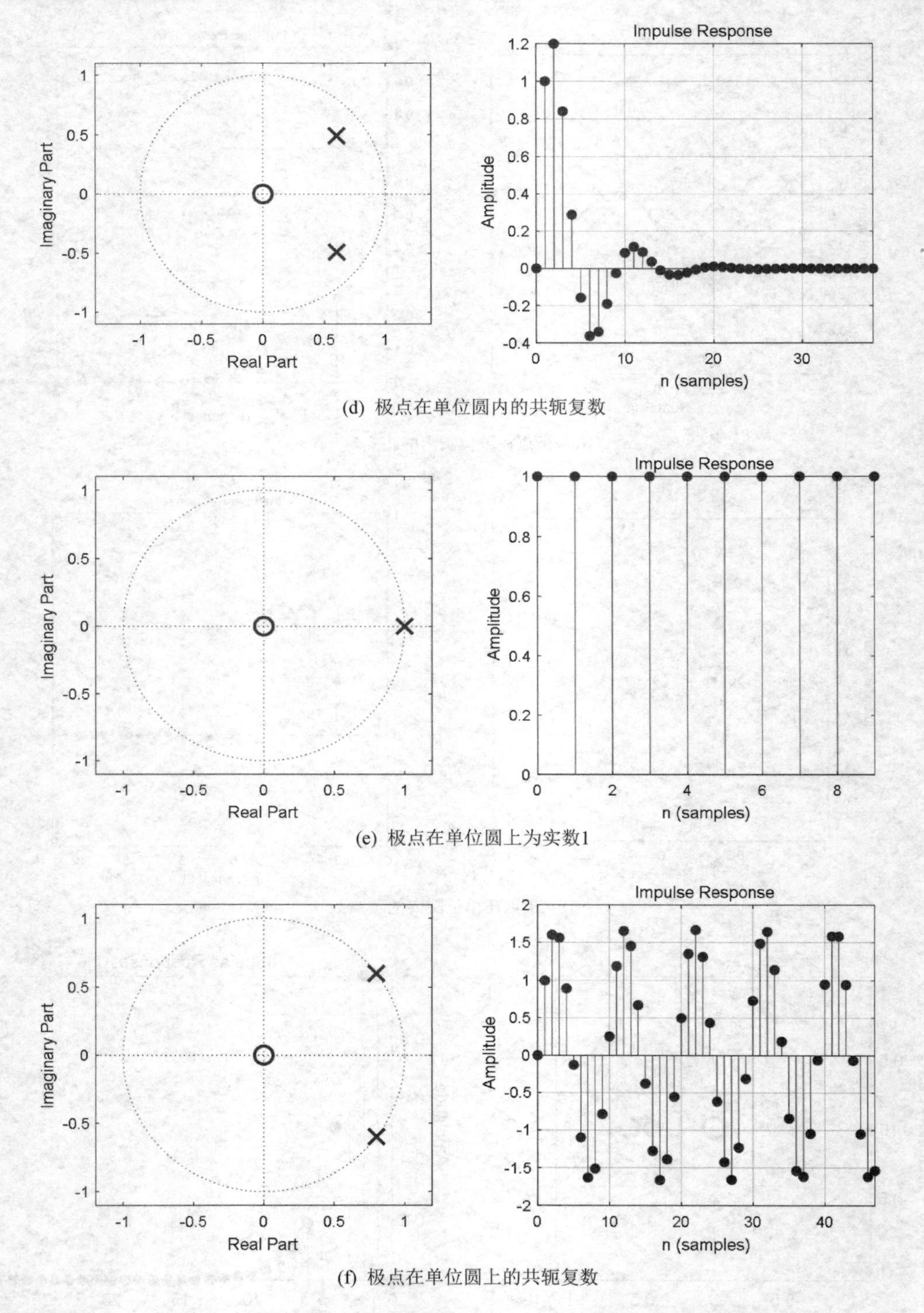

(d) 极点在单位圆内的共轭复数

(e) 极点在单位圆上为实数1

(f) 极点在单位圆上的共轭复数

图 2-76　系统函数的零极点分布与其时域特性的关系(续)

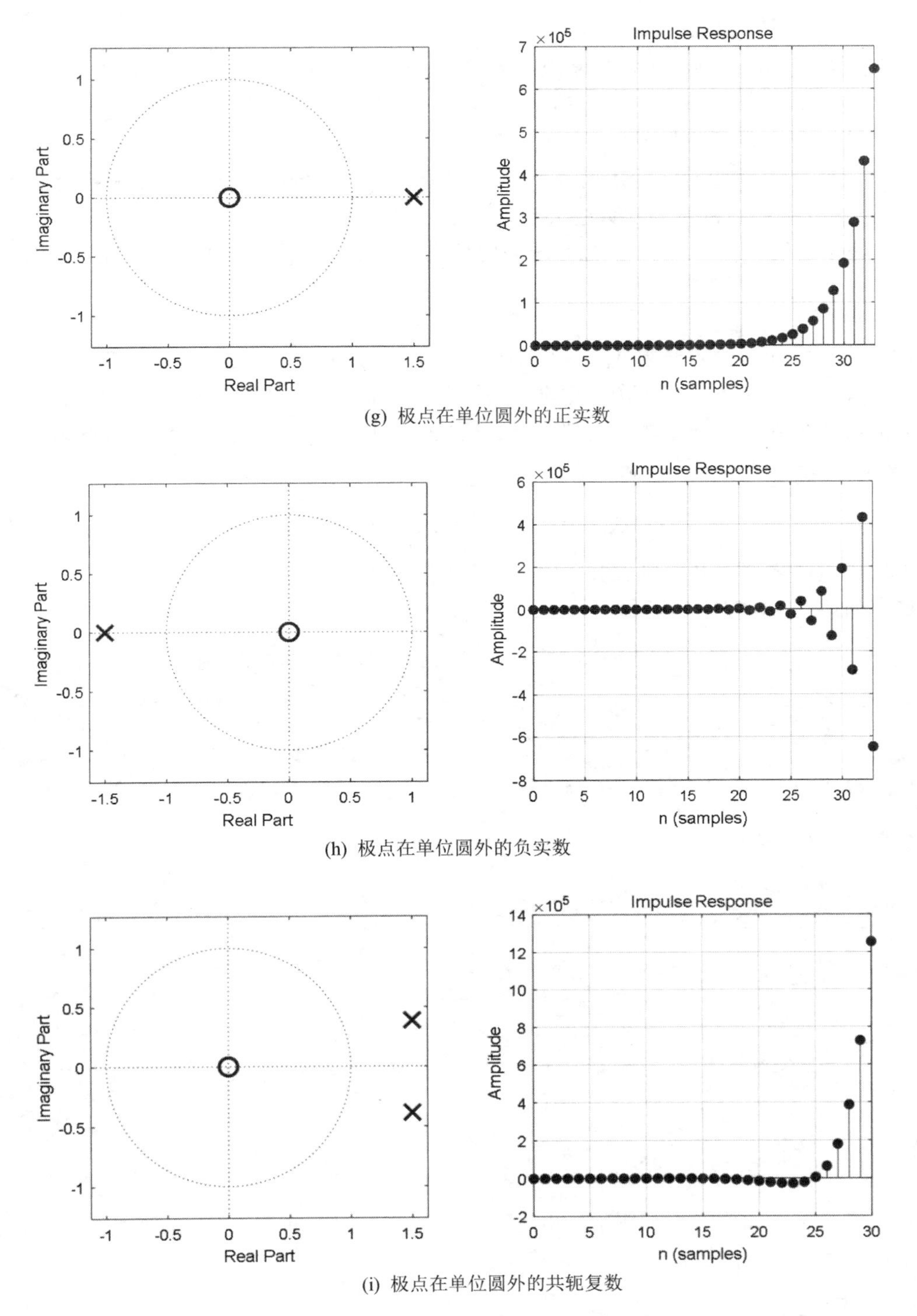

(g) 极点在单位圆外的正实数

(h) 极点在单位圆外的负实数

(i) 极点在单位圆外的共轭复数

图 2－76　系统函数的零极点分布与其时域特性的关系(续)

3. 离散系统的因果性和稳定性

(1) 因果系统。判断一个离散系统的因果性,在时域中的充分必要条件是:

$$h(n)=0,\quad n<0 \tag{2-55}$$

即系统的冲激响应必须是右序列。

相对应地,在 z 域极点只能位于 z 平面上以原点为中心的有界圆内。如果系统函数是一个多项式,则分母上 z 的最高次数应大于分子上 z 的最高次数。

(2) 稳定系统。在时域中,离散系统稳定的充分必要条件是它的冲激响应绝对可加,即

$$\sum_{n=0}^{\infty}|h(n)|<\infty \tag{2-56}$$

在 z 域中则要求所有极点必须在 z 平面上以原点为中心的单位圆内。

(3) 因果稳定系统。由离散系统的因果性和稳定性要求可知,判断一个因果稳定离散系统的充分必要条件是系统函数的全部极点必须在 z 平面上以原点为中心的单位圆内。

【例 2-81】 已知离散系统函数:

$$H(z)=\frac{3-1.5z^{-1}-1.5z^{-2}+3z^{-3}}{1+0.2z^{-1}+0.5z^{-2}-0.3z^{-3}}$$

求该系统函数的零极点及零极点分布图,并判断系统的因果稳定性。

解 MATLAB 程序如下:

```
b=[3 -1.5 -1.5 3];                    %系统函数分子多项式的系数向量
a=[1 0.2 0.5 -0.3];                   %系统函数分母多项式的系数向量
[z,p,G] = tf2zp(b,a)                  %显示系统函数的零极点值
zplane(b,a)                           %绘制系统函数的零极点分布图
legend('零点','极点')
```

程序运行结果如下:

```
z =
  -1.0000 + 0.0000i
   0.7500 + 0.6614i
   0.7500 - 0.6614i
p =
  -0.3017 + 0.8077i
  -0.3017 - 0.8077i
   0.4035 + 0.0000i
G =
   3
```

零极点分布图如图 2-77 所示。由运行结果或零极点分布图可知,系统函数的极点全部位于单位圆内,因此此系统是一个因果稳定系统。

(三) 思考题

1. 试利用 MATLAB 画出下列系统函数的零极点分布图,以及所对应的单位序列响应波形,并分析系统函数对时域波形的影响。

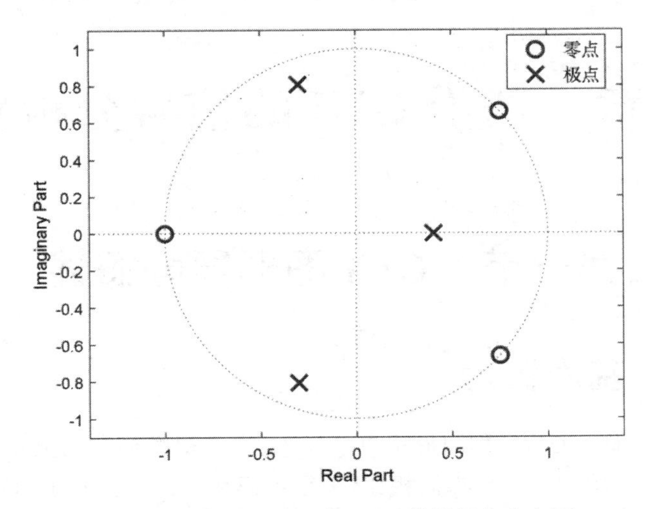

图 2-77 离散系统函数 $H(z)$ 的零极点分布图

(1) $H(z)=\dfrac{z+2}{z^2+4z+8}$；　　(2) $H(z)=\dfrac{1-z^{-1}+2z^{-2}}{3+z^{-1}+4z^{-2}}$。

2. 试利用MATLAB画出下列系统函数的零极点分布图，并判断系统的因果稳定性。

(1) $H(z)=\dfrac{z-2}{z^3-2z^2+3z+6}$；　　(2) $H(z)=\dfrac{z(z-0.3)}{(z-0.5-0.8j)(z-0.5+0.8j)}$。

第三章　基于 GUI 的信号分析实验

第一节　GUI 图形界面概述

一、GUI 的基本概念

图形用户界面(简称 GUI,又称图形用户接口)是指采用图形方式显示的计算机操作用户界面。与早期计算机使用的命令行界面相比,图形界面在视觉上更易于用户接受。

MATLAB GUI 是由窗口、光标、按键、菜单、文字说明等对象(Objects)构成的一个用户交互界面。用户通过一定的方法(如鼠标或键盘)来选择并激活这些图形对象,从而使计算机产生某种动作或变化,如进行计算、绘制图表等。

在 MATLAB R2018a 版本中,图形用户对象包括众多的 GUI 对象,其中基本的图形用户对象分为 3 类:用户界面控制对象(unicontrol)、下拉式菜单对象(uimenu)和内容式菜单对象(unicontextmenu)。这些对象的层次结构如图 3－1 所示。

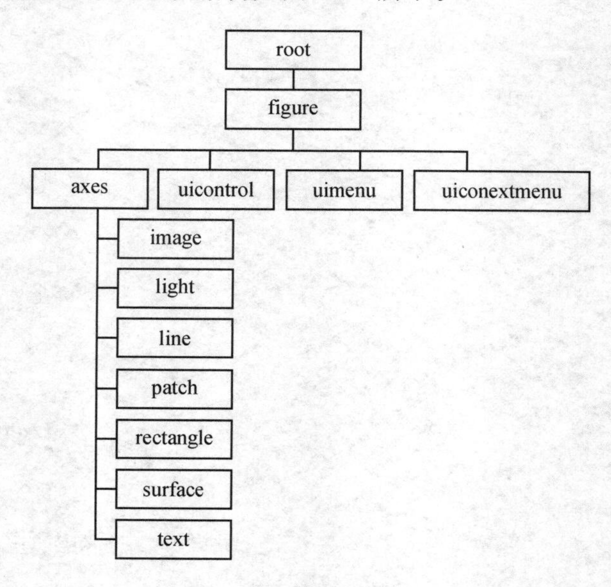

图 3－1　GUI 对象层次结构

在图形用户界面中,包括多个图形用户对象及多个图形用户接口容器对象。这些容器对象可以成为图形用户对象或其他容器的接口容器。通过周密组织和设计这些对象,可以创建出一个界面良好、操作方便、功能强大的图形用户界面。

创建 MATLAB 用户图形界面,必须包含以下 3 个基本元素:

① 组件。在 MATLAB GUI 中,每一个项目(按钮、标签、编辑框等)都代表一个图形化组

件。组件可分为图形化控件（按钮、编辑框、列表、滚动条等）和静态元素（窗口和文本字符串）、菜单及坐标轴。图形化控件和静态元素由函数 unicontrol 创建；菜单由函数 uimenu 和 uicontextmenu 创建；坐标系通常用于显示图形化数据，由函数 axes 创建。

② 图形窗口。GUI 的每一个组件都必须安排在图形窗口中。在绘制数据图形时，图形窗口通常会被自动创建。但还可以用函数 figure 来创建空图形窗口，空图形窗口通常用于放置各种类型的组件。

③ 回应。当用户单击或用键盘输入一些信息时，程序将作出相应的动作。单击或输入信息被视为一个事件，如果 MATLAB 程序运行相应的函数，那么 MATLAB 函数将会作出反应。例如，当用户单击某一个按钮时，这个事件必然导致相应的 MATLAB 语句执行，这些语句即为回应。只要执行 GUI 的单个图形组件，就必须有一个回应。

二、GUI 的控件和设计工具简介

（一）GUI 控件

在绝大多数图形用户界面下，都包含控件。控件作为图形对象，与菜单一起用于创建图形用户界面。在 MATLAB R2018a 命令窗口中键入 GUIDE，即可进入 GUIDE 的空白模板，如图 3-2 所示。GUIDE 提供了用户界面控件以及界面设计工具集，以实现用户界面的创建工作。用户界面控件分布在界面设计编辑器的左侧，如图 3-3 所示。

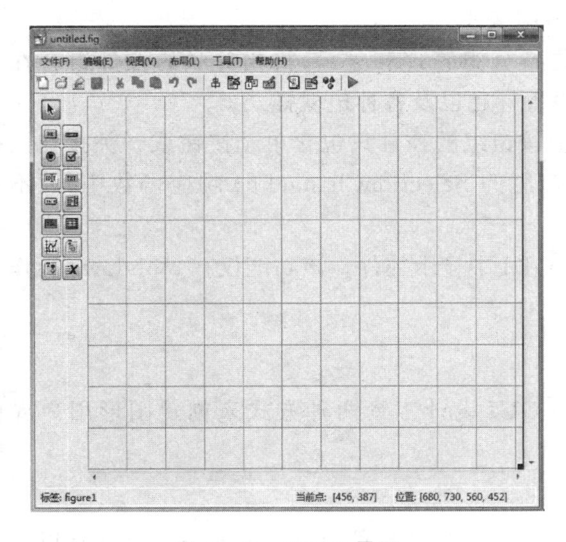

图 3-2　GUIDE 界面

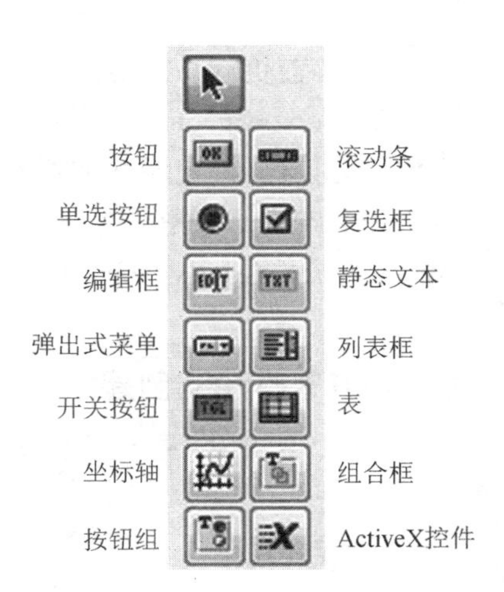

图 3-3　GUIDE 组件

下面介绍各个控件的特点：

按钮（push button）：在按钮上显示文本标签。通过鼠标单击按钮，可以使系统 MATLAB R2018a 的回调函数执行某个操作，但其不能用于属性或状态的选择。按钮被按下后，可以恢复到原来的弹起状态。

滚动条（slide）：用户能够通过移动滚动条来改变指定范围内的数值输入，滚动条的位置代表用户输入的数值。通常，滚动条与文本对象结合使用，用来表示滚动条的标题、当前值及其范围等信息。

单选按钮(radio button):单选按钮与按钮的执行方式基本相同,但通常以组为单位,一组单选按钮之间是互斥的关系,即任何时候一组单选按钮中只能一个有效。

复选框(check box):复选框与单选按钮相似,只是多个复选框可以同时有效。当复选项选择激活时,复选框中会出现"√",取消复选后,该符号则会消失。

编辑框(edit text):用户可以动态修改或替换编辑框中的内容。对于编辑框对象,用户可以在属性设置中选择单行或多行文本输入。若设置为单行文本输入,则用户只能输入一行文本,按 Enter 键表示输入结束;若设置为多行文本输入,则用户可以输入多行文本,换行时需要按 Ctrl+Enter 键。

静态文本(static text):通常作为其他控件的标签使用,用户不能采用交互方式修改静态文本或调用响应的回调函数。

弹出式菜单(pop-up menu):用户可以从弹出式菜单的多个选项中选择一个。当关闭菜单选项时,将会成为一个包含用户选择项的矩形或按钮,位于一定的矩形区域内。

列表框(listbox):产生的文本条目可供选择,但不能编辑。

开关按钮(toggle button):与普通按钮不同,开关按钮能够产生一个二进制状态的行动(on 或 off)。单击按钮,按钮保持下陷状态,同时调用响应的回调函数;再次单击按钮,按钮弹起,同时也调用回调函数。

表(table):用于创建表格组件。

坐标轴(axes):用于在 GUI 中添加图形或图像。

组合框(Panel):用于将 GUI 中的控件进行分组管理和显示,将相关联的控件组合在一起,使得用户界面更容易理解。组合框可以设置标题以及各种边框样式。

按钮组(putton group):类似于组合框,但按钮组的控件只包含单选按钮或开关按钮。按钮组中的所有控件,其控制代码必须写在按钮组的 SelectionChangeFcn 响应函数中,而不是用户接口控制响应函数中。

ActiveX 控件(ActiveX control):用于在 GUI 中显示控件。该功能仅在 Windows 操作系统下有效。

(二) GUI 控件的创建

MATLAB R2018a 提供了通过命令行和 GUI 设计工具两种方式来创建图形用户界面控件。

1. 命令行方式

在命令行方式下,用户可以利用函数 uicontrol 来创建控件对象。uicontrol 函数有以下两种调用格式:

Handel=uicontrol(parent)

Handel=uicontrol(...,'PropertyName',PropertyValue,...)

其中,Handel 是创建的控件对象的句柄值;parent 是控件所在的图形窗口的句柄值;PropertyName 是空间的某个属性的属性名;PropertyValue 是与属性名相对应的属性值。

第一种调用方式利用了 uicontrol 的 Style 属性的默认属性值,在图形窗口的左下角创建一个命令按钮。第二种调用方式省略了控件所在图形窗口的句柄值,表示在当前图形窗口中创建控件对象。

【例3-1】 采用命令行方式创建一个命令按钮，其位置设定为[0.2 0.3 0.2 0.1]，单位是normalized。当单击该命令按钮时，按钮的位置将会随机变动。

解 MATLAB程序代码如下：

```
>>h = uicontrol('style','pushbutton','units','normalized','position',[0.2 0.3 0.2 0.1],'string','
单击此处','callback','set(h,''position'',[0.8 * rand 0.9 * rand 0.2 0.1])');
```

运行结果如图3-4和图3-5所示。

图3-4　初始界面

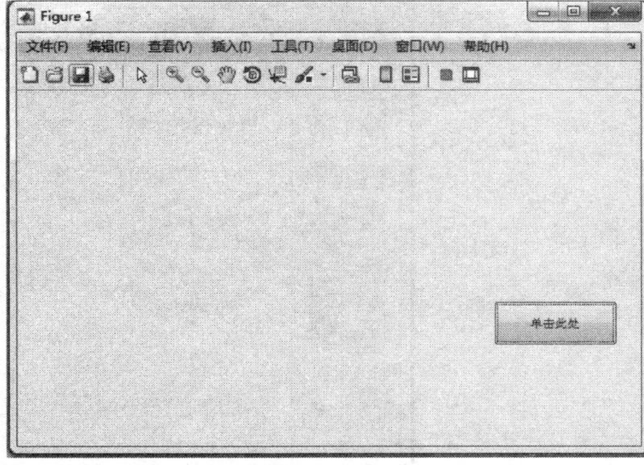

图3-5　单击后的界面

在命令行方式下创建控件对象时，需要记住用于创建控件对象的函数。此外，若要设置控件的属性，必须记住众多控件属性的属性名，这在修改控件的属性时显得颇为不便。

2. GUI设计工具

在MATLAB R2018a版本中，利用GUI设计工具中的对象设计编辑器，可以很容易创建各种控件，而且通过对象属性检查器，可以方便地进行修改、设置创建的控制属性值。

在命令窗口中输入guide，即可打开MATLAB的GUIDE编辑器，如图3-6所示。

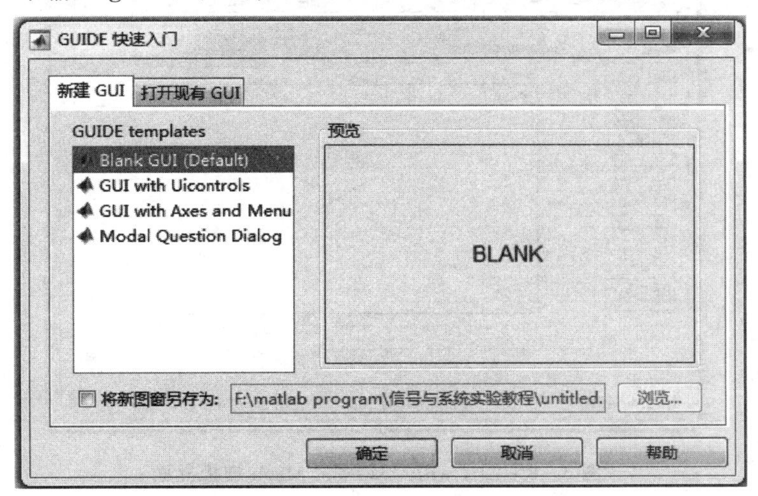

图3-6　GUIDE编辑界面

由 GUIDE 编辑界面可知，用户既可以新建 GUI，还可以选择打开已存在的 GUI。在创建新 GUI 的选项中，提供了 Blank GUI(Default)、GUI with Uicontrols、GUI with Axes and Menu 和 Modal Question Dialog 四种模板供用户选择。

Blank GUI(Default)：一个空的 GUI 模板，打开后，在 GUI 编辑区内不会有任何对象存在，用户必须自行加入所需对象。具体可参考图 3-2。

GUI withUicontrols：打开已经有一些 GUI 对象的 GUI 编辑器，在此编辑器中已经包含了 MATLAB 所建立的一些计算功能的对象，如图 3-7 所示。

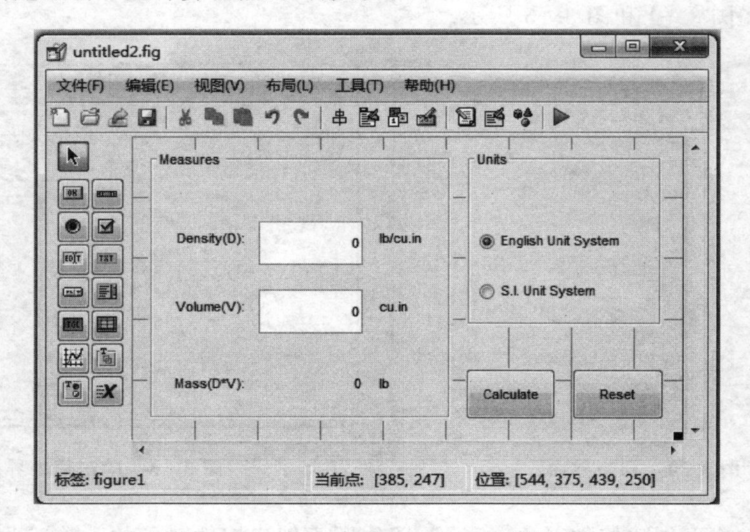

图 3-7　GUI with Uicontrols 模板界面

GUI with Axes and Menu：同样，在此编辑器中已经有一些 GUI 对象，这些对象主要用于计算与输出，如图 3-8 所示。

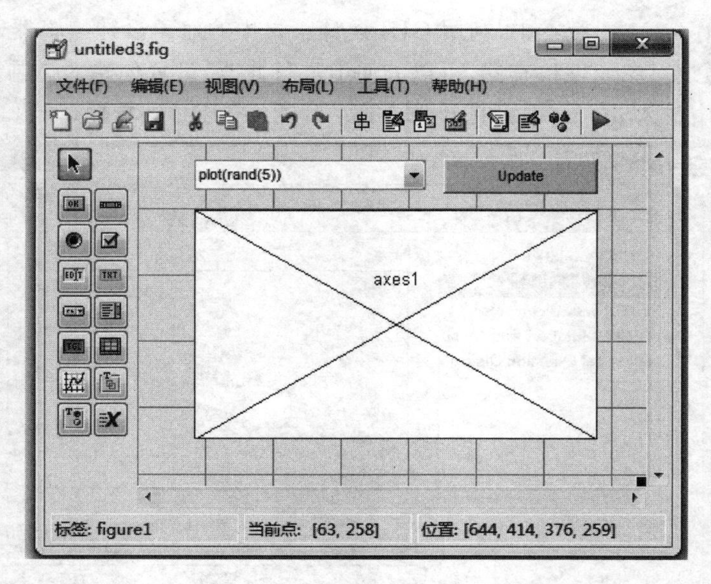

图 3-8　GUI with Axes and Menu 模板界面

Modal Question Dialog：在此编辑器中已经建立了一个问题窗口，如图 3－9 所示。

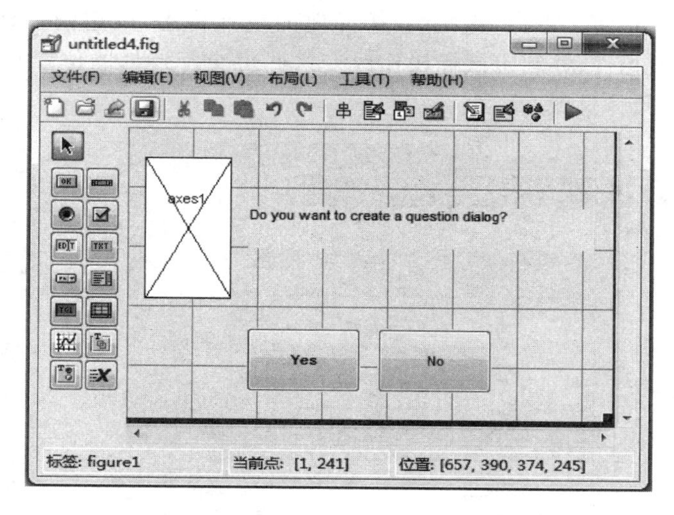

图 3－9　Modal Question Dialog 模板界面

在以上几个模板中，一般都是使用 Blank GUI 进行 GUI 编辑。选定所需组件后单击“确定”按钮，即可进入如图 3－2 所示的编辑界面。用户可以直接用鼠标选取并拖曳左方的 GUI 对象，并将其拖拽至指定位置以创建 GUI。下面举例说明如何利用 GUIDE 设计用户界面。

【例 3－2】 使用 GUIDE 进行界面设计，绘制分析信号的频率和周期的图形。

解　(1) 构思草图

从用户需求和功能实现的角度出发，构思草图。本界面应包含以下元素：

① 创建 7 个静态文本，用于显示函数信息及对相应控件进行标注提示；

② 创建两个坐标轴对象，分别用于显示周期和时间的图形；

③ 创建一个按钮，用于绘制图形。

界面设计构思草图如图 3－10 所示。

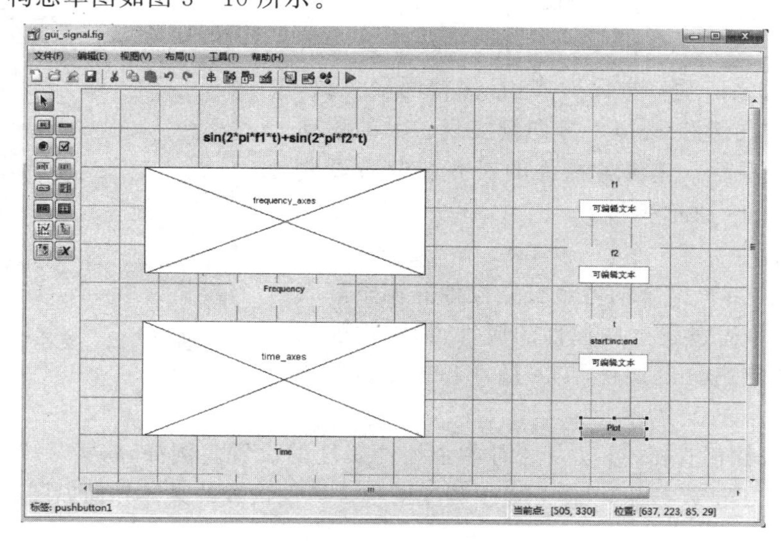

图 3－10　构思草图

(2) 绘制控件

打开布局编辑器界面。首先，根据 GUI 界面的设计构思，确定设计区域尺寸；随后，向 GUI 界面中添加交互控件，并利用鼠标操作改变这些可交互控件的位置和尺寸，最终保存为 gui_signal. fig 文件，具体见图 3－11。

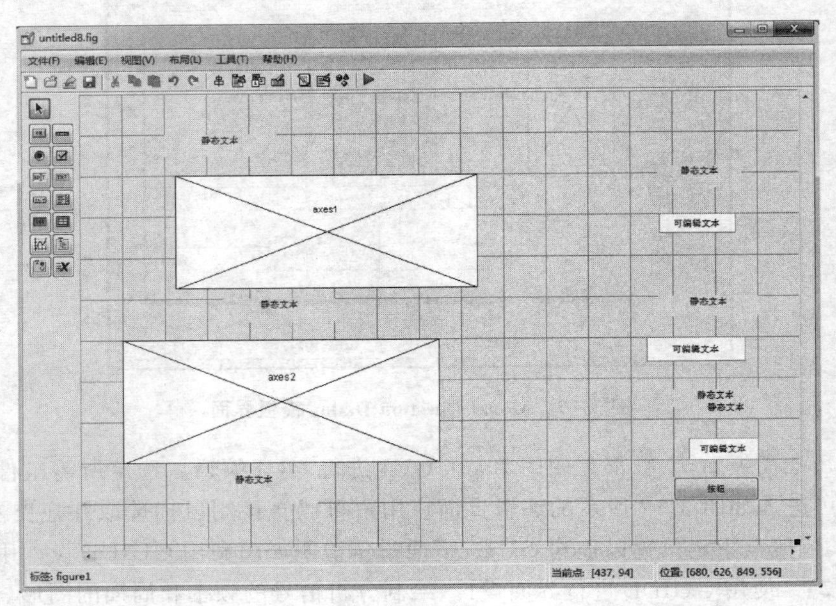

图 3－11　绘制控件

(3) 调整控件

利用位置调整工具(Alignment Tool)，对 GUI 设计区内多个对象的位置进行调整。从 GUI 设计窗口的工具栏或 Tools 菜单下打开对象位置调整器，如图 3－12 所示。

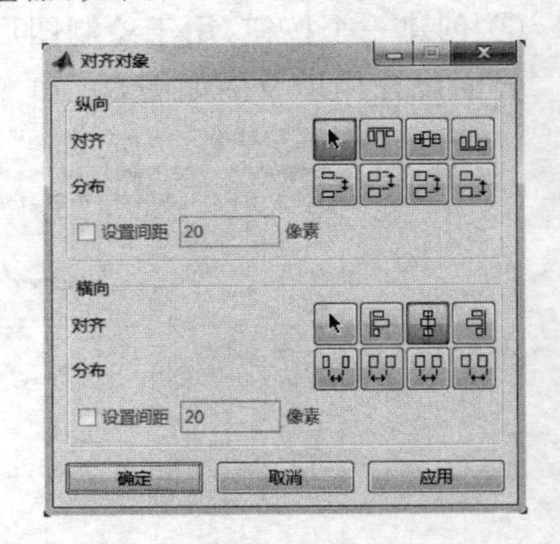

图 3－12　控件布局工具

如图 3－12 所示，选择多个对象后，可以方便地调整对象间的对齐方式和距离。同时，用户可自行设定相关参数。

若需调整对象以垂直方向对齐，且保持间隔一致，可使用 Ctrl＋方向键和 Shift＋方向键实现较大的移动和微调，以美化界面。完成各控件的对齐和分布设置后，效果如图 3－13 所示。

(4) 设置属性

创建好 GUI 界面需要的各个交互控件并调整好大概位置后，下一步需设置这些控件的属性，如控件的颜色属性、标签文字 String 属性、Tag 属性和各种回调函数等。

通过打开属性检查器，可以完成对各个控件属性的设置。例如，将第一个坐标轴的 Tag 属性设置为 frequency_axes，以便于显示频率图形。属性设置的具体界面如图 3－14 所示。

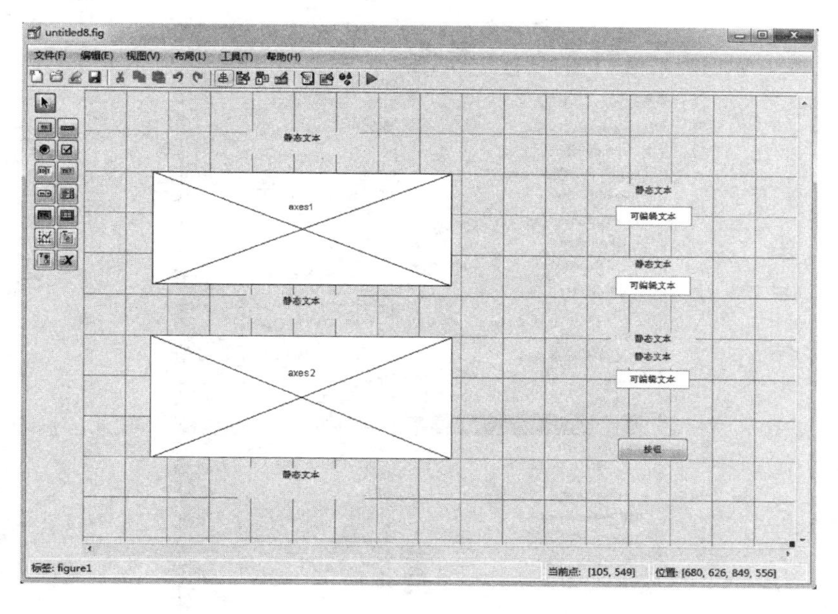

图 3-13　调整控件

按照同样的方法设置第二个坐标轴的标识为 time_axes，用于显示时域图形，属性设置界面如图 3-15 所示。

图 3-14　axes1 坐标轴属性设置

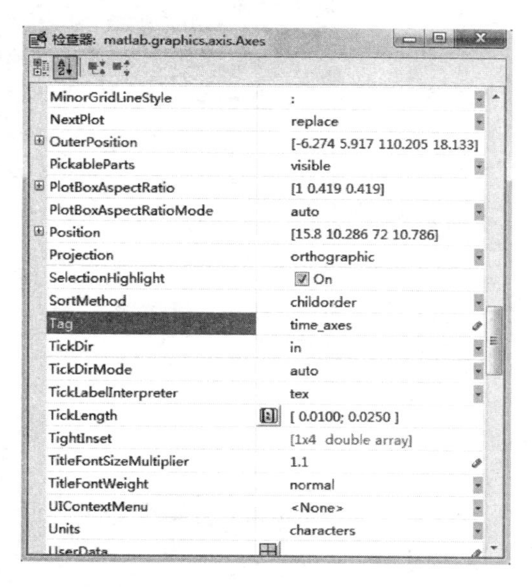

图 3-15　axes2 坐标轴属性设置

将三个编辑框的 Tag 属性分别设定为 f1_input、f2_input 和 t_input，它们分别对应于输入两个频率值和自变量时间的间隔；七个静态文本的 string 属性分别设定为 sin(2 * pi * f1 * t)+sin(2 * pi * f2 * t)、Frequency、Time、f1、f2、t 和 start: inc: end；按钮的 string 属性设定为 Plot。以第一个静态文本标识为例，其属性设置界面如图 3-16 所示。

属性设置完成后，打开工具栏中的菜单编辑器，如图 3-17 所示。

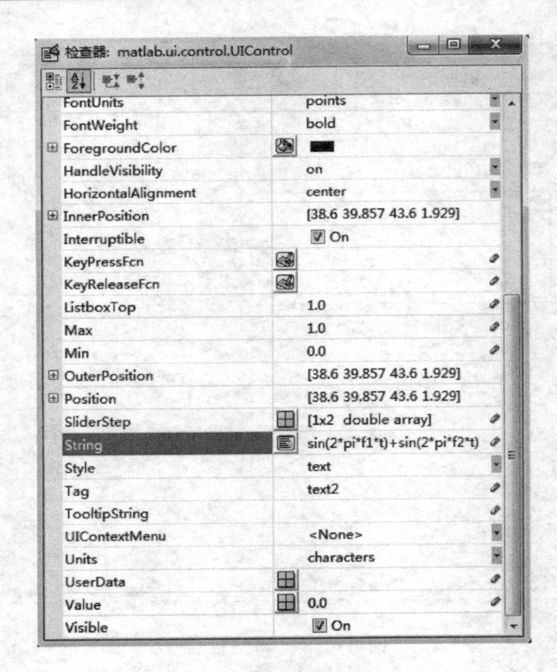

图 3－16　静态文本属性设置

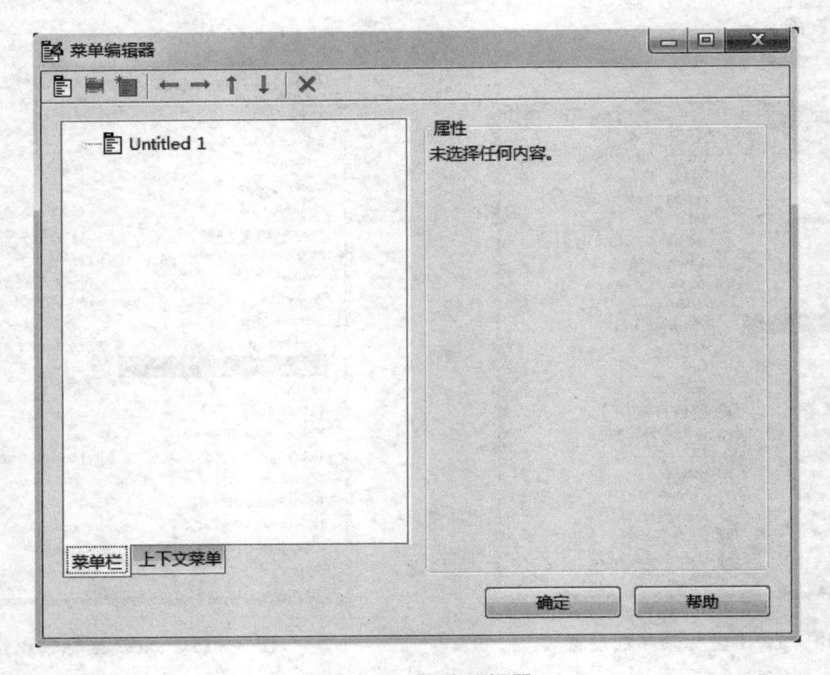

图 3－17　菜单编辑器

添加菜单，如图 3－18 所示。

创建一级菜单 file，设置两个子菜单项 plot 和 close，菜单项 plot 的“标记”设置为 plot_menu，调用绘制图形功能；菜单项 close 的“标记”设置为 close_menu，执行关闭图形功能。

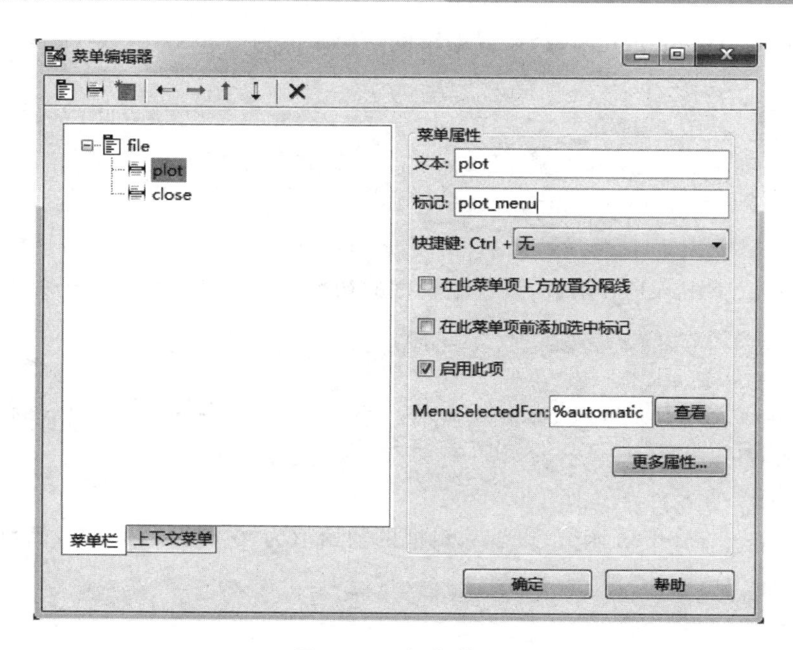

图 3-18　添加菜单

(5) 编写代码

编写代码以完成程序中变量的赋值、输入输出以及绘图等工作。打开 gui_signal. m 文件，并在其中添加相应的代码。

调用 plot_pushbutton_Callback 函数以执行绘图功能，该函数的代码如下：

```
function plot_pushbutton_Callback(hObject,eventdata,handles)
f1 = str2double(get(handles.f1_input,'String'));
f2 = str2double(get(handles.f2_input,'String'));
t = eval(get(handles.t_input,'String'));
x = sin(2 * pi * f1 * t) + sin(2 * pi * f2 * t);
y = fft(x,512);
m = y. * conj(y)/512;
f = 1000 * (0:256)/512;
axes(handles.frequency_axes)
plot(f,m(1:257))
set(handles.frequency_axes,'XMinorTick','on')
grid on
axes(handles.time_axes)
plot(t,x)
set(handles.time_axes,'XMinorTick','on')
grid on
function f1_input_CreateFcn(hObject,eventdata,handles)
set(gcbo,'String','100');
if ispc&&isequal(get(hObject,'BackgroundColor'),get(0,'defaultUicontrolBackgroundColor'))
    set(hObject,'BackgroundColor','white');
end
```

调用 f1_input_CreateFcn 函数，设置编辑框的初始值为“100”。函数代码如下：

```
function f1_input_CreateFcn(hObject,eventdata,handles)
set(gcbo,'String','100');
if ispc&&isequal(get(hObject,'BackgroundColor'),get(0,'defaultUicontrolBackgroundColor'))
    set(hObject,'BackgroundColor','white');
end
```

调用 f2_input_CreateFcn 函数，设置编辑框的初始值为“50”。函数代码如下：

```
function f2_input_CreateFcn(hObject,eventdata,handles)
set(gcbo,'String','50');
if ispc&&isequal(get(hObject,'BackgroundColor'),get(0,'defaultUicontrolBackgroundColor'))
    set(hObject,'BackgroundColor','white');
end
```

调用 t_input_CreateFcn 函数，设置编辑框的初始值为“0:0.001:0.1”。函数代码如下：

```
function t_input_CreateFcn(hObject,eventdata,handles)
set(gcbo,'String','0:0.001:0.1');
if ispc&&isequal(get(hObject,'BackgroundColor'),get(0,'defaultUicontrolBackgroundColor'))
    set(hObject,'BackgroundColor','white');
end
```

调用 plot_pushbutton_Callback 函数，绘制图形。函数代码如下：

```
function plot_menu_Callback(hObject,eventdata,handles)
plot_pushbutton_Callback(hObject,eventdata,handles)
```

调用 close_menu_Callback 函数结束程序。函数代码如下：

```
function close_menu_Callback(hObject,eventdata,handles)
close
```

在上述程序中，f1_input_CreateFcn、f2_input_CreateFcn 和 t_input_CreateFcn 在创建图形的时候依次给三个编辑文本框输入参数。plot_pushbutton_Callback 函数负责调用绘图程序的相关代码。plot_menu_Callback 函数通过调用 plot_pushbutton_Callback 函数来执行绘图功能，close_menu_Callback 函数则用于关闭图形界面。

运行程序后，单击 Plot 按钮或选项菜单中的 Plot 项，即可进行图形绘制，具体效果如图 3-19 所示。

从上面的 GUIDE 编程步骤可知，草图构思、控件布局及属性设置等是基础工作，为后面的函数调用做准备；编写代码是关键，通过句柄将各个控件连接起来，并传递相关数据，同时执行一定的功能；创建菜单则增强了辅助功能，还可以设置 TAB 属性等。

三、GUI 的设计步骤和设计原则

界面制作包括界面设计和程序实现两个方面，其过程不是一步到位，需经过反复修改才能获得满意的界面。一般的制作步骤如下：

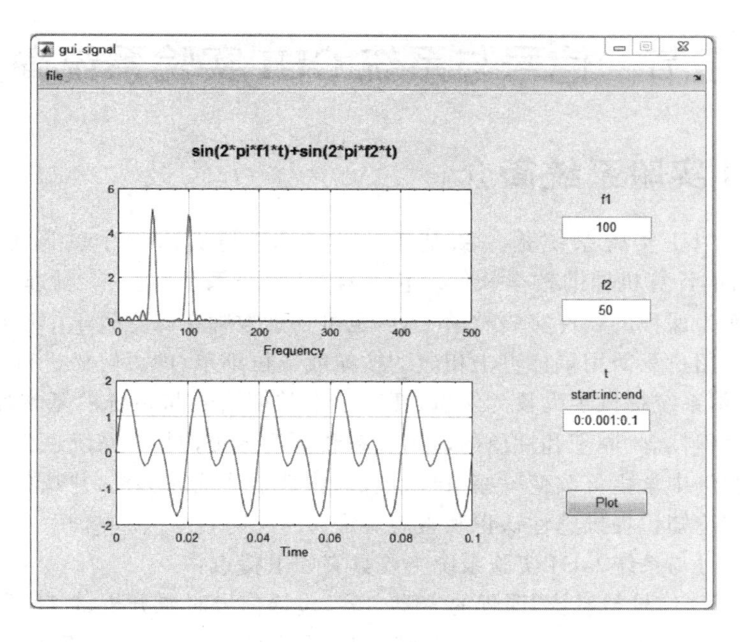

图 3-19　信号分析 GUI 界面

① 分析界面所要求实现的主要功能，明确设计任务。很多情况下，在用户创建 GUI 过程中，可能会产生新的想法或发现新问题，此时用户需要重新回到这一步进行思考。

② 构思草图，从用户和功能实现的角度出发，并上机实现。在纸上反复勾画 GUI 布局，要比直接在 MATLAB 中创建和修改更高效，从长远来看，这一步有助于节省用户时间。

③ 编写对象的程序代码，对实现的功能进行逐项检查。

回调函数通常与创建 GUI 的代码位于同一文件中。

GUIDE 是 MATLAB 提供的一个 GUI 工具，旨在快速、便捷、可靠地创建用户自定义的 GUI。GUIDE 函数针对用户创建、定位、对齐和重置用户接口对象提供了以下强大的支持。

首先，该函数提供了属性编辑器和查看器，列出对象的属性，使用户可以交互地修改这些属性值。

其次，该函数还配备了一个菜单编辑器，用于交互式地编辑和重新布置用户定义的下拉菜单和上下文菜单。

最后，GUIDE 还提供了一个开发 GUI 的交互式方法，该方法可以显示 GUI 的几何布局，显著降低 GUI 开发和执行的难度。另外，还能使 GUI 的结构在不同 GUI 之间保持稳定。

GUI 的设计原则可归纳为以下四点：

① 界面一致性原则。在 GUI 设计中，应保持 GUI 的一致性。

② 布局合理性原则。屏幕对角线相交处是用户视线集中的位置，而屏幕正上四分之一处是容易吸引用户注意力的区域，在放置窗体时应充分利用这两个位置。

③ 界面易用性原则。设计界面时，应力求简洁直观，清晰地展现界面的功能和特性。

④ 界面规范性原则。通常界面设计遵循 Windows 界面规范，遵循规范的程度越高，界面的易用性就越好。

第二节　信号与系统 GUI 实验系统简介

一、GUI 实验系统简介

信号与系统 GUI 实验系统是一款基于 MATLAB 仿真软件中的图形界面创建工具(GUIDE)所编写的计算机辅助教学软件。它针对“信号与系统”这一专业基础课程的教学需求而设计,既可作为课程的软件实验教学工具,也可辅助教师在课堂教学中使用。在交互式可视化实验环境中,用户只需用鼠标点击相应的按钮或下拉菜单,即可轻松进行信号与系统实验的模拟和仿真。本系统提供了大量的实例,便于学生掌握信号与系统的基本原理及其实际应用,从而深化对课程概念、原理和性质的深刻理解和灵活运用;同时,系统也为学生提供了实践操作的机会,在实例中学生可改变一些信号、模块、仿真子系统等参量,并观察信号与系统的相应变化,为所学理论知识提供感性认识和直观验证。

概括来说,信号与系统 GUI 实验系统主要具有如下特点:

① 系统涵盖了“信号与系统”课程的主要内容,包括信号时域分析、LTI 系统时域分析、信号的频谱分析、连续 LTI 系统频域分析、连续 LTI 系统复频域分析、离散 LTI 系统 z 域分析以及综合实验七大主题实验,每个主题实验又下设若干子实验。

② 系统内容丰富,实验效率高,结果以波形直观展示,易于理解、便于分析。

③ 界面可视性强,且支持子界面的调用功能,层次感较强,符合用户操作习惯,操作简便。

④ 提供交互式界面,允许用户自行设置参数,并通过比较得出结论,有助于学生理解和掌握信号与系统课程的知识。

本实验系统在 MATLAB R2018a 环境下运行,开放性强,界面友好,操作方便,易于上手,能够激发学生的学习兴趣和创新能力,还可培养学生运用高级计算机工程语言学习专业知识和解决专业问题的能力,为实际系统设计打下基础。

二、GUI 实验系统使用方法

(一) 安装 GUI 实验系统

信号与系统 GUI 实验系统只能在 MATLAB 环境下运行,所以必须先安装 MATLAB R2018a 或更高版本。安装完成后,运行本实验系统的安装程序 setup.exe,并按照提示输入信息即可。

(二) GUI 实验系统界面说明

1. 登录界面

在 MATLAB 命令窗口中输入启动命令 start 并按回车键,即可进入信号与系统 GUI 实验系统,进入登录界面,如图 3-20 所示。在登录界面中,用户名输入 xhGUIsy,密码输入 123456,单击“登录”按钮后即可进入 GUI 实验系统的主界面;单击“退出”按钮则可退出系统。

2. 主界面

设置正确的用户名和密码后,由登录界面进入主界面,主界面由 3 个窗口组成,如

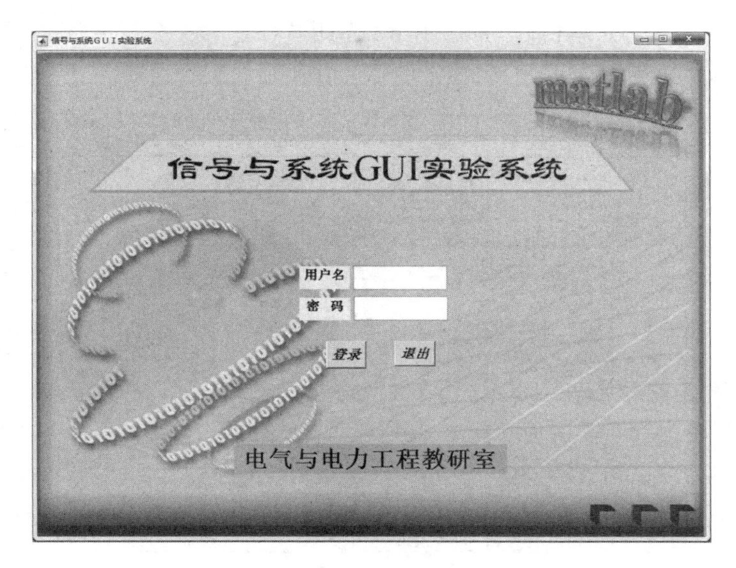

图 3－20　登录界面

图 3－21 所示。

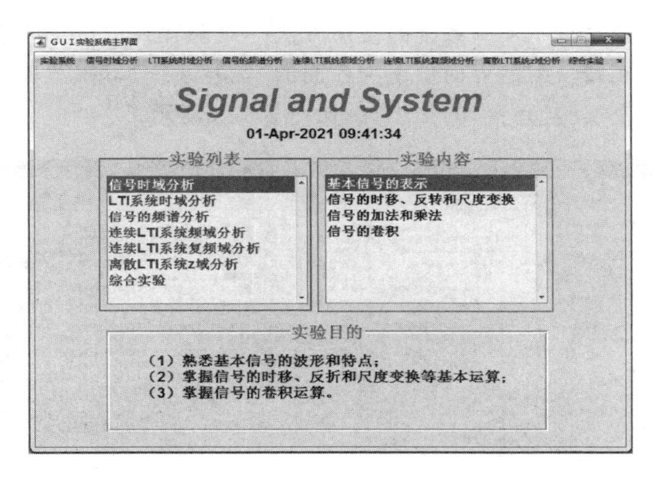

图 3－21　主界面

① 实验列表窗口：该窗口位于界面左侧，负责展示 GUI 实验系统的实验主题列表。列表中共有 7 大类实验，包含了信号与系统课程的主要知识点。这些实验主题分别是信号时域分析、LTI 系统时域分析、信号的频谱分析、连续 LTI 系统频域分析、连续 LTI 系统复频域分析、离散 LTI 系统 z 域分析以及综合实验。

② 实验内容窗口：该窗口位于界面右侧，用于展示选中实验主题下的子实验内容。例如，选中实验列表中的“信号时域分析”，则右侧实验内容窗口将呈现此主题实验下的 4 个子实验：基本信号的表示，信号的时移、反转和尺度变换，信号的加法和乘法，以及信号的卷积。

③ 实验目的窗口：该窗口位于界面下方，用于展示选中主题实验的目的。

3. 菜单栏

在主界面的上方，设有实验菜单栏，对应于实验列表中的主题实验，以及实验系统相关说明。当光标放到菜单栏上并单击时，将显示下拉菜单(对应于该主题实验下的子实验内容)，如图 3－22 所示。双击下拉菜单某项实验即可进入相应的子实验界面。

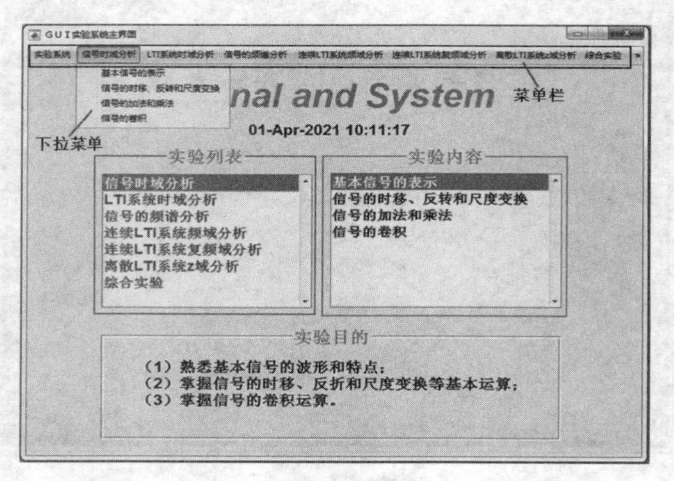

图 3－22　主界面的菜单栏及下拉菜单

4. 帮助窗口

为了让实验者快速掌握本实验系统的使用方法并对课程知识点深入理解，实验者应参照帮助文档进行学习和实践。帮助界面位于主界面的“实验系统”下拉菜单中，双击“帮助”即可阅读实验操作说明以及实验所对应的知识点，如图 3－23 所示。

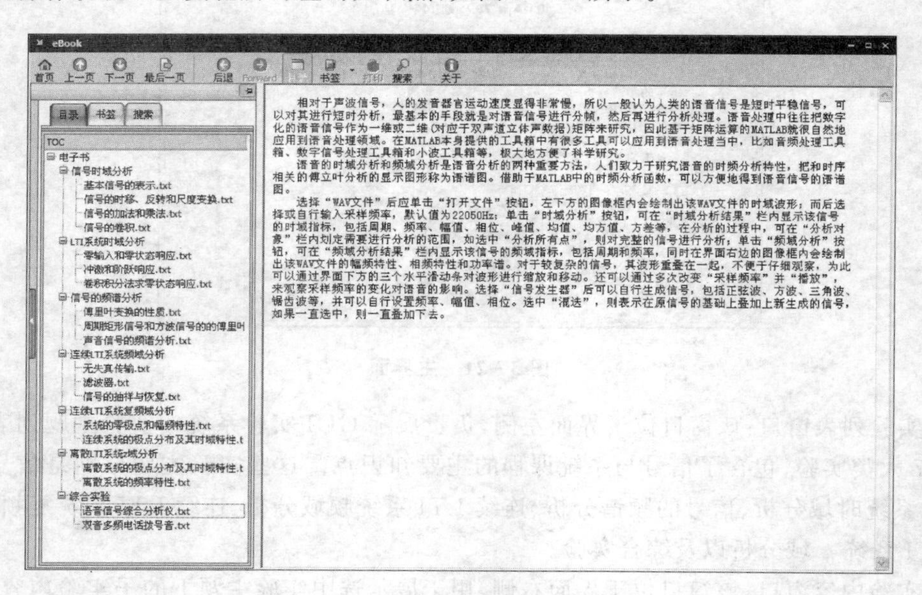

图 3－23　帮助窗口

(三) GUI 实验系统使用步骤

1. 使用鼠标在左侧的实验列表中挑选欲执行的主题实验，右侧的实验内容区域中将展示该主题实验下所有的子实验，同时下方将呈示主题实验的实验目的。

2. 通过鼠标双击右侧实验内容区域中的某项具体实验，即可进入所选的子实验界面(具体界面请参见后续章节)。

3. 在子实验界面中,用户可通过点击按钮、输入参数等方式观察实验数据和波形变化。

4. 单击主界面上的关闭按钮,将关闭整个实验系统。单击分界面上的关闭按钮,则关闭该子实验系统。

用户也可通过菜单栏进入所选的子实验界面,具体操作步骤如下:单击主菜单选择下拉菜单中的某项子实验,即可进入相应的子实验界面。其他操作步骤与前述相同。

第三节 GUI实验内容

信号与系统GUI实验系统共分7大主题实验,19个子实验,如图3-24所示,每个子实验对应一个子界面。每个子界面实现的功能不同,其界面形式也有所不同。

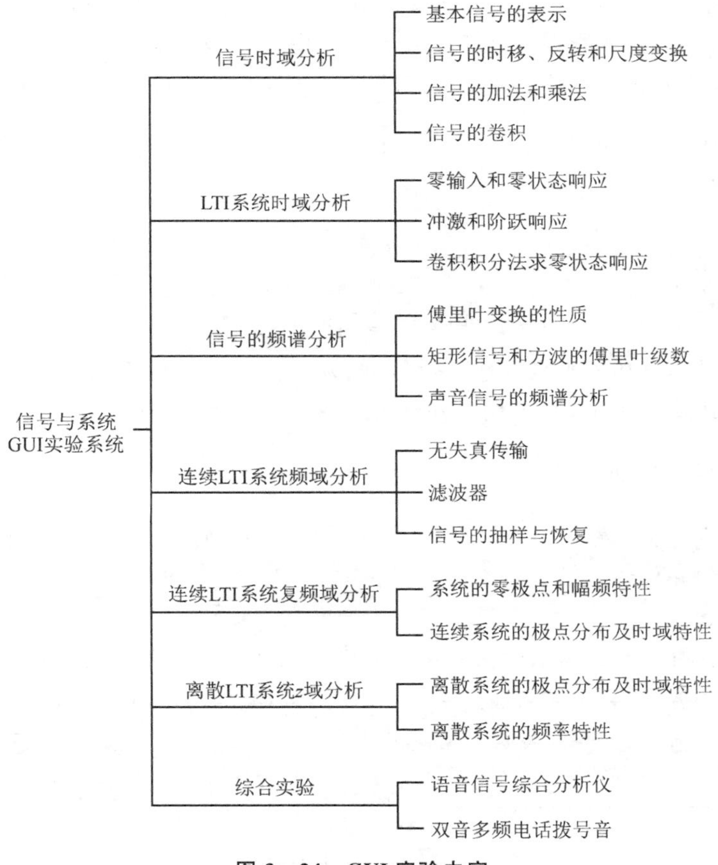

图3-24 GUI实验内容

一、信号时域分析

(一) 实验目的

1. 熟悉基本信号的波形和特点;

2. 掌握信号的加法、乘法、时移、反转、尺度变换等基本运算；
3. 掌握信号的卷积运算。

(二) 实验内容

1. 基本信号的表示；
2. 信号的时移、反转和尺度变换；
3. 信号的加法和乘法；
4. 信号的卷积。

(三) 实验原理

1. 基本信号的表示

按照自变量取值是否连续，信号可分为连续信号和离散信号。在连续时间范围内有定义的信号称为连续信号，而仅在一些离散的瞬间才有定义的信号称为离散信号。

在 MATLAB 中，并不能直接处理连续信号，一般采用采样间隔足够小的向量近似表示连续信号，此方法称为向量表示法。对于连续信号 $f(t)$，可采用两个行向量 f 和 t 来表示，通过 plot 命令绘制出连续信号的波形图。例如，余弦信号 $f(t)=\cos\left(\frac{\pi}{3}t\right)$，可通过如下命令来表示和绘制波形：

```
t= -10:0.05:10;                  %建立时间 t 向量
ft= cos((pi/3) * t);             %产生余弦信号 ft 向量
plot(t,ft);                      %画信号的波形
```

或者采用符号运算功能来表示连续信号，此方法称为符号运算表示法。若一个连续信号可用一个符号表达式来表示，则可用 ezplot 命令来绘制出该信号的波形图。例如，余弦信号 $f(t)=\cos\left(\frac{\pi}{3}t\right)$ 可通过如下命令实现：

```
t= -10:0.05:10;                          %建立信号的时间序列
ft= str2sym('cos((pi/3) * t)');          %定义符号表达式
ezplot(ft,[-10,10]);                     %画信号的波形
```

向量表示法和符号运算表示法仿真波形分别如图 3-25 和图 3-26 所示。

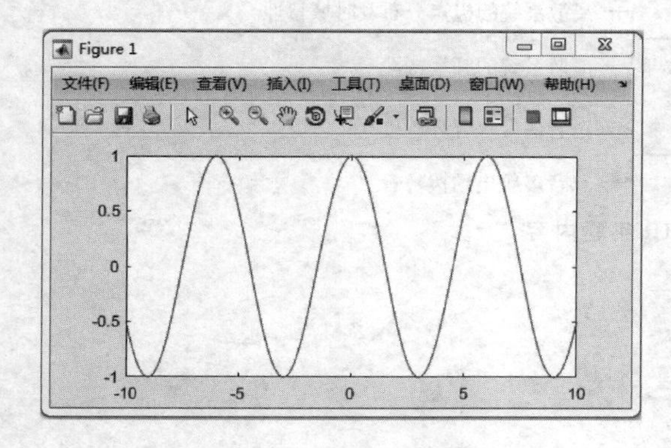

图 3-25 向量表示法仿真波形

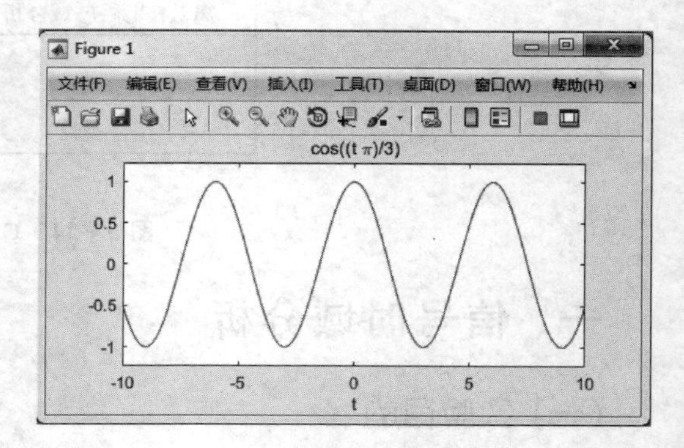

图 3-26 符号运算表示法仿真波形

离散信号的绘制一般用 stem 函数，MATLAB 只能表示一定时间范围内有限长度的序列，而对于无限长序列，只能在一定范围内表示出来。

2. 信号的时移、反转和尺度变换

信号的时移、反转和尺度变换运算，实际上是对函数自变量进行运算。在信号时移 $f(t \pm t_0)$ 和 $f(k \pm k_0)$ 运算中，函数自变量加、减一个常数，在 MATLAB 中通过算术运算符“＋”或“－”来实现。在信号反转 $f(-t)$ 和 $f(-k)$ 运算中，函数的自变量乘以一个负号，在 MATLAB 中直接用“－”表示，反转运算还可以利用 fliplr 函数来实现。在信号的尺度变换 $f(at)$ 运算中，函数的自变量乘以一个常数，在 MATLAB 中通过算术运算符“＊”来实现。对于离散信号，由于 $f(ak)$ 仅在 ak 为整数时才有意义，进行尺度变换时可能导致部分信号信息丢失。因此，一般建议对离散信号进行波形的尺度变换。

在进行信号混合运算时，运算顺序可以任意组合，例如先进行尺度变换再进行反折、平移，或者可先进行平移再进行尺度变换、反折，亦或是先反折再进行尺度变换、平移等，共有 6 种不同的组合方式。

3. 信号的加法和乘法

信号的加法和乘法运算，实际上是函数值域的运算。在 MATLAB 中，对信号做相加(减)、相乘运算时，分别使用运算符“＋”、“－”和“＊”来实现。需要注意的是，这些信号所对应的时间原点和元素个数应相同。

4. 信号的卷积

卷积积分在连续系统时域分析中是一个非常重要的数学工具，它是一种特殊的积分运算。其运算公式如下：

$$f(t)=f_1(t) * f_2(t)=\int_{-\infty}^{\infty} f_1(\tau) f_2(t-\tau)\,\mathrm{d}\tau$$

卷积运算过程可分为反转、平移、相乘、积分 4 个步骤。本实验提供了 5 类输入信号：锯齿波信号、三角波信号、正弦波信号、矩形脉冲信号和方波信号，可自由组合两类信号进行卷积演示。实验过程中，卷积的动画演示以及卷积得到的波形将被展示。

在 MATLAB 中，连续信号的卷积运算是通过离散序列的卷积和来近似实现的。这一过程用函数 conv 表示，其调用格式如下：

c=conv(a,b)

其中，a、b 分别为待卷积的两序列的向量表示，c 是卷积运算的结果。向量 c 的长度为向量 a、b 的长度之和减去 1。

(四) 实验步骤

1. 基本信号的表示

在主界面上，单击“实验列表”中的“信号时域分析”，右侧的“实验内容”区域将展示与本模块相关的实验内容。双击“基本信号的表示”，即可进入该实验界面；或者在下拉菜单中选择“信号时域分析→基本信号的表示”，也可进入该界面。“基本信号的表示”界面如图 3－27 所示，系统默认界面为连续正弦信号。

(1) 选择信号的基本类型

单击列表框，可选择“连续信号”或“离散信号”。若选择“连续信号”，右侧将展示正弦信

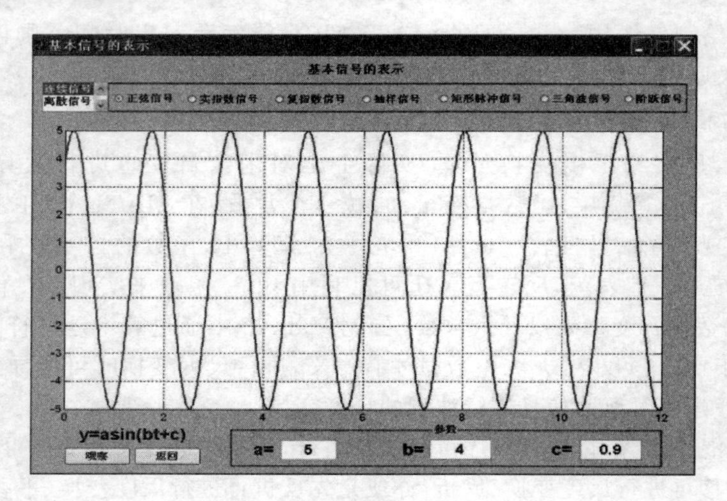

图 3-27 “基本信号的表示”界面

号、实指数信号、复指数信号、抽样信号、矩形脉冲信号、三角波信号和阶跃信号七种基本连续信号；若选择“离散信号”，右侧将展示单位取样序列、单位阶跃序列、矩形序列、单边指数序列和正弦序列五种典型离散信号。

(2) 选择具体基本信号

通过点击右侧单选按钮，可从 7 种基本连续信号和 5 种典型离散信号中进行选择。如选中离散信号中的“正弦序列”，仿真结果如图 3-28 所示。

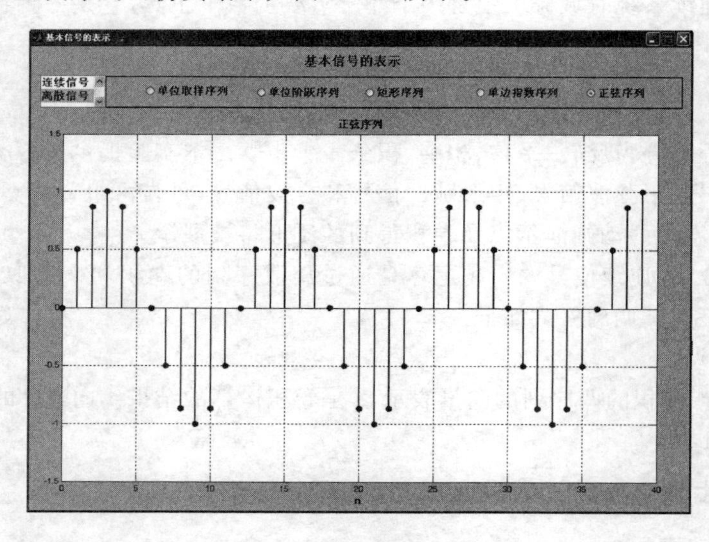

图 3-28 正弦序列仿真波形

(3) 设置基本信号的参数

在参数区域通过鼠标设置基本信号的参数，例如设置正弦信号的幅值、角频率和相位三个参数。

(4) 观察基本信号的波形

单击“观察”按钮，在波形区域将展示该信号的波形。通过比较不同参数下的信号波形，可以归纳出信号的特性。单击“返回”按钮，即可返回到主界面。

2. 信号的时移、反转和尺度变换

进入本实验界面的方法与“基本信号的表示”相同。操作路径为：信号时域分析→信号的时移、反转和尺度变换。“信号的时移、反转和尺度变换”实验界面如图 3－29 所示。

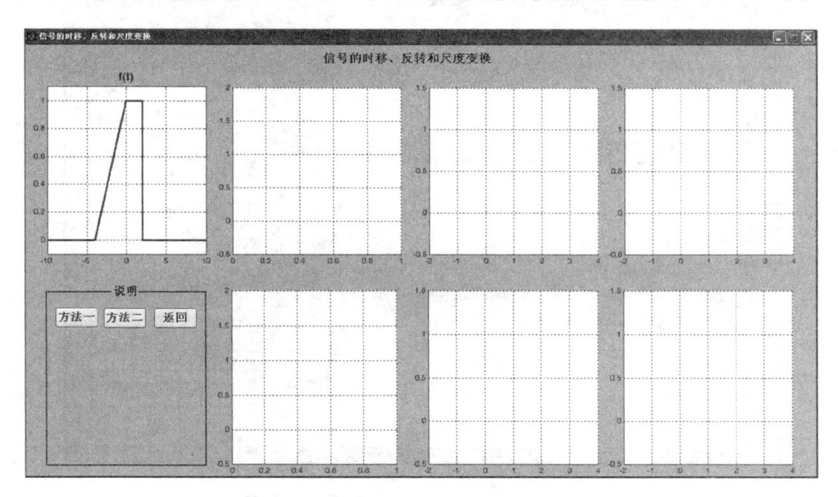

图 3－29　“信号的时移、反转和尺度变换”实验界面

本实验旨在演示信号 $f(t)$ 混合运算的处理过程，通过实验界面提供两种不同的方法进行演示。实验步骤如下：

① 单击“说明”框内的“方法一”按钮，右上侧坐标区域将展示信号的时移→反转→尺度变换的全过程，同时在说明框下方显示此方法的步骤。

② 单击“方法二”按钮，右下侧坐标区域将展示信号的反转→时移→尺度变换的全过程，同时在说明框下方显示此方法的步骤。

用户可以任选上述①②步骤进行操作，信号的时移、反转和尺度变换混合运算过程仿真波形如图 3－30 所示。操作完成后，按“返回”按钮即可返回主界面。

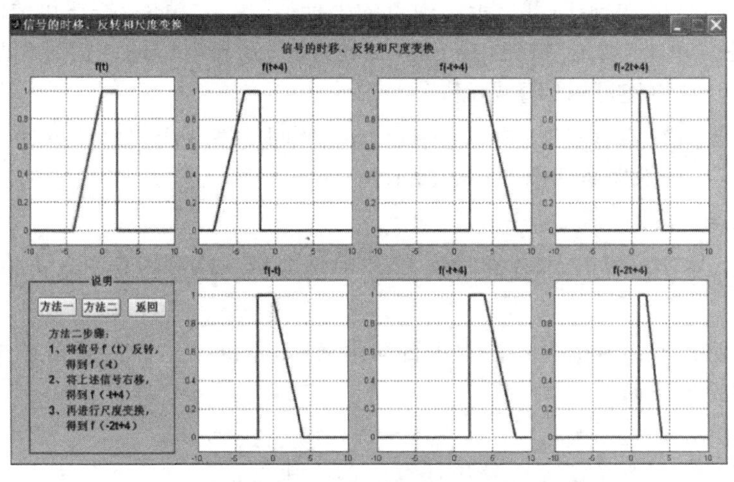

图 3－30　信号的时移、反转和尺度变换仿真波形

3. 信号的加法和乘法

从主界面进入本实验界面,操作路径:信号时域分析→信号的加法和乘法。“信号的加法和乘法”界面如图 3-31 所示。

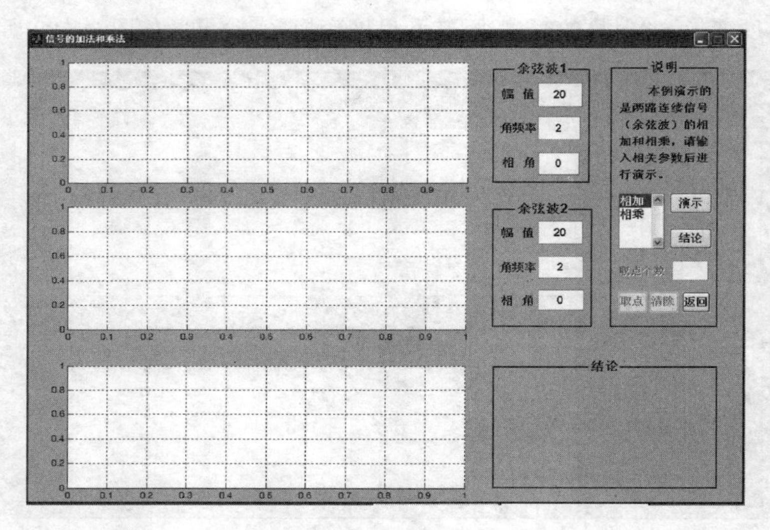

图 3-31 “信号的加法和乘法”界面

本实验以余弦(正弦)信号为例作为研究对象,旨在对信号的加法和乘法运算进行演示和验证,实验步骤如下。

① 设置信号参数。在余弦波 1 和余弦波 2 的框中,设置各自的参数值:幅值、角频率、相角(系统中给出默认值,用户可改变此值)。

② 进行相加或相乘运算。在说明框内选择列表框中的“相加”或“相乘”,随后单击“演示”按钮。此时,左侧坐标轴区域从上往下依次显示余弦波 1、余弦波 2 和两种相加或相乘的波形。

③ 显示取点坐标。在“取点个数”中填入参数值,再单击“取点”按钮。此时,光标在坐标轴区域将变为十字形状,单击即可显示图中点的坐标值,单击“清除”按钮可清除取点功能。

④ 显示结论。单击“结论”按钮,右下角“结论”将显示所对应的两信号相加(或相乘)的原理说明。单击“返回”按钮可返回主界面。

针对两个余弦信号 $20\cos(2t)$ 和 $20\cos(6t)$ 执行相乘运算,并随机选取任一信号上的两个点进行坐标展示,其实验界面如图 3-32 所示。

4. 信号的卷积

从主界面进入本实验界面,操作路径为:信号时域分析→信号的卷积。实验界面如图 3-33 所示。

本实验旨在对典型信号的卷积过程进行动画演示,帮助学生深入理解两个信号进行卷积的物理意义。实验步骤如下:

(1) 选择卷积信号

在“选择信号”框内选择要进行卷积计算的两个典型信号 $f_1(t)$ 和 $f_2(t)$。选定后,下方区域将展示所选择的两个信号波形图,系统默认选项为“锯齿波信号”。

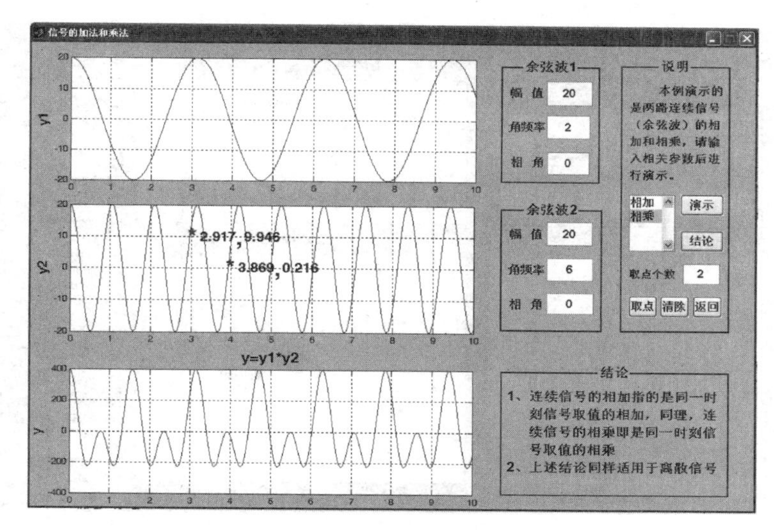

图 3-32　余弦信号相乘界面

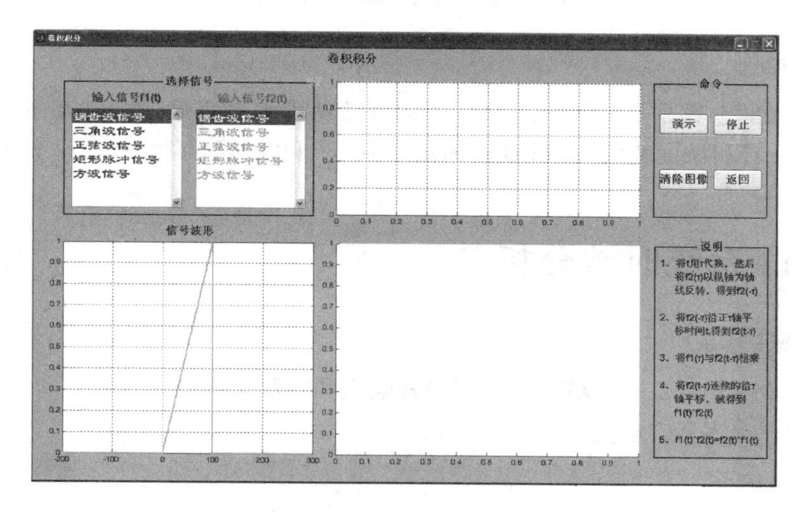

图 3-33　“卷积积分”界面

(2) 卷积动态过程

单击“命令”框内的“演示”按钮，这时在右下坐标轴区域显示所选择的两个信号卷积的动态过程。卷积计算完毕，左上坐标轴区域显示卷积计算的最后波形，单击“停止”按钮，卷积过程中止；再单击“演示”按钮，卷积过程继续；单击“清除图像”按钮可清除卷积积分的计算过程和结果波形。而“说明”框则用文字说明信号卷积的步骤。

选择输入信号 $f_1(t)$ 为三角波信号、$f_2(t)$ 为正弦波信号，对两信号进行卷积计算，其计算过程如图 3-34 所示。

(五) 实验报告要求

1. 简述实验目的和实验原理。
2. 按理论方法画出上述实验中所得的多种波形，并与计算机仿真结果进行比较。
3. 总结实验中的主要结论以及所获得的体会。

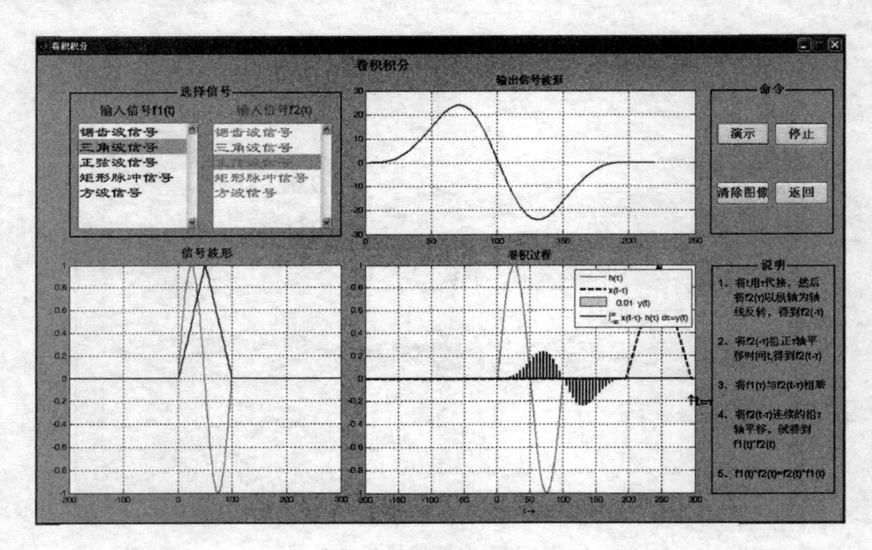

图 3-34　两信号卷积实验界面

(六) 思考题

GUI 界面之间的数据是如何传递的？尝试自己动手编写程序，实现“基本信号的表示”、“信号的时移、反转和尺度变换”、“信号的加法和乘法”和“信号的卷积”四个界面之间的数据传递。

二、LTI 系统时域分析

(一) 实验目的

1. 能够用 MATLAB 求时域系统的零输入响应和零状态响应；
2. 掌握卷积求零状态响应。

(二) 实验内容

1. 零输入和零状态响应；
2. 冲激和阶跃响应；
3. 卷积积分法求零状态响应。

(三) 实验原理

1. 零输入和零状态响应

一般而言，一个 LTI 连续系统可以用常系数微分方程来描述。若激励为 $f(t)$，响应为 $y(t)$，则该系统可表示为

$$\begin{aligned} &y^{(n)}(t)+a_{n-1}y^{(n-1)}(t)+\cdots+a_1y'(t)+a_0y(t)\\ &=b_mf^{(m)}(t)+b_{m-1}f^{(m-1)}(t)+\cdots+b_1f'(t)+b_0f(t) \end{aligned} \tag{3-1}$$

在 MATLAB 中，上述系统可用 tf 函数建立。使用方法为 sys=tf(b,a)，其中 a、b 分别是系统响应和激励信号各阶导数项的系数，这些系数由高到低排列成两个行矢量；返回值 sys 为 LTI 系统的模型。

微分方程(3－1)的解被称为LTI系统全响应，可分为零输入响应和零状态响应。其中，LTI系统的零输入响应是微分方程(3－1)的齐次解。在MATLAB中，可通过函数desolve求解。零状态响应是指当系统的初始状态为零时，仅由激励$f(t)$所引起的响应。在MATLAB中，通常使用数值方法求解微分方程来获得零状态响应，调用函数为lsim。

2. 冲激和阶跃响应

冲激响应是指激励为单位冲激函数时的零状态响应，而阶跃响应是指激励为单位阶跃函数时的零状态响应。因此，分别用冲激函数和阶跃函数作为激励，用lsim函数可仿真出冲激和阶跃响应。除此之外，MATLAB还专门提供了函数impulse和step，分别直接产生LTI系统的冲激响应和阶跃响应。

3. 卷积积分法求零状态响应

在对线性系统进行时域分析时，卷积是一种计算系统零状态响应的有效方法。只要我们知道系统的单位冲激响应$h(t)$或$h(k)$，就可以利用卷积求出系统在任何激励$f(t)$或$f(k)$作用下的零状态响应。其计算公式为：$y_{zs}(t)=f(t)*h(t)$或$y_{zs}(k)=f(k)*h(k)$，调用函数为conv( )。

(四) 实验步骤

1. 零输入和零状态响应

由主界面进入此实验界面的操作路径为：LTI系统时域分析→零输入和零状态响应。实验界面如图3－35所示。

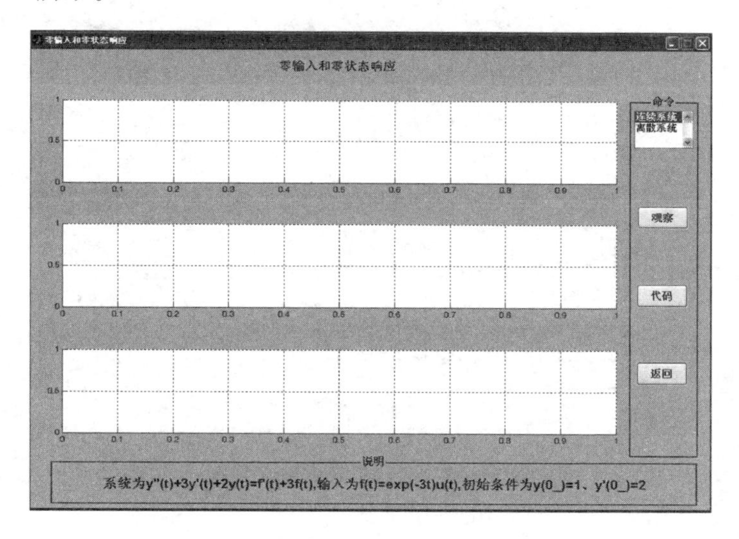

图3－35　“零输入和零状态响应”实验界面

本实验旨在对连续系统和离散系统在时域求解其零输入响应、零状态响应和全响应。其操作步骤如下：

(1) 选择系统类型

在“命令”框内，可选择“连续系统”或“离散系统”，“说明”框内显示相对应的典型的二阶连续系统或离散系统。本实验中，连续系统的微分方程为$y''(t)+3y'(t)+2y(t)=f'(t)+3f(t)$，输入信号为$f(t)=e^{-3t}\varepsilon(t)$，其中初始条件为$y(0_-)=1$、$y'(0_-)=2$。离散系统的单

位取样响应为 $h(k)=0.8^k[\varepsilon(k)-\varepsilon(k-8)]$，输入信号为 $f(k)=\varepsilon(k)-\varepsilon(k-4)$。

(2) 系统仿真，波形显示

单击“观察”按钮，坐标轴区域显示所选中系统的零输入响应、零状态响应和全响应，连续系统和离散系统演示界面分别如图 3-36 和图 3-37 所示。

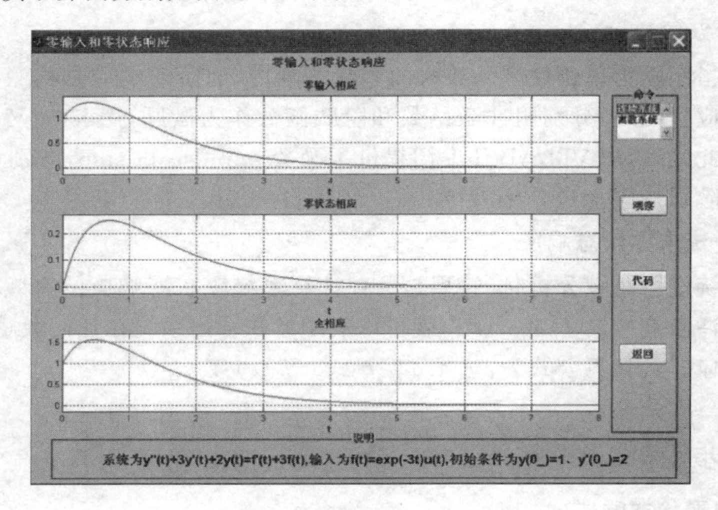

图 3-36　连续系统的响应界面

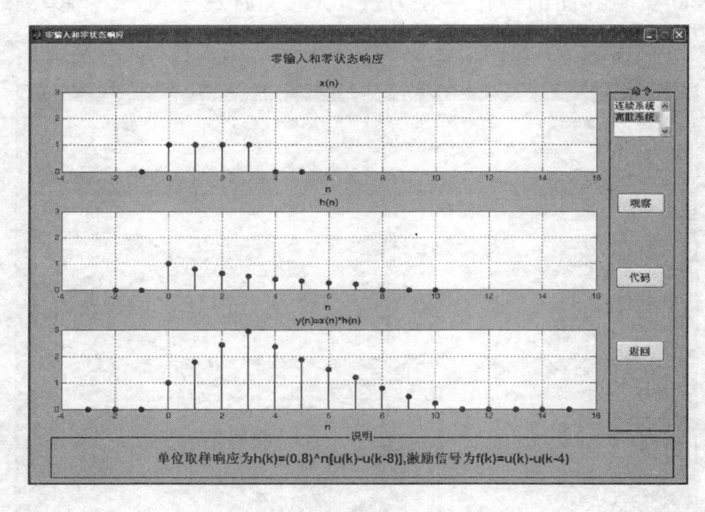

图 3-37　离散系统的响应界面

(3) 仿真代码说明

单击“代码”按钮，弹出求解此过程的 MATLAB 代码界面，连续系统和离散系统仿真代码说明界面分别如图 3-38 和图 3-39 所示。单击“返回”按钮即可返回主界面。

2. 冲激和阶跃响应

由主界面进入本实验界面的操作路径为：LTI 系统时域分析→冲激和阶跃响应。实验界面如图 3-40 所示。

本实验以连续系统 $y''(t)+6y'(t)+8y(t)=3f'(t)+9f(t)$ 为研究对象，旨在求解其冲

零输入和零状态响应代码

零输入和零状态响应代码

```
%齐次解求零输入响应
eq='D2y+3*Dy+2*y=0';
cond='y(0)=1,Dy(0)=2';
yzi=dsolve(eq,cond);
yzi=simplify(yzi);
%零状态响应求解
eq1='D2y+3*Dy+2*y=Dx+3*x';
eq2='x=exp(-3*t)*Heaviside(t)';
cond2='y(-0,001)=0,Dy(-0.001)=0';%初始条件
yzs=dsolve(eq1,eq2,cond2);
yzs=simplify(yzs.y);
%求解全响应
yt=simplify(yzi+yzs);
```

图 3-38　连续系统的代码界面

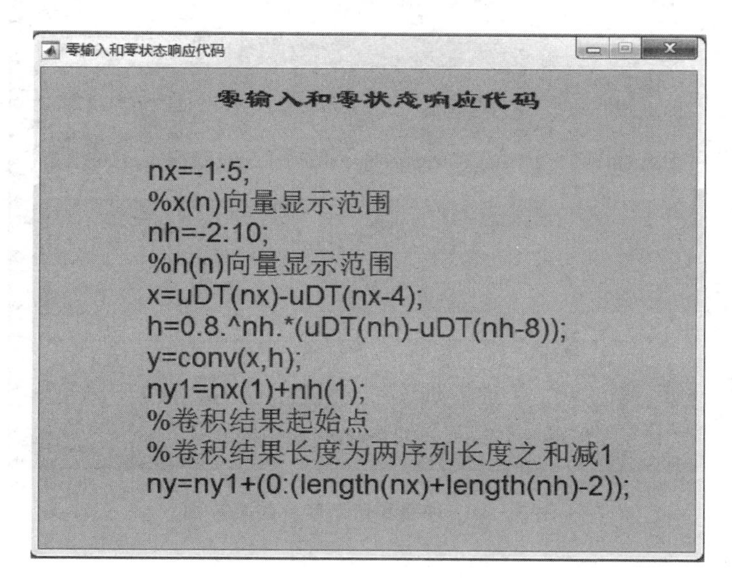
零输入和零状态响应代码

零输入和零状态响应代码

```
nx=-1:5;
%x(n)向量显示范围
nh=-2:10;
%h(n)向量显示范围
x=uDT(nx)-uDT(nx-4);
h=0.8.^nh.*(uDT(nh)-uDT(nh-8));
y=conv(x,h);
ny1=nx(1)+nh(1);
%卷积结果起始点
%卷积结果长度为两序列长度之和减1
ny=ny1+(0:(length(nx)+length(nh)-2));
```

图 3-39　离散系统的代码界面

激响应和阶跃响应，并对 LTI 系统的这两种响应的求解过程以及结果（波形）进行演示。实验的上半区域以图片的形式显示了 LTI 系统的冲激响应和阶跃响应以及它们所对应的输入信号之间的关系。通过单击“冲激响应”和“阶跃响应”按钮，坐标轴区域将展示 LTI 系统的冲激响应和阶跃响应的波形，如图 3-41 所示。单击“代码”按钮，将弹出用于求解此过程的 MATLAB 代码界面，最后，单击“返回”按钮即可返回主界面。

3. 卷积积分法求零状态响应

由主界面进入本实验界面的操作路径为：LTI 系统时域分析→卷积积分法求零状态响应。

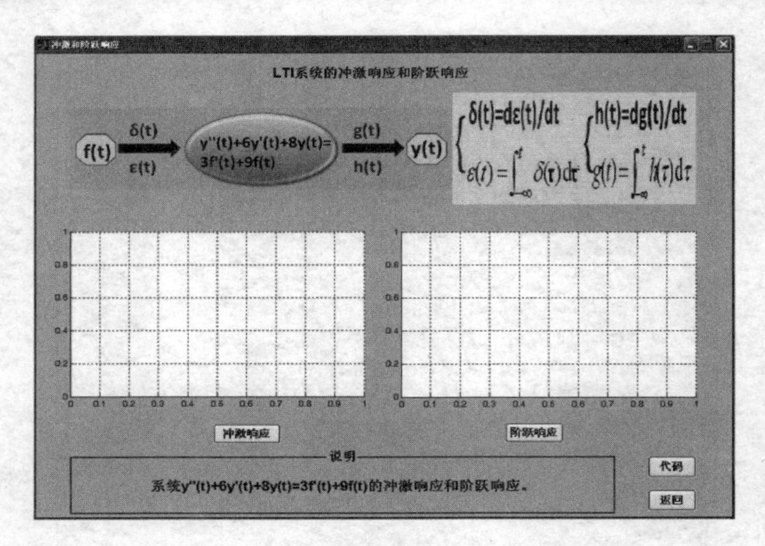

图 3-40　冲激和阶跃响应实验界面

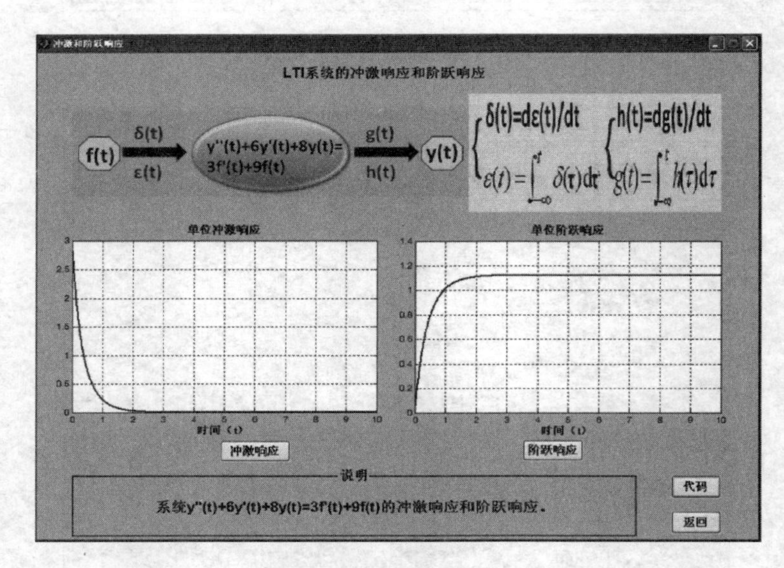

图 3-41　冲激和阶跃响应仿真界面

实验界面如图 3-42 所示。

本实验利用卷积法和数值法求解 LTI 系统 $y''(t)+2y'(t)+32y(t)=f'(t)+16f(t)$的零状态响应，输入信号 $f(t)=\mathrm{e}^{-2t}\varepsilon(t)$。

单击“命令”框内的“卷积法”按钮，坐标轴区域依次显示：输入信号 $f(t)$、冲激响应 $h(t)$和卷积法求得的零状态响应 $y(t)$的波形图，单击“数值法”按钮，右下角坐标轴区域将展示利用数值法计算求得的零状态响应的波形图，同时“结论”文本框内将展示两种求解方法的说明。演示界面如图 3-43 所示。单击“程序”按钮将展示两种求解方法的 MATLAB 程序代码，如图 3-44 所示。最后，单击“返回”按钮即可返回主界面。

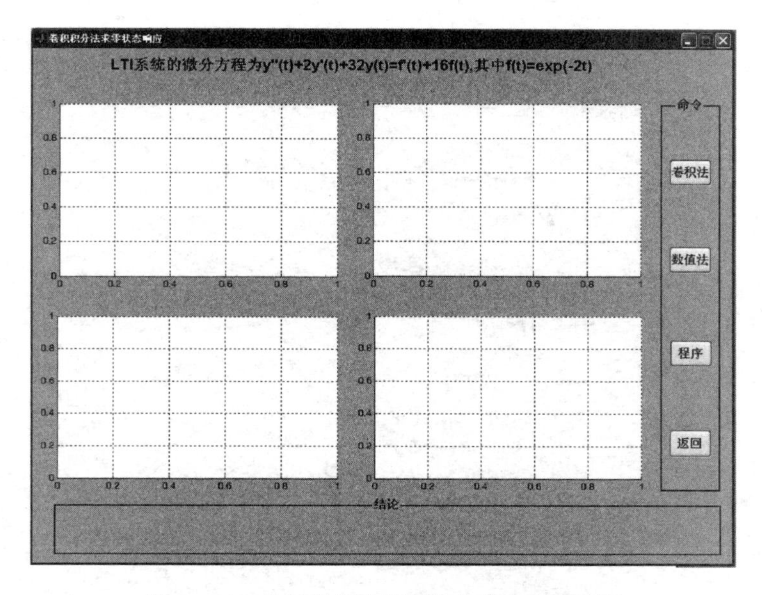

图 3-42 卷积积分法求零状态响应实验界面

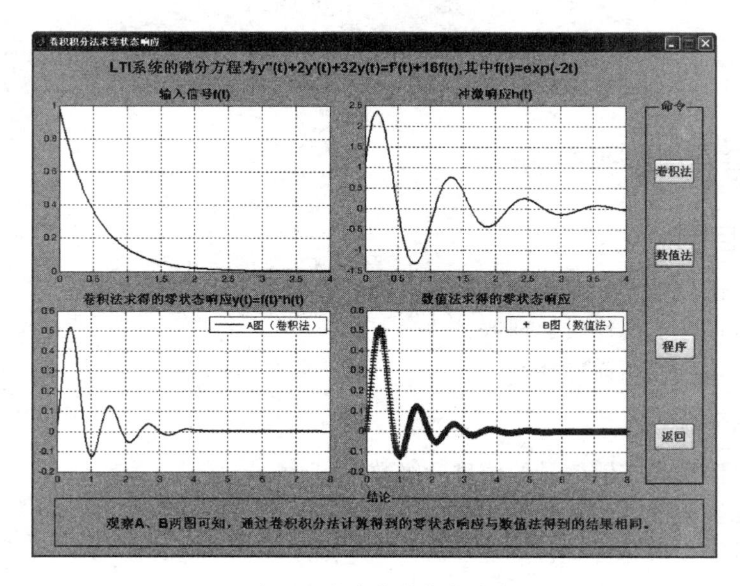

图 3-43 卷积积分法求零状态响应仿真界面

(五) 实验报告要求

1. 简述实验目的和实验原理。

2. 利用理论方法求解实验中 LTI 系统的零输入响应和零状态响应，与仿真实验结果进行比较、分析。

(六) 思考题

图片嵌入 GUI 界面有几种方法？对比各种方法的优缺点。

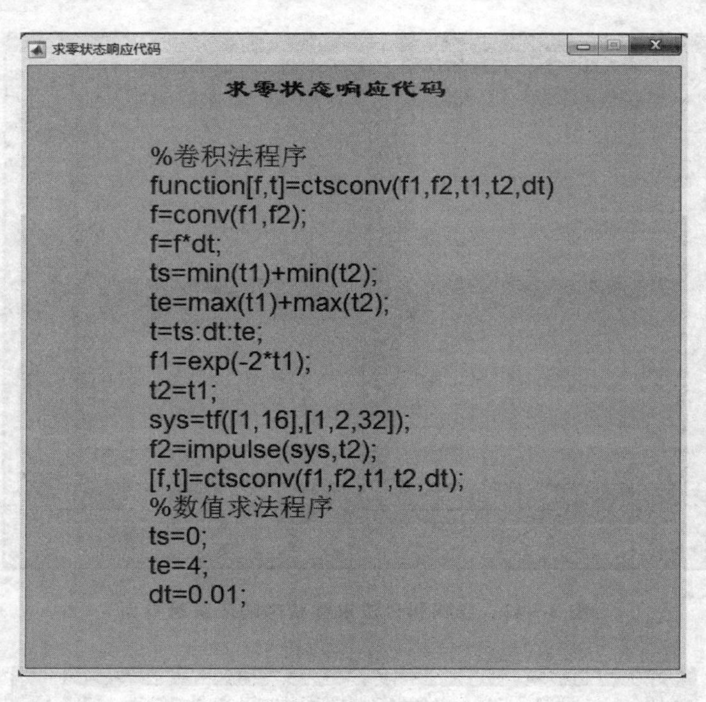
求零状态响应代码

```
%卷积法程序
function[f,t]=ctsconv(f1,f2,t1,t2,dt)
f=conv(f1,f2);
f=f*dt;
ts=min(t1)+min(t2);
te=max(t1)+max(t2);
t=ts:dt:te;
f1=exp(-2*t1);
t2=t1;
sys=tf([1,16],[1,2,32]);
f2=impulse(sys,t2);
[f,t]=ctsconv(f1,f2,t1,t2,dt);
%数值求法程序
ts=0;
te=4;
dt=0.01;
```

图 3－44　程序代码界面

三、信号的频谱分析

(一) 实验目的

1. 掌握周期信号傅里叶级数的分析方法及其物理意义；
2. 加深对傅里叶变换性质的理解；
3. 掌握典型信号的频谱特性。

(二) 实验内容

1. 周期矩形信号和方波信号的傅里叶级数；
2. 傅里叶变换的性质；
3. 声音信号的频谱分析。

(三) 实验原理

1. 周期矩形信号和方波信号的傅里叶级数

周期信号通过傅里叶级数分解可以展开成一系列相互正交的正弦信号或复指数信号分量的加权和。把周期信号分解为一系列频率成整数倍的正弦信号的形式称为三角函数形式的傅里叶级数，其中与非正弦周期信号具有相同频率的分量称为基波，其他分量则根据其频率为基波频率的整数倍数，分别称为二次谐波、三次谐波、…、n 次谐波，其幅值将随着谐波次数的增加而减小。

三角函数形式的傅里叶级数物理意义明确，但运算不便，因而也采用指数形式的傅里叶级数表示。即周期信号可分解为许多不同频率的虚指数信号之和。

为了直观表示出周期信号中所含各分量的幅值和相位，以频率（或角频率）为横坐标，以各谐波的幅值和相位为纵坐标分别画出图形，称为周期信号的频谱图，包括幅度谱和相位谱。周期信号的频谱具有离散性、谐波性和收敛性。

本实验通过对周期矩形信号展开成复指数形式的傅里叶级数，总结归纳周期信号频谱的特点，并研究参数变化（本实验为周期矩形脉冲的宽度和周期的变化）对频谱的影响。通过对周期方波信号展开成三角形式的傅里叶级数，研究周期信号的分解与合成，通过仿真过程观察级数中各频率分量对波形的影响。在波形合成时，观察“吉布斯现象”。

2. 傅里叶变换的性质

当周期信号的周期趋向于无穷大时，周期信号就转化为非周期信号。为了有效地分析非周期信号的频率特性，引入了傅里叶变换分析法。

傅里叶变换的性质有线性、奇偶性、对称性、尺度变换、时移特性、频移特性等，在实验平台中，以尺度变换和频移特性为代表进行了仿真演示。

尺度变换：若 $f(t)\leftrightarrow F(\mathrm{j}\omega)$，则有 $f(at)\leftrightarrow \frac{1}{|a|}F\left(\mathrm{j}\frac{\omega}{a}\right)$，其中 a 是非零实常数。可理解如下：若 $0<a<1$，则时域扩展，频带压缩；若 $a>1$，则时域压缩，频域扩展 a 倍。

频移特性：若 $f(t)\leftrightarrow F(\mathrm{j}\omega)$，则有 $f(t)\mathrm{e}^{\pm \mathrm{j}\omega_0 t}\leftrightarrow F[\mathrm{j}(\omega\mp\omega_0)]$，其中 ω_0 是实常数。由此可知，频移的实现原理是在原信号的基础上乘以载波信号 $\cos(\omega_0 t)$ 或 $\sin(\omega_0 t)$，其结果等效于将 $f(t)$ 的频谱 $F(\mathrm{j}\omega)$ 一分为二，沿频率轴向左和向右各平移 ω_0，这个过程称之为调制，因此频移特性也称为调制特性。

3. 声音信号的频谱分析

声音是自然界中的常见现象，其本质是声波，可以将其看作一种信号，并利用信号与系统的相关知识对其进行研究。

本实验先读取一段声音信号，而后对其进行频谱分析。该段声音信号的格式是 WAV，MATLAB 提供了读取这种格式文件的函数，调用格式为 audioread（'*.wav'）。为了直观地表现出该声音信号，可以绘制出其时域波形，实现方法为：x1＝wavread('file.wav')；plot(x1)。为了播放该段声音信号，应首先设定采样频率，然后调用 sound 函数。

该段声音信号也可用系统的观点进行分析，这样就应当考虑其频率响应，包括幅频响应和相频响应，MATLAB 信号处理工具箱提供的 freqs 函数可以计算系统频率响应的数值解。

（四）实验步骤

1. 周期矩形信号和方波信号的傅里叶级数

由主界面进入此实验界面的操作路径为：信号的频谱分析→周期矩形信号和方波信号的傅里叶级数。实验界面如图 3-45 所示。

本实验演示周期矩形和方波两种信号的傅里叶级数展开过程和特点，其操作步骤如下：

① 选择系统类型。在“命令”框内，可选择“矩形脉冲”或“方波信号”，系统默认为“矩形脉冲”信号，此时上面坐标轴区域显示矩形脉冲信号的波形。

② 设置参数。在“参数”框内，输入参数或移动“滑动条”都可修改信号的参数。如：选择矩形脉冲时，可改变该信号的两个参数：周期 T 和脉宽 τ。

③ 功能演示。单击“观察”按钮，上面坐标轴区域显示改变参数后的信号波形；单击“傅里

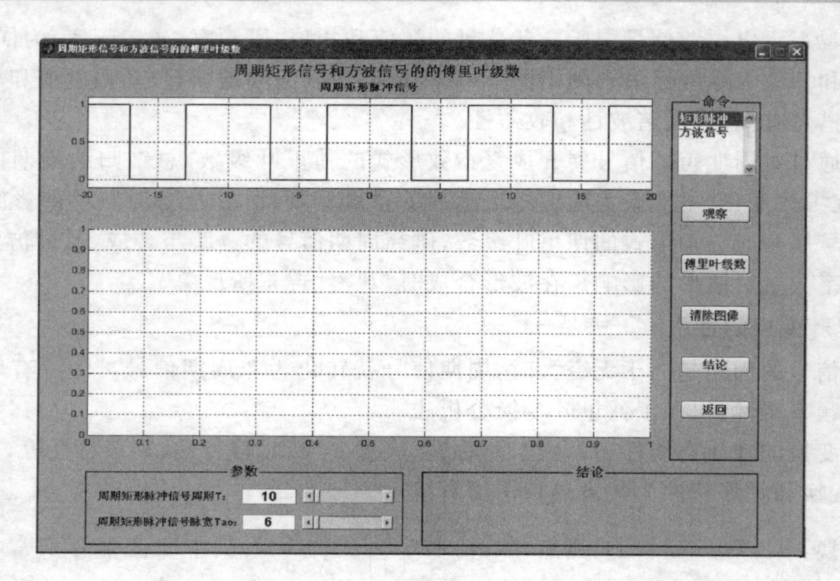

图 3-45 “周期矩形信号和方波信号的傅里叶级数”实验界面

叶级数”按钮，下面坐标轴区域显示信号的傅里叶级数波形；单击“清除图像”按钮，可清除坐标轴内的波形；单击“结论”按钮，在结论框内显示信号及其所对应的傅里叶级数的特点。仿真界面如图 3-46 所示。

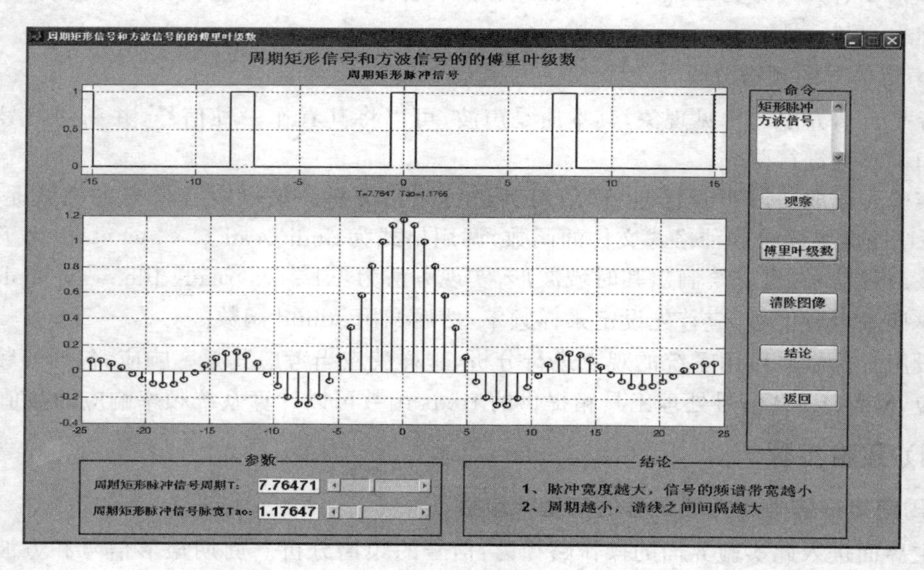

图 3-46 周期矩形信号的傅里叶级数仿真界面

当选中“方波信号”时，上方坐标轴区域显示方波信号的波形（以红线表示），在下方的“参数”框内输入最大分解数（系统默认为 5）；然后单击“傅里叶级数”按钮。此时，上面坐标轴区域动态显示方波信号的傅里叶级数分解过程（以蓝线表示）。分解过程完毕后，右下方坐标轴区域显示傅里叶级数的三维空间表示图。单击“幅频特性”按钮，在左下方坐标轴区域显示方波信号的频谱图。最后，单击“结论”按钮，显示方波信号傅里叶级数分解的特征。仿真界面如图 3-47 所示。

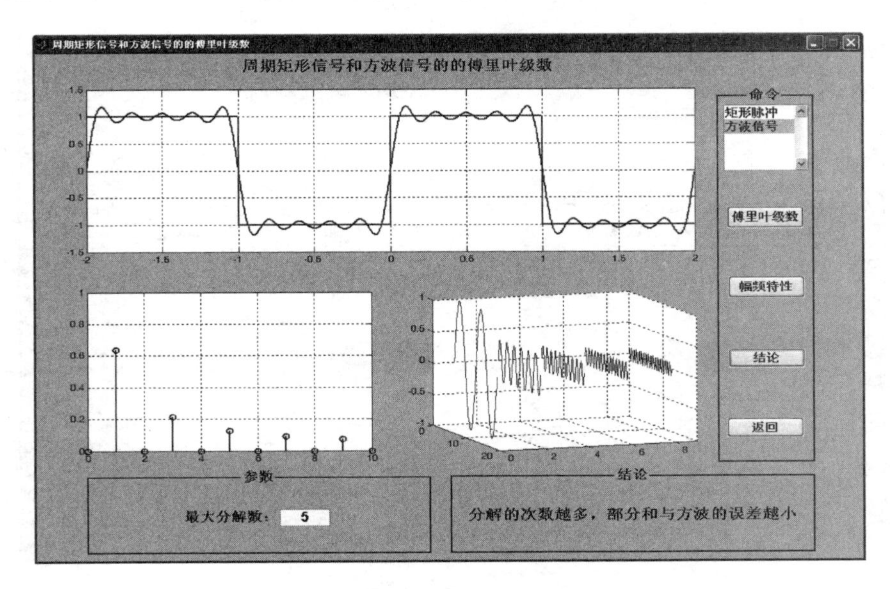

图 3-47　方波信号的傅里叶级数仿真界面

2. 傅里叶变换的性质

由主界面进入此实验界面的操作路径为:信号的频谱分析→傅里叶变换的性质。实验界面如图 3-48 所示。

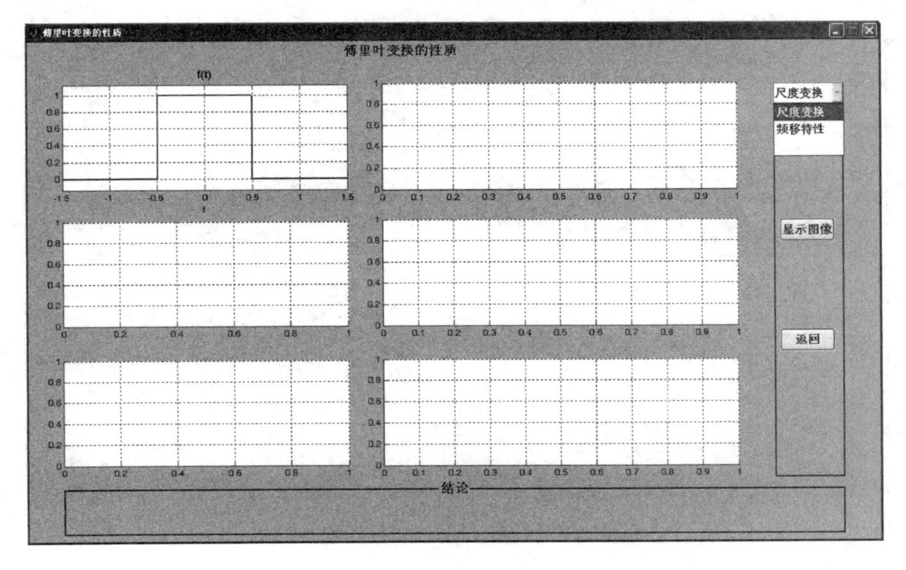

图 3-48　“傅里叶变换的性质”实验界面

本实验对傅里叶变换的两个重要性质——尺度变换和频移特性,进行演示说明。实验默认界面为“尺度变换”性质界面,单击“显示图像”按钮,左侧坐标轴区域显示信号 $f(t)$、$f(0.5t)$和 $f(2t)$的时域波形,右侧区域显示信号相对应的频谱波形,“结论”框内对此性质进行文字说明。仿真界面如图 3-49 所示。

若选中“频移特性”,右侧区域显示频移特性的原理框图。输入信号 $f(t)$以矩形信号为

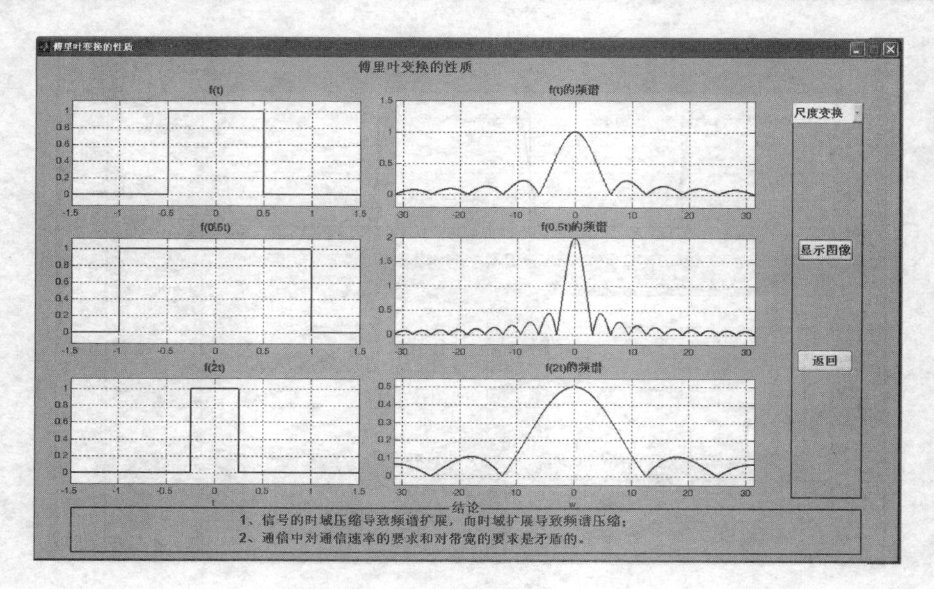

图 3-49 “尺度变换”性质仿真界面

例，单击“显示图像”按钮，左侧坐标轴区域分别显示矩形信号频谱和矩形调制信号频谱的波形。其仿真界面如图 3-50 所示。

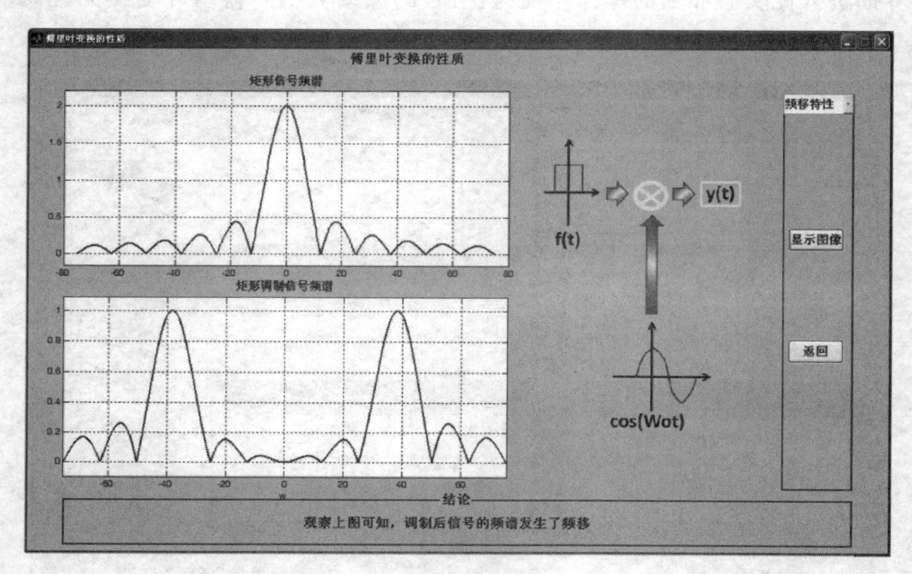

图 3-50 “频移特性”性质仿真界面

3. 声音信号的频谱分析

由主界面进入此实验界面的操作路径为：信号的频谱分析→声音信号的频谱分析。实验界面如图 3-51 所示。

本实验运用所学的信号频谱分析知识，简单直观地表现了信号频谱分析知识在实际中的应用。单击“播放”按钮，播放该声音片段；单击“频谱分析”按钮，坐标轴区域显示该声音片段的频谱及其频率响应、幅度响应波形。仿真界面如图 3-52 所示。

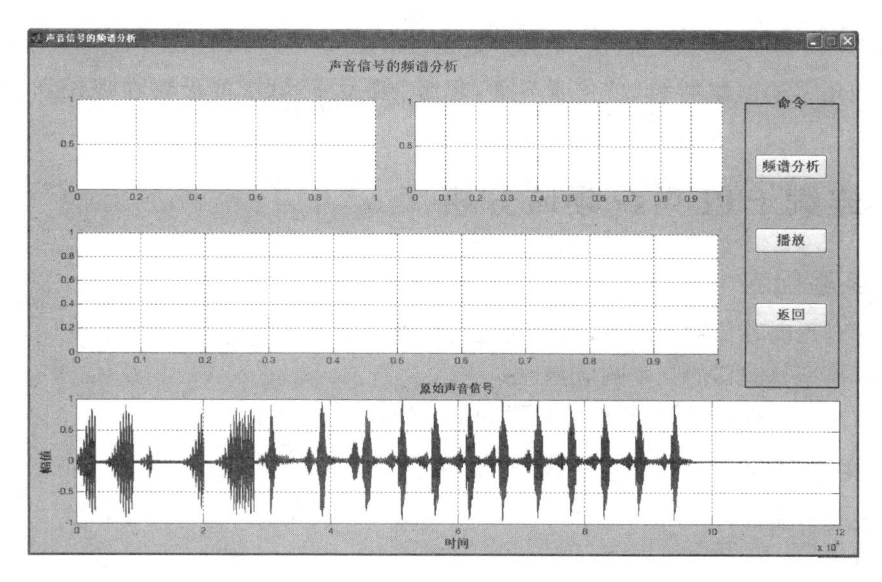

图 3-51 “声音信号的频谱分析”实验界面

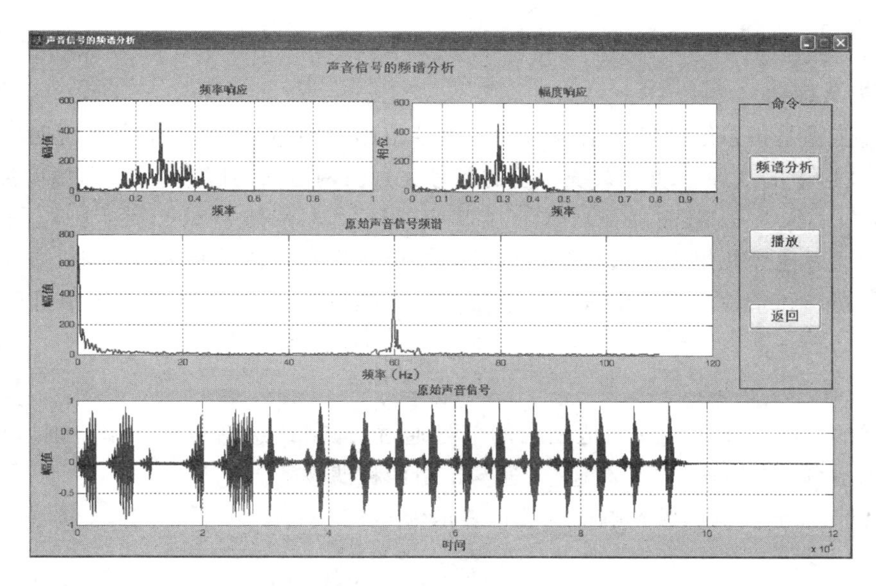

图 3-52 “声音信号的频谱分析”仿真界面

(五) 实验报告要求

1. 简述实验目的和实验原理。

2. 利用理论方法求解实验中周期矩形信号的傅里叶级数，画出频谱图，分析信号参数变化与频谱变化的关系，并与仿真实验结果进行比较。

3. 自行设计傅里叶变换其他任何一个性质的仿真界面并进行实验。

4. 写出仿真过程中的心得体会。

(六) 思考题

在“方波信号的傅里叶级数”仿真界面，思考“最大分解数”的设置在理论和实际上是否相同？

四、连续 LTI 系统频域分析

(一) 实验目的

1. 加深对无失真传输的理解，掌握无失真传输的条件；
2. 掌握典型滤波器的频率响应特性；
3. 巩固抽样定理，了解信号时域抽样和信号恢复的过程方法。

(二) 实验内容

1. 无失真传输；
2. 滤波器；
3. 信号的抽样与恢复。

(三) 实验原理

1. 无失真传输

无失真传输是指系统的输出信号与输入信号相比，只有幅度的大小和出现时间的先后不同，而没有波形上的变化。线性系统引起的信号失真由两方面的因素造成，即幅度失真和相位失真。

本实验通过比较几组无失真传输后信号的波形和失真传输后信号的波形，来说明无失真传输的常见情形和条件。实验中选取的原始信号为抽样信号，在 MATLAB 中可用 sinc 函数表示。

2. 滤波器

滤波器的功能是让一定频率范围内的信号通过，抑制或急剧衰减频率范围以外的信号。根据频率范围可将其分为低通、高通、带通与带阻四种滤波器。

① 理想低通滤波器的频率响应函数可表示为

$$H(\mathrm{j}\omega)=\begin{cases}K\mathrm{e}^{-\mathrm{j}\omega t_{\mathrm{d}}}, & \omega<\omega_{\mathrm{c}}\\ 0, & \omega>\omega_{\mathrm{c}}\end{cases}$$

② 理想高通滤波器的频率响应函数可表示为

$$H(\mathrm{j}\omega)=\begin{cases}K\mathrm{e}^{-\mathrm{j}\omega t_{\mathrm{d}}}, & \omega>\omega_{\mathrm{c}}\\ 0, & \omega<\omega_{\mathrm{c}}\end{cases}$$

③ 理想带通滤波器的频率响应函数可表示为

$$H(\mathrm{j}\omega)=\begin{cases}K\mathrm{e}^{-\mathrm{j}\omega t_{\mathrm{d}}}, & \omega_{\mathrm{c1}}<\omega<\omega_{\mathrm{c2}}\\ 0, & \omega<\omega_{\mathrm{c1}},\omega>\omega_{\mathrm{c2}}\end{cases}$$

④ 理想带阻滤波器的频率响应函数可表示为

$$H(\mathrm{j}\omega)=\begin{cases}K\mathrm{e}^{-\mathrm{j}\omega t_{\mathrm{d}}}, & \omega<\omega_{\mathrm{c1}},\omega>\omega_{\mathrm{c2}}\\ 0, & \omega_{\mathrm{c1}}<\omega<\omega_{\mathrm{c2}}\end{cases}$$

上述式中，ω_{c} 为截止角频率，且 $\omega_{\mathrm{c1}}<\omega_{\mathrm{c2}}$；$t_{\mathrm{d}}$ 为延迟时间。

$$H(\mathrm{j}\omega)=A\omega_{\mathrm{c}}^{2}/(-\omega^{2}+\mathrm{j}\omega_{\mathrm{c}}\omega/Q+\omega_{\mathrm{c}}^{2})$$

为了使实际滤波器的频率特性逼近于理想滤波器，通常对理想滤波器特性作如下修正：

① 允许滤波器的幅频特性在通带和阻带有一定的衰减范围，幅频特性在这一范围内允许有起伏；

② 在通带和阻带之间允许有一定的过渡带。

工程上常用的滤波器为巴特沃斯滤波器。它的幅频特性在通带和阻带上都是呈单调变化。四种二阶 Butterworth 滤波器的频率响应函数：

- 低通滤波器：$H(\mathrm{j}\omega)=A\omega_{\mathrm{c}}^{2}/(-\omega^{2}+\mathrm{j}\omega_{\mathrm{c}}\omega/Q+\omega_{\mathrm{c}}^{2})$；
- 高通滤波器：$H(\mathrm{j}\omega)=-A\omega^{2}/(-\omega^{2}+\mathrm{j}\omega_{\mathrm{c}}\omega/Q+\omega_{\mathrm{c}}^{2})$；
- 带通滤波器：$H(\mathrm{j}\omega)=\mathrm{j}A\omega_{0}\omega/[(-\omega^{2}+\mathrm{j}\omega_{0}\omega/Q+\omega_{0}^{2})Q]$；
- 带阻滤波器：$H(\mathrm{j}\omega)=A(-\omega^{2}+\omega_{0}^{2})/(-\omega^{2}+\mathrm{j}\omega_{0}\omega/Q+\omega_{0}^{2})$。

其中，A 为电压增益；ω_{c} 为低通、高通滤波器的截止角频率；ω_{0} 为带通、带阻滤波器的中心角频率；Q 为品质因数，$Q=\omega_{0}/B_{\mathrm{W}}$；$B_{\mathrm{W}}$ 为带通、带阻滤波器的带宽。

3. 信号的抽样与恢复

抽样定理在连续信号与离散信号之间架起了一座桥梁，为其互为转换提供了理论依据。从数学上讲，抽样过程就是抽样脉冲 $s(t)$ 和原始信号 $f(t)$ 相乘的过程，即 $f_{\mathrm{s}}(t)=f(t)s(t)$，因此可以用傅里叶变换的频谱卷积性质来求抽样信号 $f_{\mathrm{s}}(t)$ 的频谱。

信号在时域被抽样后，它的频谱是原连续信号的频谱以抽样角频率为间隔周期的延拓。假设抽样信号为周期冲激脉冲序列，则抽样后信号的频谱为

$$F_{\mathrm{s}}(\mathrm{j}\omega)=\frac{1}{T_{\mathrm{s}}}\sum_{n=-\infty}^{\infty}F(\omega-n\omega_{\mathrm{s}})$$

其中，ω_{s} 为抽样角频率。

通常把最低允许的取样频率 $f_{\mathrm{s}}=2f_{\mathrm{m}}$ 称为奈奎斯特频率，把最大允许的取样间隔 $T_{\mathrm{s}}=1/(2f_{\mathrm{m}})$ 称为奈奎斯特间隔。抽样定理表明，当抽样间隔小于奈奎斯特间隔时，可用抽样信号 $f_{\mathrm{s}}(t)$ 唯一地表示原始信号 $f(t)$，即信号的恢复。为了从频谱中无失真地恢复原信号，可采用截止频率为 $\omega_{\mathrm{c}}\geqslant\omega_{\mathrm{m}}$ 的理想低通滤波器。

(四) 实验步骤

1. 无失真传输

由主界面进入此实验界面的操作路径为：连续 LTI 系统频域分析→无失真传输。实验界面如图 3-53 所示。

本实验无失真信号共有两种：时移后的信号和经放大后的信号。其调用格式如下：

```
y1=sinc((t-5)/pi)
y2=1.5*sinc(t/pi)
```

失真信号的失真情形为幅度失真和相位失真，在 M 文件中的代码为：

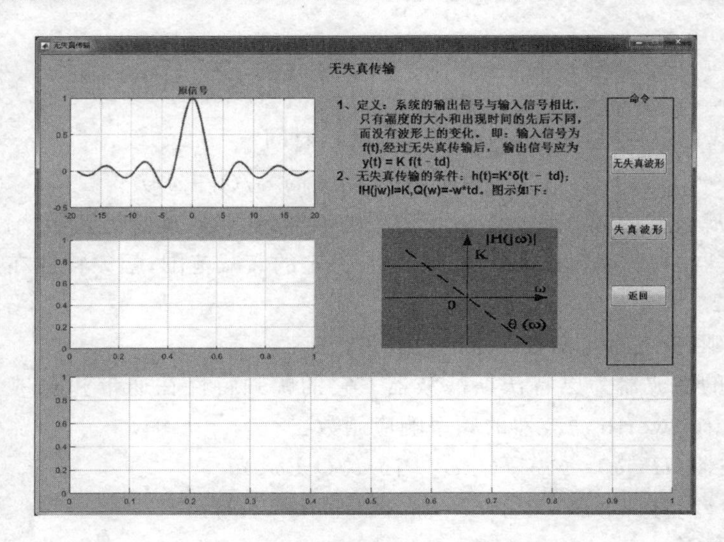

图 3-53 “无失真传输”实验界面

y3＝sinc((3＊t)/pi)

y4＝sinc(t/pi＋5)

如图 3-54 所示，运行程序后会在左上方的图像框内绘制原始信号的波形；在该图像框的右侧会显示无失真传输的定义、条件、示意图等相关内容；单击“无失真波形”按钮后，会在中间的图形框内绘制出两路无失真传输后信号的波形（图像框内有三路波形，其中一路为原信号）；单击“失真波形”按钮后，会在下方的图形框内绘制出两路失真传输后信号的波形。通过上述两种情况的对比，可以加深对“无失真传输”定义的理解，了解无失真传输的几个条件，并对无失真传输和失真传输产生直观的印象。

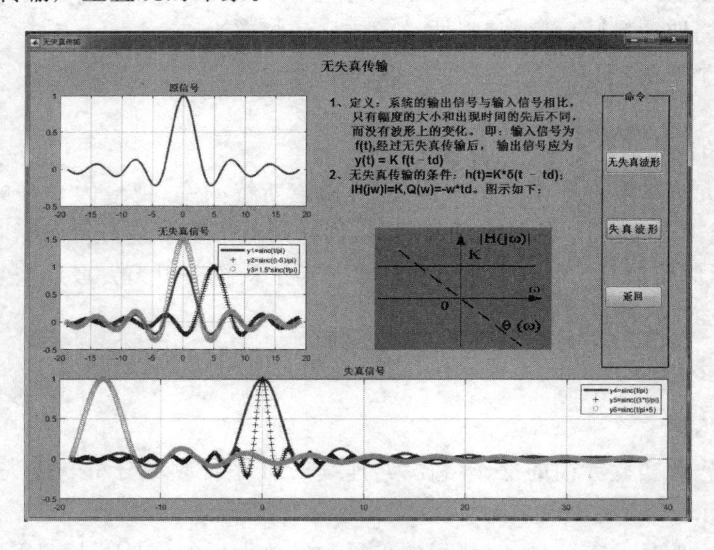

图 3-54 “无失真传输”仿真界面

2. 滤波器

由主界面进入此实验界面的操作路径为：连续 LTI 系统频域分析→滤波器。该界面展现了高通(二阶)、全通、带通(二阶)、带阻(二阶)四种滤波器的幅频特性和相频特性。界面分为信号的幅频特性和相频特性波形显示区、四类滤波器类型选择区以及清除图像、返回命令窗口区。单击任一类滤波器按钮,图中显示相应滤波器的幅频特性和相频特性,如果不单击“清除图像”命令按钮,则四类滤波器的特性全部显示在图中,如图 3-55 所示。

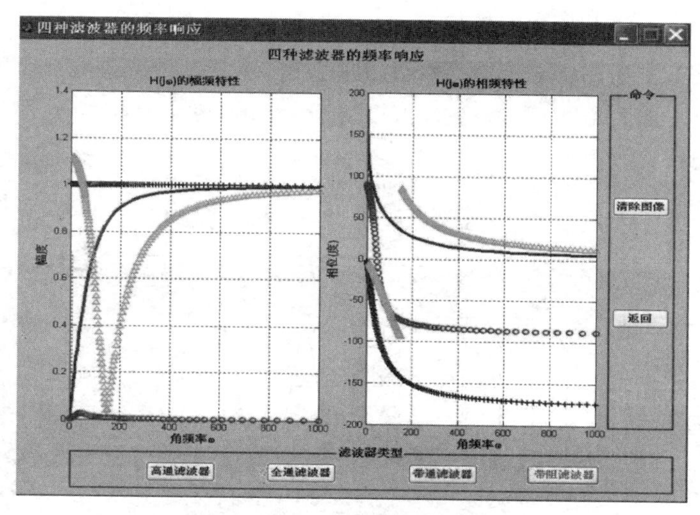

图 3-55　“滤波器”仿真界面

3. 信号的抽样与恢复

由主界面进入此实验界面的操作路径为:连续 LTI 系统频域分析→信号的抽样与恢复。界面如图 3-56 所示。

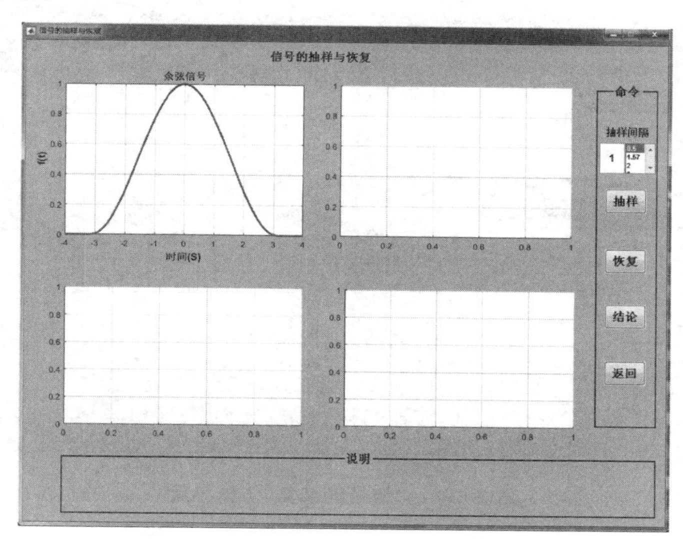

图 3-56　“信号的抽样与恢复”实验界面

本实验以余弦信号为基础,用冲激脉冲对余弦信号进行抽样,并绘制出抽样前和抽样后的频谱。抽样间隔是影响抽样结果的重要因素,因此应着重研究不同的抽样间隔对抽样结果的影响,在本实验中共有 7 种抽样间隔,分别为 0.5、1.57、2、3、3.5、3.7、4(s),默认值为 1 s。根据选取的余弦信号,最大的抽样间隔为 1.57 s。可直接输入或在列表框内选择抽样间隔的参数,单击“抽样”按钮,坐标轴区域显示原信号的频谱、抽样后的信号及其频谱,“说明”框内显示信号抽样过程的文字说明;单击“恢复”按钮,坐标轴区域显示抽样后的信号重构原始信号的过程;单击“结论”按钮,“说明”框内显示信号的抽样和恢复过程的文字说明,信号的抽样和恢复仿真界面分别如图 3 - 57 和图 3 - 58 所示。

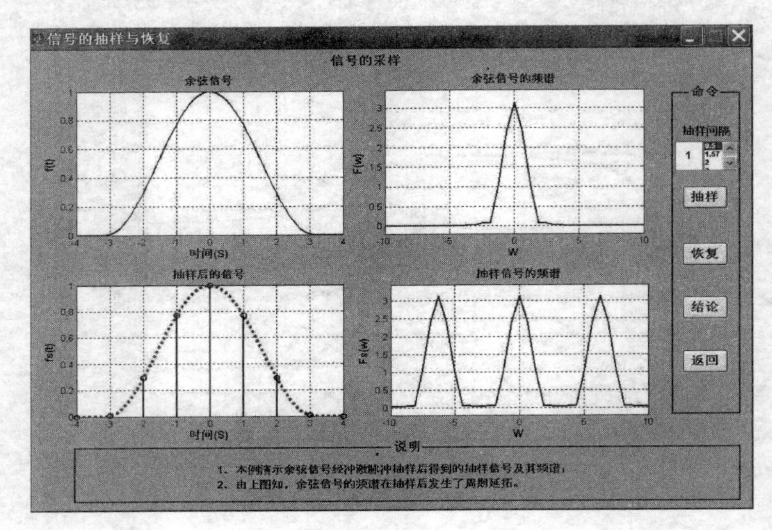

图 3 - 57 “信号的抽样”仿真界面

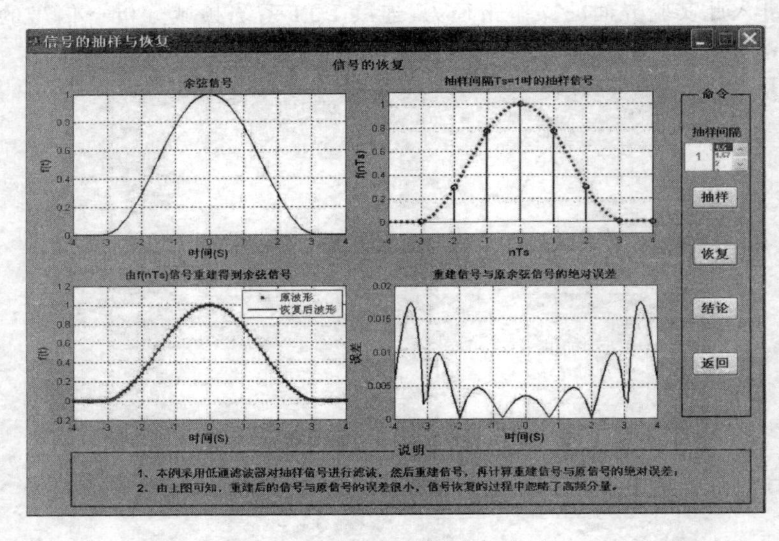

图 3 - 58 “信号的恢复”仿真界面

(五) 实验报告要求

1. 简述实验目的和实验原理;
2. 分析无失真传输的时域和频域条件;
3. 分析抽样定理中角频率 $\omega_s \geqslant 2\omega_{max}$ 的必要性;
4. 写出仿真过程中的心得体会。

(六) 思考题

在“信号的抽样”界面，把“余弦信号”改为“三角形函数(系数自设)”进行抽样，试编写程序。

五、连续 LTI 系统复频域分析

(一) 实验目的

1. 学习连续 LTI 系统的复频域分析方法；
2. 掌握拉普拉斯变换的性质；
3. 学习利用 MATLAB 求解系统的零极点。

(二) 实验内容

1. 系统的零极点和幅频特性；
2. 连续系统的极点分布及其时域特性。

(三) 实验原理

本实验讨论连续 LTI 系统复频域分析，所用的数学工具是拉普拉斯变换，它可以被视为傅里叶变换的一种推广。在线性时不变系统分析和研究中，拉普拉斯变换是一种很常用的变化域分析方法，它把时域中求解响应的问题通过拉普拉斯变换转换成复频域中的问题进行分析，在复频域中求解后再通过拉普拉斯逆变换还原为时域函数。复频域分析以虚指数信号 $e^{j\omega t}$ 为基本信号，任意信号可分解为众多不同频率的虚指数分量之和。这里用于系统分析的独立变量是复频率 s，故又称为 s 域分析。

1. 系统的零极点和幅频特性

对于连续系统，系统函数为

$$H(s)=\frac{B(s)}{A(s)}=\frac{b_m\prod_{j=1}^{m}(s-\xi_j)}{\prod_{i=1}^{n}(s-p_i)}$$

式中，$A(s)=0$ 的根 $p_1,p_2,\cdots,p_n$ 称为系统函数 $H(s)$ 的极点；$B(s)=0$ 的根 $\xi_1,\xi_2,\cdots,\xi_n$ 称为系统函数 $H(s)$ 的零点。

系统函数的零极点与系统的频域响应有着直接关系。对于连续因果系统，如果其系统函数 $H(s)$ 的极点均在左半开平面，那么它在虚轴上($s=j\omega$)也收敛，此时系统的频率响应函数为

$$H(j\omega)=H(s)\big|_{s=j\omega}=\frac{b_m\prod_{j=1}^{m}(j\omega-\xi_j)}{\prod_{i=1}^{n}(j\omega-p_i)}=|H(j\omega)|e^{j\varphi(\omega)}$$

式中，$|H(j\omega)|$ 称为幅频特性，$\varphi(\omega)$ 称为相频特性。

2. 连续系统的极点分布及其时域特性

系统的零极点是表征系统特性的重要参数，极点决定了其冲激响应的模式，而零点则会影

响冲激响应各个模式分量的大小。

连续系统的系统函数 $H(s)$ 的极点，按其在 s 平面上的位置，可分为左半开平面（不含虚轴的左半开平面）、虚轴和右半开平面。

在左半开平面的极点有负实极点和共轭负极点（其实部为负）。若系统函数有负实单极点 $p=-\alpha(\alpha>0)$，则 $A(s)$ 有因子 $(s+\alpha)$；若有一对共轭复极点 $p_{1,2}=-\alpha\pm j\beta$，则 $A(s)$ 有因子 $[(s+\alpha)^2+\beta^2]$；若 $H(s)$ 在左半开平面有 r 重极点，则 $A(s)$ 有因子 $(s+\alpha)^r$ 或 $[(s+\alpha)^2+\beta^2]^r$。

$H(s)$ 在虚轴上的单极点 $p=0$ 或 $p_{1,2}=\pm j\beta$，相当于 $A(s)$ 有因子 $s^2+\beta^2$；$H(s)$ 在虚轴上的 r 重极点，相当于 $A(s)$ 有因子 s^r 或 $(s^2+\beta^2)^r$。

在右半开平面的单极点 $p=\alpha(\alpha>0)$ 或 $p_{1,2}=\alpha\pm j\beta(\alpha>0)$，相当于 $A(s)$ 有因子 $(s-\alpha)$ 或 $[(s-\alpha)^2+\beta^2]$。

一个系统，若对任意的有界输入，其零状态响应也是有界的，则称该系统是有界输入、有界输出稳定的系统，简称为稳定系统。若 $H(s)$ 的收敛域包含虚轴，则该系统必是稳定系统。对因果系统，只要判断 $H(s)$ 的极点，即 $A(s)=0$ 的根（称为系统特征根）是否都在左半平面上，即可判定系统是否稳定，而不必知道极点的确切值。

由以上讨论可得到如下结论：LTI 连续系统的冲激响应的函数形式由 $H(s)$ 的极点确定；$H(s)$ 在左半开平面的极点所对应的响应函数都是衰减的，当 $t\to\infty$ 时，它们的响应函数的幅度均趋近于零，极点全部在左半开平面的系统是稳定的系统；$H(s)$ 在虚轴上的一阶极点对应的响应函数的幅度不随时间变化，而二阶及二阶以上的极点对应的响应函数的幅度都随 t 的增大而增大，当 t 趋于无限时，它们都趋于无穷大，这样的系统是不稳定的系统；$H(s)$ 在右半开平面的极点所对应的响应函数都是发散的，其响应函数的幅度都随 t 的增大而增大，当 t 趋于无限时，它们都趋于无穷大，这样的系统是不稳定的系统。

本实验根据所选取的极点位置和类型，分别绘制极点图和单位冲激响应波形。绘制极点图使用的是 MATLAB 提供的 roots 函数，绘制冲激响应波形则用到了 impulse 函数。

（四）实验步骤

1. 系统的零极点和幅频特性

由主界面进入此实验界面的操作路径为：连续 LTI 系统复频域分析→系统的零极点和幅频特性。界面如图 3－59 所示。

主界面分为波形区、参数设置区和命令区，参数设置区通过设置参数可得到不同的传递函数，系统给出默认参数，如图 3－59 所示。改变参数后，单击命令区中的“零极点图”按钮，在波形区左侧显示系统的零极点（界面中零点用 o 表示，极点用×表示）。若单击命令区中的“幅频特性”按钮，在波形区右侧显示系统的频率特性。通过对 $H(s)$ 的参数进行设置，可观察零极点的变化对系统频率特性的影响。

2. 连续系统的极点分布及其时域特性

由主界面进入此实验界面的操作路径为：连续 LTI 系统复频域分析→连续系统的极点分布及其时域特性。界面如图 3－60 所示。

本实验说明连续系统的极点分布位置与系统的稳定性之间的关系。在“极点位置”框内，通过单选按钮选择 s 左半开平面、$j\omega$ 轴上或 s 右半开平面，再在右侧列表框中选择单实根、共轭根、重实根或重共轭根，此时，“参数设置”框内会根据极点位置的选择显示系统函数 $H(s)$

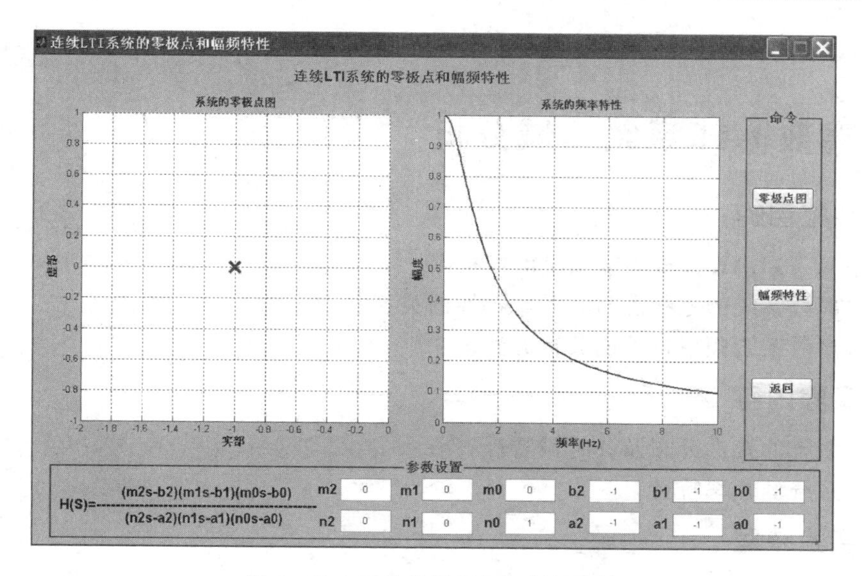

图 3-59 系统的零极点和幅频特性

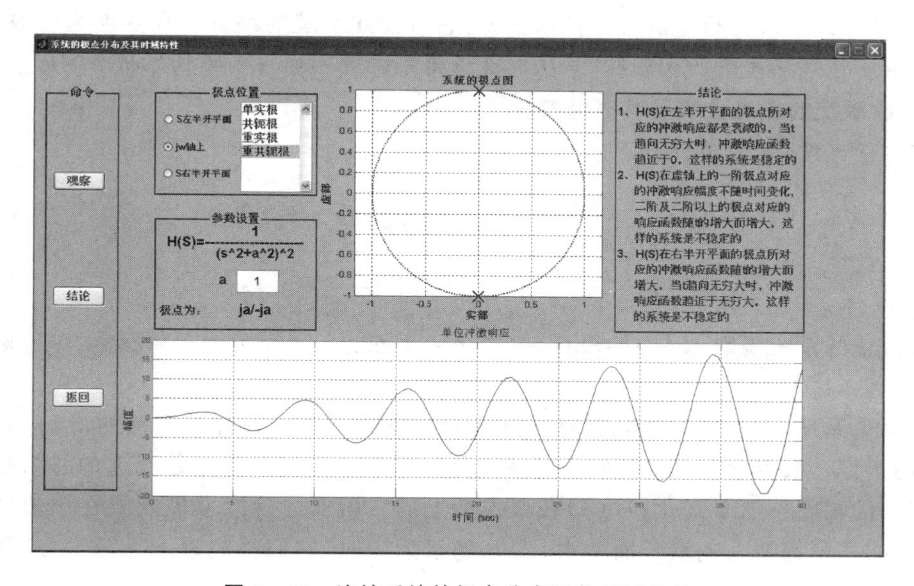

图 3-60 连续系统的极点分布及其时域特性

的形式，在下面的文本框内可直接修改 $H(s)$ 的参数；然后单击“观察”按钮，坐标轴区域显示相应的极点图和系统的冲激响应波形；单击“结论”按钮，在“结论”框内显示连续系统的极点分布位置与系统的稳定性之间的对应关系说明。

(五) 实验报告要求

1. 简述实验目的和实验原理。
2. 根据实验结果，对系统零极点分布与时域特性、幅频特性的关系进行讨论和总结。

(六) 思考题

自行编程实现下列系统的零极点分布与时域特性、幅频特性的关系。

(1) $H_1(s)=\frac{2(s+5)}{(s+1)(s+2)(s+4)}$；　　(2) $H_2(s)=\frac{2s+2}{s^3+9s^2+26s+24}$。

六、离散 LTI 系统 z 域分析

(一) 实验目的

1. 会用 MATLAB 分析离散系统的零极点；
2. 学习离散系统的零极点与其时域特性的关系；
3. 学习离散系统频率特性的分析方法。

(二) 实验内容

1. 离散系统的极点分布及其时域特性；
2. 离散系统的频率特性。

(三) 实验原理

本实验讨论离散 LTI 系统 z 域分析。在 LTI 离散系统分析中，所用的数学工具为 z 变换，它类似于连续系统分析中的拉普拉斯变换，它将描述系统的差分方程变换为代数方程，而且代数方程中包括了系统的初始状态，从而能求得系统的零输入响应和零状态响应。

1. 离散系统的极点分布及其时域特性

对于离散系统，系统函数为

$$H(z)=\frac{B(z)}{A(z)}=\frac{b_m\prod_{j=1}^{m}z(s-\xi_j)}{\prod_{i=1}^{n}(z-p_i)}$$

离散系统的系统函数 $H(z)$ 的极点，按其在 z 平面的位置可分为单位圆内、单位圆上和单位圆外三类。

对于因果系统，$H(z)$ 在单位圆内的极点所对应的响应序列都是衰减的，当 k 趋于无限时，响应趋于零。极点全部在单位圆内的系统是稳定系统；$H(z)$ 在单位圆上的一阶极点对应的响应序列的幅度不随 k 变化；$H(z)$ 在单位圆上的二阶及二阶以上极点或在单位圆外的极点，其对应的序列都随 k 的增长而增大，当 k 趋于无限时，它们都趋近于无限大，这样的系统是不稳定的。

2. 离散系统的频率特性

对于离散系统，系统单位冲激响应序列 $h(k)$ 的傅里叶变换 $H(\mathrm{e}^{\mathrm{j}\omega})$ 完全反映了系统自身的频率特性。$H(\mathrm{e}^{\mathrm{j}\omega})$ 称为离散系统的频率特性，可由系统函数 $H(z)$ 求出，其关系式为

$$H(\mathrm{e}^{\mathrm{j}\omega})=H(z)\big|_{z=\mathrm{e}^{\mathrm{j}\omega}}$$

由于 $\mathrm{e}^{\mathrm{j}\omega}$ 是频率的周期函数，所以系统的频率特性也是频率的周期函数，且周期为 2π，因此只要研究在 $-\pi\leqslant\omega\leqslant\pi$ 范围内的系统频率特性即可。

$$H(\mathrm{e}^{\mathrm{j}\omega})=\sum_{n=-\infty}^{+\infty}h(k)\,\mathrm{e}^{-\mathrm{j}\omega}=\sum_{n=-\infty}^{+\infty}h(k)\cos(k\omega)-\mathrm{j}\sum_{n=-\infty}^{+\infty}h(k)\sin(k\omega)$$

容易证明，上式中实部是 ω 的偶函数，虚部是 ω 的奇函数，模 $|H(\mathrm{e}^{\mathrm{j}\omega})|$ 是 ω 的偶函数，相

位 arg $[H(e^{j\omega})]$ 是 ω 的奇函数。因此，系统频率特性 $H(e^{j\omega})$ 具有周期性和对称性。当离散系统的系统结构一定时，它的频率特性 $H(e^{j\omega})$ 将随参数选择的不同而不同，这表明系统结构、参数、特性三者之间的关系，即同一结构，参数不同其特性也不同。

(四) 实验步骤

1. 离散系统的极点分布及其时域特性

由主界面进入此实验界面的操作路径为：离散 LTI 系统 z 域分析→离散系统的极点分布及其时域特性。界面如图 3 - 61 所示。

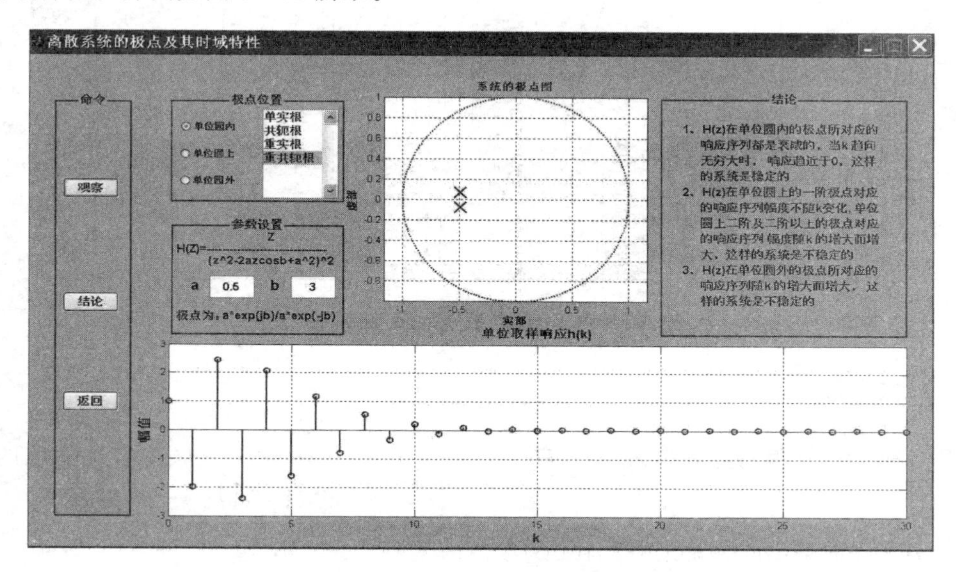

图 3 - 61　离散系统的极点分布及其时域特性

本实验说明离散系统的极点分布位置与系统的稳定性之间的关系。在“极点位置”框内，通过单选按钮选择单位圆内、在单位圆上或在单位圆外，再在右侧列表框中选择单实根、共轭根、重实根或重共轭根，此时，“参数设置”框内会根据极点位置的选择显示系统函数 $H(z)$ 的形式。在下面的文本框内可直接修改 $H(z)$ 的参数，然后单击“观察”按钮，坐标轴区域显示相应的极点图和系统的取样响应波形；单击“结论”按钮，在“结论”框内显示连续系统的极点分布位置与系统的稳定性之间的对应关系说明。

2. 离散系统的频率特性

由主界面进入此实验界面的操作路径为：离散 LTI 系统 z 域分析→离散系统的频率特性。界面如图 3 - 62 所示。

本实验验证系统函数 $H(z)$ 的零极点变化对系统频率特性的影响。在“参数设置”区可设置系统函数 $H(z)$ 的各个参数，单击“观察”按钮，在坐标轴区域分别显示离散系统的幅频和相频特性曲线。

(五) 实验报告要求

1. 简述实验目的和实验原理。
2. 根据实验结果，对系统频率特性进行讨论和总结。

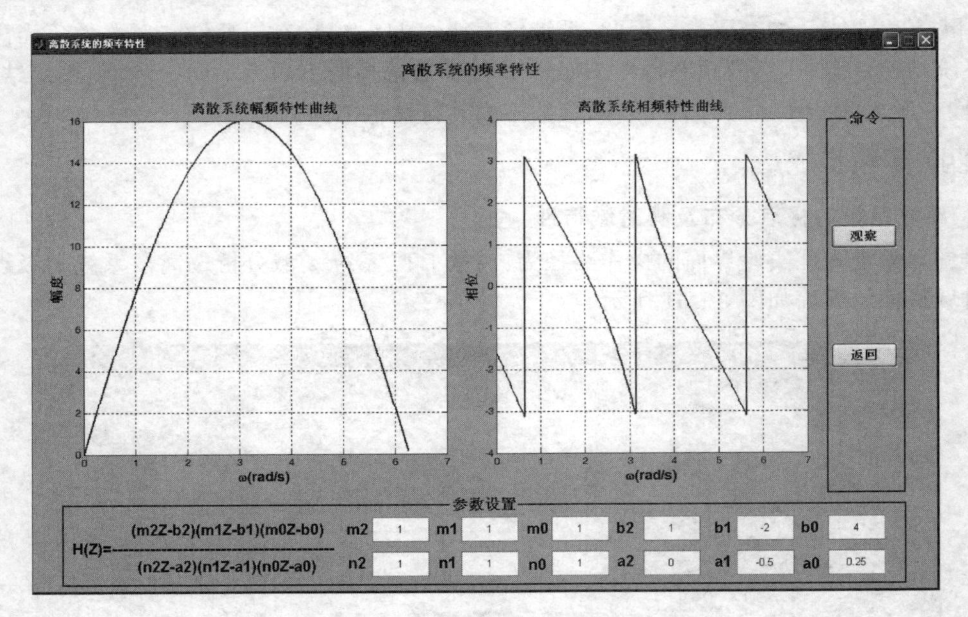

图 3-62　离散系统的频率特性

(六) 思考题

利用 MATLAB 编写绘制离散系统 $H(z)=\dfrac{z}{\left(z^2-2z\cos\dfrac{\pi}{5}+1\right)^2}$ 频率特性曲线的 m 文件,并与 GUI 界面得出的结论进行比较。

七、综合实验

(一) 实验目的

1. 巩固所学的信号与系统理论知识;
2. 综合运用所学信号与系统知识,对信号和系统进行分析和处理。

(二) 实验内容

1. 语音信号综合分析仪;
2. 双音多频电话拨号音。

(三) 实验原理

1. 语音信号综合分析仪

相对于声波信号,人的发音器官运动速度显得非常慢,所以一般认为人类的语音信号是短时平稳信号,可以对其进行短时分析。最基本的手段就是对语音信号进行分帧,然后再进行分析处理。语音处理中往往把数字化的语音信号作为一维或二维(对应于双声道立体声数据)矩阵来研究,因此基于矩阵运算的 MATLAB 就很自然地应用到语音处理领域。在 MATLAB 本身提供的工具箱中,有很多工具可以应用到语音处理当中,比如音频处理工具箱、数字信号处理工具箱和小波工具箱等，极大地方便了科学研究。

语音的时域分析和频域分析是语音分析的两种重要方法，人们致力于研究语音的时频分析特性，把和时序相关的傅里叶分析的显示图形称为语谱图。借助于 MATLAB 中的时频分析函数，可以方便地得到语音信号的语谱图。

本实验添加了“功率谱”分析的功能，代码如下：

```
f = linspace(0,Fs/2,(to - from + 1)/2)
Y = fft(sample,to - from + 1)                      % 对源文件进行傅里叶变换
plot(handles.plot5,f,abs(Y).^2)                    % 求取并绘制功率谱
```

2. 双音多频电话拨号音

双音多频 DTMF(Dual Tone Multi-Frequency)信号，是用两个特定的单音频率信号的组合来代表数字或功能。在 DTMF 电话机中有 16 个按键，其中 10 个数字键 0～9，6 个功能键 *、#、A、B、C、D。其中，12 个键是我们比较熟悉的按键，A、B、C、D 键作为功能键留作它用。根据 CCITT 建议，国际上采用 697 Hz、770 Hz、852 Hz、941 Hz 低频群及 1 209 Hz、1 336 Hz、1 477 Hz、1 633 Hz 高频群。从低频群和高频群任意各抽出一种频率进行组合，共有 16 种，代表 16 种不同的数字键或功能，每个按键唯一地由一组行频和列频组成，如表 3－1 所列。

表 3－1　双音多频电话频率组成

f_H/Hz f_L/Hz	1 209	1 336	1 477	1 633
697	1	2	3	A
770	4	5	6	B
852	7	8	9	C
941	*	0	#	D

利用 MATLAB 软件能够合成 0～9 以及 * 和 # 的拨号音，进一步利用 MATLAB 中的图形用户界面 GUI 做出简单的人机交互界面，从而实现对电话拨号音系统的简单的实验仿真。

本实验设计了 12 个按钮，分别代表 0～9 以及 * 和 #。在单击这些按钮时能发出拨号音，并绘制其时域图和频域图。主要代码如下：

```
x = sin(fc1 * pit)
y = sin(fr1 * pit)
z = x + y                                % 合成信号表达式
f = fft(z,1024)                          % 对合成信号进行傅里叶变换
f1 = fftshift(f)                         % 再进行短时傅里叶变换
w1 = 513:1024
w = 4000 * (w1 - 512)/512
F = abs(f1(513:1024))                    % 得到频率特性表达式
plot(w,F)                                % 绘制频谱图
```

(四) 实验步骤

1. 语音信号综合分析仪

由主界面进入此实验界面的操作路径为：综合实验→语音信号综合分析仪。界面如图 3 - 63 所示。

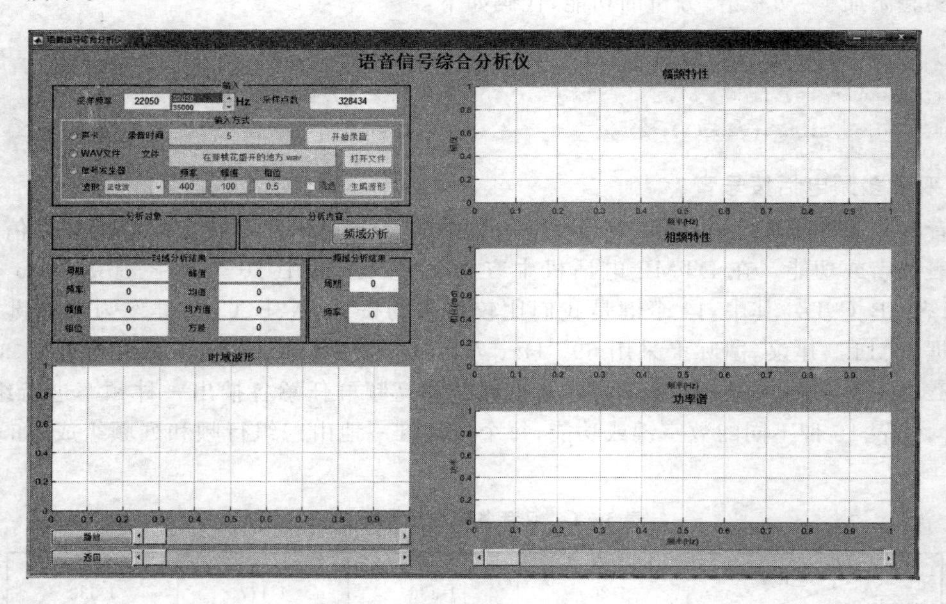

图 3 - 63 “语音信号综合分析仪”界面

通过本实验可对语音信号进行时域分析和频域分析。“输入”框内可设置“采样频率”和“采样点数”，在“输入方式”框内选择语音的三种产生方式：声卡、打开 WAV 文件、信号发生器。

选择“声卡”后，设置录音时间参数，单击“开始录音”按钮（电脑必须配置声卡，通过话筒录音），录音完毕，单击“时域分析”按钮，可在“时域分析结果”栏内显示该信号的时域指标，包括周期、频率、幅值、相位、峰值、均值、均方值、方差等。在分析的过程中，可在“分析对象”栏内划定需要进行分析的范围，如选中“分析所有点”，则对完整的信号进行分析；单击“频域分析”按钮，可在“频域分析结果”栏内显示该信号的频域指标，包括周期和频率，同时在界面右边的图像框内将会绘制出该信号的幅频特性、相频特性和功率谱。对于较复杂的信号，其波形重叠在一起，不便于仔细观察，为此可以通过界面下方的三个水平滑动条对波形进行缩放和移动；另外，还可以通过多次改变“采样频率”并“播放”，以观察采样频率的变化对语音的影响。

选择“WAV 文件”后，单击“打开文件”按钮，左下方的图像框内会绘制出该 WAV 文件的时域波形，“时域分析结果”框内显示分析结果。可改变采样频率，单击“时域分析”按钮，重新分析信号，其他操作方法和功能与选择“声卡”一致。

选择“信号发生器”后可以自行生成信号，包括正弦波、方波、三角波、锯齿波等，并可自行设置频率、幅值、相位。选中“混迭”，则表示在原始信号的基础上叠加上新生成的信号；如果一直选中，则一直叠加下去。其他操作方法和功能同上。

2. 双音多频电话拨号音

由主界面进入此实验界面的操作路径为:综合实验→双音多频电话拨号音。界面如图 3-64 所示。

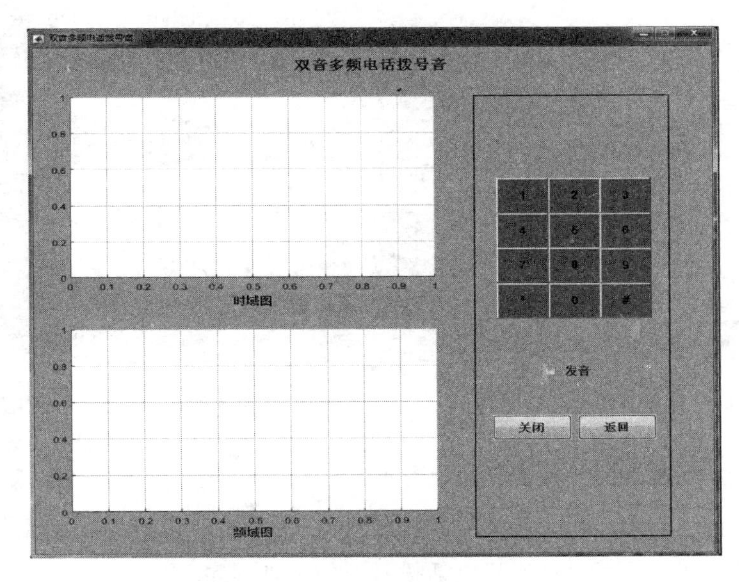

图 3-64　“双音多频电话拨号音”界面

本实验模拟双音多频电话,对比拨号音的时域和频域波形,通过频域图可识别电话拨号音信号。分别单击 0～9 以及 * 和 # 按钮,左侧坐标轴区域显示此拨号音的时域和频域波形,若选中“发音”,则能听到拨号音的声音。图 3-65～图 3-68 分别为按键按 1、4、7、9 时的时域和频域波形图,从图中观察可知,各按键时域图无法分辨识别,而从其频谱图上则很容易看出它们的不同。原因是各自所含频率是不同的,如按键 1,由高频 1 209 Hz 和低频 697 Hz 合成,按键 4 由高频 1 209 Hz 和低频 770 Hz 合成,等等,这样就很容易分辨出拨音号。

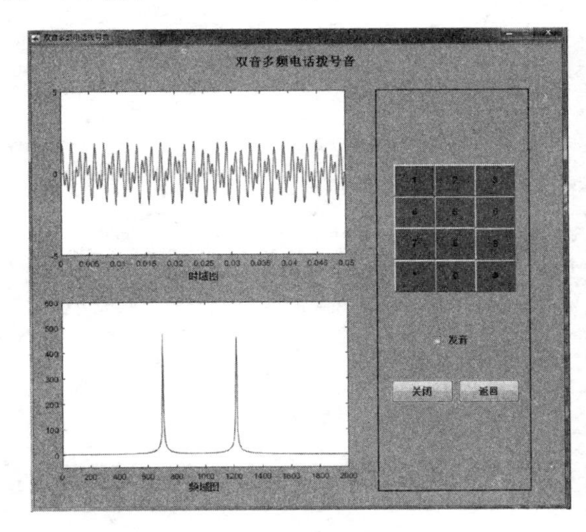

图 3-65　拨号音“1”仿真界面

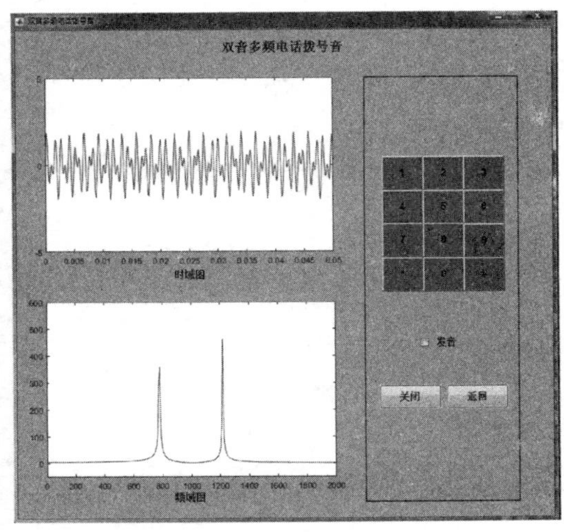

图 3-66　拨号音“4”仿真界面

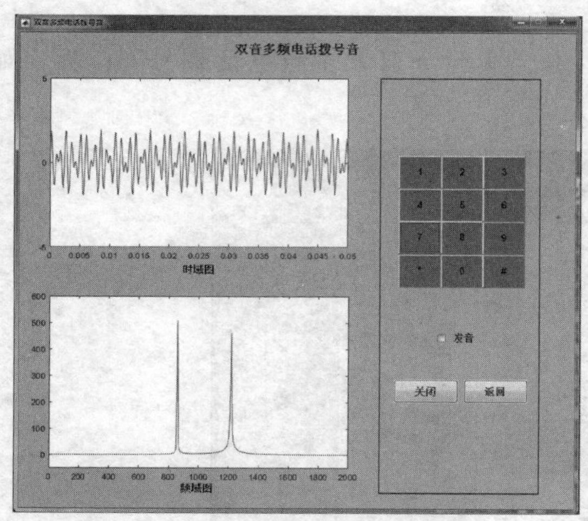

图 3 - 67　拨号音“7”仿真界面

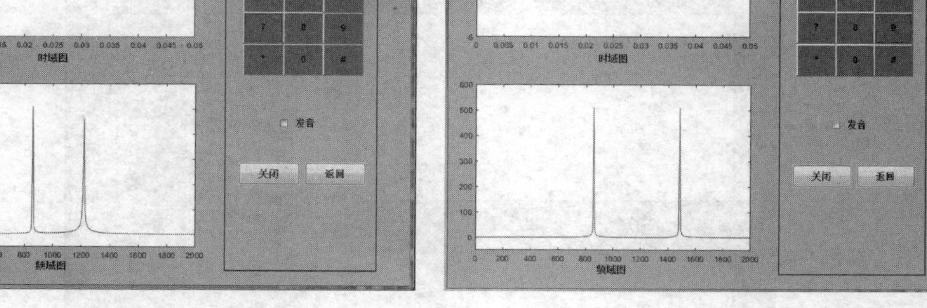

图 3 - 68　拨号音“9”仿真界面

(五) 实验报告要求

1. 简述实验目的和实验原理。
2. 利用傅里叶变换运算设计座机电话拨号音的识别程序。

(六) 思考题

设计滤波器，对混入噪声的双音多频电话拨号音进行识别，利用 MATLAB 来实现。

参考文献

[1] 魏鑫. MATLAB R2018a 从入门到精通[M]. 北京:电子工业出版社,2019.
[2] 刘浩,韩晶. MATLAB R2018a 完全自学一本通[M]. 北京:电子工业出版社,2019.
[3] 胡钋. 信号与系统:MATLAB 实验综合教程[M]. 武汉:武汉大学出版社,2017.
[4] 龚晶,许凤慧,卢娟,等. 信号与系统实验[M]. 北京:机械工业出版社,2017.
[5] 张艳萍,常建华. 信号与系统(MATLAB 实现)[M]. 北京:清华大学出版社,2020.
[6] 付文利,刘刚. MATLAB 编程指南[M]. 北京:清华大学出版社,2017.
[7] 王贵财. MATLAB 从入门到精通[M]. 北京:人民邮电出版社,2019.
[8] 吴大正,杨林耀,张永瑞,等. 信号与线性系统分析[M]. 5 版. 北京:高等教育出版社,2019.
[9] 薛山. MATLAB 基础教程[M]. 北京:清华大学出版社,2019.
[10] 谭鸽伟,冯桂,黄公彝,等. 信号与系统:基于 MATLAB 的方法[M]. 北京:清华大学出版社,2019.